"十四五"职业教育国家规划教材

数据库应用技术
（MySQL）（第二版）

SHUJUKU YINGYONG JISHU（MySQL）

主　编　高佳琴　范晓玲
副主编　卢剑伟　商俊燕　过林吉　王霞俊

新形态
教材

中国教育出版传媒集团
高等教育出版社·北京

内容提要

本书是"十四五"职业教育国家规划教材，以 MySQL 为教学平台，从数据库设计和应用的角度出发介绍数据库开发技术，内容涵盖数据库应用系统开发的技术和知识。

本书以"满足岗位职业能力需求、兼顾行业发展趋势"为出发点，以校企合作案例"评标专家库管理系统"为贯穿全书内容的实践项目，按照"分析与设计数据库→创建数据库→使用数据库→管理数据库"的工作过程编写而成。整个项目包括四个相关联的模块，每个模块又划分成若干任务，通过完成各任务逐步学习设计、创建、使用、管理数据库的方法，以及使用 SQL 语言进行程序设计。

本书是新形态一体化教材，配套丰富的助学助教数字化资源，其中部分资源以二维码链接形式在书中呈现。

本书内容由浅入深、循序渐进，适合作为高等职业院校计算机相关专业的教学用书，也可供数据库管理人员、数据库开发人员学习参考。

图书在版编目(CIP)数据

数据库应用技术：MySQL / 高佳琴，范晓玲主编
. —2 版. —北京：高等教育出版社，2023.8（2024.7 重印）
ISBN 978 - 7 - 04 - 061044 - 4

Ⅰ. ①数… Ⅱ. ①高… ②范… Ⅲ. ①SQL 语言−数据库管理系统−高等职业教育−教材 Ⅳ. ①TP311.132.3

中国国家版本馆 CIP 数据核字(2023)第 149688 号

| 策划编辑 | 谢永铭 | 责任编辑 | 谢永铭 | 封面设计 | 张文豪 | 责任印制 | 高忠富 |

出版发行	高等教育出版社	网　　址	http://www.hep.edu.cn
社　　址	北京市西城区德外大街 4 号		http://www.hep.com.cn
邮政编码	100120	网上订购	http://www.hepmall.com.cn
印　　刷	上海叶大印务发展有限公司		http://www.hepmall.com
开　　本	787mm×1092mm　1/16		http://www.hepmall.cn
印　　张	16.5	版　　次	2019 年 8 月第 1 版
字　　数	338 千字		2023 年 8 月第 2 版
购书热线	010-58581118	印　　次	2024 年 7 月第 2 次印刷
咨询电话	400-810-0598	定　　价	40.00 元

本书如有缺页、倒页、脱页等质量问题，请到所购图书销售部门联系调换

配套学习资源及教学服务指南

🎯 二维码链接资源

本教材配套知识拓展、多学一点、微课讲解等学习资源，在书中以二维码链接形式呈现。手机扫描书中的二维码进行查看，随时随地获取学习内容，享受学习新体验。

打开书中附有二维码的页面 → **扫描二维码** → **查看相应资源**

🎯 教师教学资源索取

本教材配有课程相关的教学资源，例如，教学课件、习题参考答案等。选用教材的教师，可扫描下方二维码，关注微信公众号"高职智能制造教学研究"，点击"教学服务"中的"资源下载"，或电脑端访问地址（101.35.126.6），注册认证后下载相关资源。

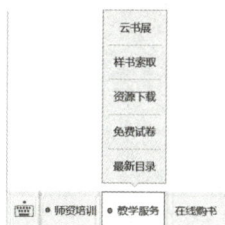

★如您有任何问题，可加入工科类教学研究中心QQ群：240616551。

模 块	页 码	类 型	说　　明
1	3	知识拓展	数据库常见的应用场景
	3	知识拓展	大数据技术
	4	多学一点	常用需求调查方法
	11	任务工单	任务 1.1 实训任务工单
	13	多学一点	逻辑模型
	13	多学一点	两个实体之间的联系类型
	19	任务工单	任务 1.2 实训任务工单
	22	知识拓展	NoSQL 数据库
	22	多学一点	关系模型的规范化
	26	任务工单	任务 1.3 实训任务工单
2	31	知识拓展	常用数据库管理系统简介
	31	知识拓展	国产数据库未来可期
	32	多学一点	获取 MySQL
	32	微课讲解	安装与配置 MySQL
	40	多学一点	zip 格式安装文件安装
	40	多学一点	Linux 平台下安装与配置 MySQL
	40	微课讲解	通过 Windows 服务管理器管理 MySQL 服务
	42	微课讲解	通过 DOS 命令管理 MySQL 服务
	43	微课讲解	通过 DOS 命令连接 MySQL 服务器
	43	多学一点	配置路径(path)

模　块	页　码	类　型	说　明
2	44	微课讲解	通过命令行客户端连接 MySQL 服务器
	44	微课讲解	使用图形化工具连接 MySQL 服务器
	47	微课讲解	Navicat for MySQL 基本操作
	50	任务工单	任务 2.1 实训任务工单
	53	多学一点	SQL 语句编写规范
	56	微课讲解	创建数据库
	57	微课讲解	修改数据库
	57	知识拓展	字符集和校对规则
	58	微课讲解	使用 SQL 语句创建数据库
	61	任务工单	任务 2.2 实训任务工单
	66	多学一点	存储引擎
	72	微课讲解	创建数据表
	75	微课讲解	修改数据表
	76	微课讲解	使用 CREATE TABLE 创建数据表
	83	任务工单	任务 2.3 实训任务工单
	92	微课讲解	设置唯一约束
	94	微课讲解	设置外键约束
	105	任务工单	任务 2.4 实训任务工单
3	115	微课讲解	导入数据
	127	任务工单	任务 3.1 实训任务工单
	130	知识拓展	无 FROM 子句的 SELECT 语句
	130	多学一点	比较运算符"="与"<=>"的区别
	135	多学一点	常用日期和时间函数
	149	任务工单	任务 3.2 实训任务工单
	173	任务工单	任务 3.3 实训任务工单

模　块	页　码	类　型	说　　明
3	175	多学一点	使用索引注意事项
	180	微课讲解	创建唯一索引
	187	微课讲解	创建视图
	196	任务工单	任务 3.4 实训任务工单
	197	多学一点	使用存储过程的优点
	197	知识拓展	SQL 语言编程基础
	213	任务工单	任务 3.5 实训任务工单
4	217	多学一点	user 表
	219	多学一点	db 表
	219	多学一点	MySQL 新特性——角色
	221	微课讲解	创建用户
	225	微课讲解	授予服务器的权限
	227	微课讲解	授予数据库的权限
	231	任务工单	任务 4.1 实训任务工单
	235	微课讲解	备份数据库
	240	微课讲解	对数据库 beems 进行还原操作
	243	微课讲解	对数据库 beemsdb 进行还原操作
	248	任务工单	任务 4.2 实训任务工单

二维码资源列表

MySQL

本书是"十四五"职业教育国家规划教材。

随着信息技术和计算机技术的飞速发展,数据库已经和我们日常生活的方方面面紧密结合。数据库技术是计算机信息管理的核心技术之一,作为高等职业院校计算机类专业的学生,熟练掌握数据库应用技能已成为职业能力的重要组成部分。

本书以 MySQL 为教学平台,从数据库设计和应用的角度出发,介绍数据库开发技术,内容涵盖数据库应用系统开发的技术和知识。

本书以"满足岗位职业能力需求、兼顾行业发展趋势"为出发点,以校企合作案例"评标专家库管理系统"为贯穿全书内容的实践项目,按照"分析与设计数据库→创建数据库→使用数据库→管理数据库"的工作过程编写。整个项目包括四个相关联的模块,各模块又划分为若干任务,每个任务包含任务描述、任务目标、知识准备、任务实施、经验分享、巩固习题、技能训练等栏目,学生通过完成任务逐步学会设计、创建、使用、管理数据库的方法,以及使用 SQL 语言进行程序设计。

本书内容以项目为载体,通过任务驱动的方式,介绍数据库基础知识和数据库设计方法,使学生掌握创建和管理数据库及表、保护数据完整性、查询数据、创建和管理视图、创建和使用存储过程与触发器、使用 SQL 语言、维护和管理数据库安全性等技术,并以另一个具有自主知识产权的、校企共同开发的"简明门诊管理系统"为课后实训项目,以巩固知识、提高能力。

本书具有如下特色:

1. 产教融合,校企共同开发,体现企业的技术标准与人才需求。党的二十大报告再次明确了"产教融合"这一职业教育办学模式的重要作用。本书案例以校企合作开发的"评标专家库管理系统"为原型,简化了各类处理,提取出学生容易理解、适合初学者的软件数据需求,并融合了软件公司数据库开发的技能要求。开发过程中产生的文档、代码构成了本书编写的支撑材料。

本书编写团队成员都有丰富的数据库软件项目开发经验,大部分都参与了公司的数据库应用项目开发,充分了解企业对数据库人才的需求和培养规格。同时,本书编写融合了职业资格标准,兼顾了学生的可持续发展。

2. 以项目为导向、任务作驱动,建立了基于工作过程的教材体系,体现教、学、做相结合,让学生"在做中学,在学中做",适应职业教育的教学特点。

3. 每个任务提供了"知识拓展""多学一点"等学习内容,介绍当前流行、应用广泛的数据库新技术等,给学生留出一定的拓展空间,引导学生自主深入学习。为节省篇幅,这部分内容以二维码链接形式呈现。

4. 围绕数据库管理人员、数据库开发人员、数据库运行管理员的职业素养、职业道德,充分挖掘产业与专业课程的思政资源,有机融入技术自信、数据安全、科技报国等思政内容,全面贯彻党的二十大精神,落实立德树人根本任务,培养造就德才兼备的高素质技术技能型人才。

本书由常州工业职业技术学院高佳琴、范晓玲担任主编,负责总体构架、统稿工作。常州工业职业技术学院卢剑伟、商俊燕、过林吉、王霞俊担任副主编。具体编写分工为:商俊燕负责编写模块 1;卢剑伟负责编写模块 2;过林吉负责编写模块 3 任务 3.1、任务3.2;范晓玲负责编写模块 3 任务 3.3、任务 3.4、模块 4 任务 4.1;王霞俊负责编写模块3 任务 3.5;高佳琴负责编写模块 4 任务 4.2、附录。参与本书编写的还有常州工业职业技术学院陆兵,江苏世轩科技股份有限公司张雨晴、唐海军。

在本书编写过程中,参阅了大量文献资料,吸取了许多专家学者的宝贵经验,在此表示衷心的感谢。

由于水平有限,书中难免存在疏漏和不足之处,敬请各位专家、读者批评指正。

编　者

目 录

模块 1

分析与设计
数据库

🌐 模块背景

随着信息技术和计算机技术的飞速发展,数据库(database)已应用到我们日常生活的方方面面。日常生活中我们接触的很多业务都与数据库技术有关。比如,将招投标活动与数据库技术相结合,建立评标专家库管理系统,就可以方便地从评标专家库中随机抽取指定数量的专家,减少招投标工作的人为干扰,促进招投标过程公平、公正,保障招投标相关法律法规的有效实施,对于营造良好的社会环境具有十分重要的意义。

数据库分析与设计包括需求分析、概念设计、逻辑设计和物理设计四个环节。本模块以评标专家库管理系统为例,讲解如何分析与设计数据库。物理设计的任务是将逻辑设计的结果在具体的数据库管理系统中实现,将在后续学习中完成。

本模块主要包括以下 3 个学习任务:

任务 1.1 数据库需求分析

任务 1.2 数据库概念设计

任务 1.3 数据库逻辑设计

知识点1 数据库基本概念

知识准备

知识点2 数据库设计
- 需求分析阶段
- 概念设计阶段
- 逻辑设计阶段
- 物理设计阶段

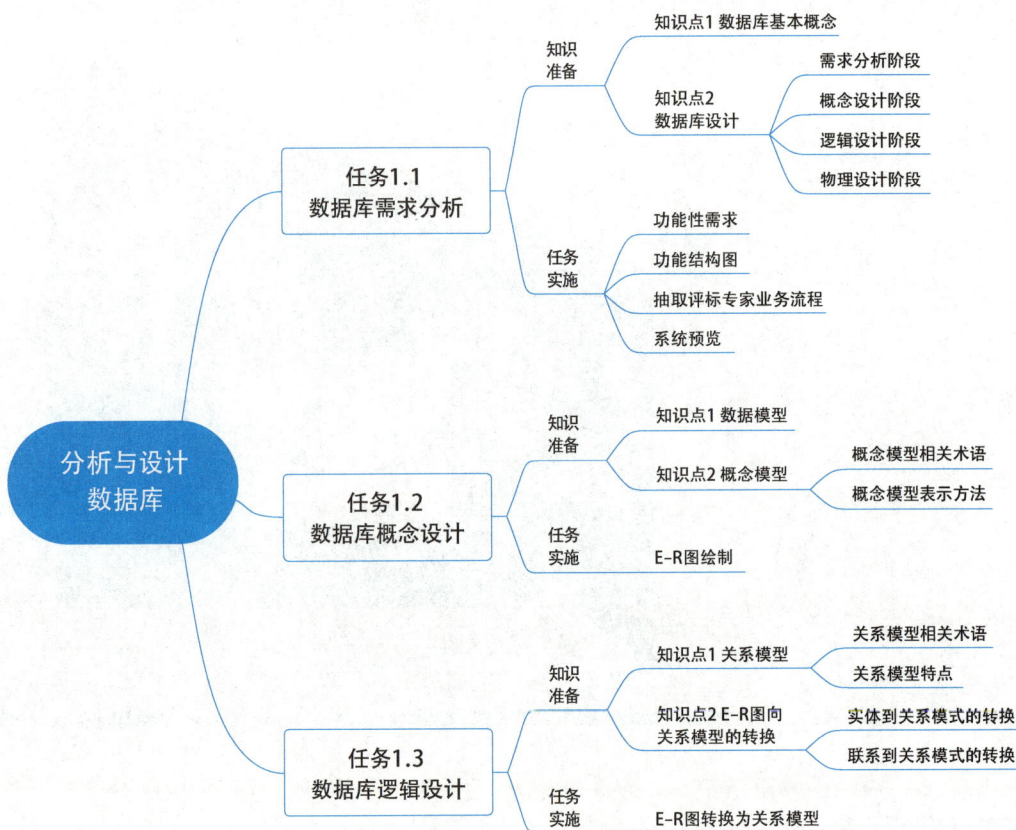

任务1.1 数据库需求分析

任务实施
- 功能性需求
- 功能结构图
- 抽取评标专家业务流程
- 系统预览

分析与设计数据库

知识点1 数据模型

知识准备

知识点2 概念模型
- 概念模型相关术语
- 概念模型表示方法

任务1.2 数据库概念设计

任务实施
- E-R图绘制

知识点1 关系模型
- 关系模型相关术语
- 关系模型特点

知识准备

知识点2 E-R图向关系模型的转换
- 实体到关系模式的转换
- 联系到关系模式的转换

任务1.3 数据库逻辑设计

任务实施
- E-R图转换为关系模型

任务 1.1　数据库需求分析

🔹 任务描述

　　需求分析是整个数据库设计过程的起点和基础。需求分析的任务就是对要处理的对象进行详细的调查和分析，了解其工作流程，明确用户对数据库的需求。

　　本任务结合评标专家库管理系统的实际需求，给出一个简化的需求分析，为后续数据库设计奠定基础。

任务目标

● 了解数据库的基本概念。
● 了解数据库结构设计的基本步骤。
● 理解评标专家库管理系统的需求。

知识准备

知识点 1　数据库基本概念

（1）**数据（data）**：是数据库中存储的基本对象，是描述事物的符号记录。数据有多种表现形式，可以是数字，也可以是文字、图像、音频、视频等，它们都可以经过数字化处理后存入计算机，便于进一步处理、使用。

（2）**数据库（database，DB）**：通俗地被称为存储数据的仓库。严格地讲，数据库是长期储存在计算机内、有组织、可共享的大量数据的集合。数据库中的数据按一定的数据模型组织、描述和存储，具有较小的冗余度、较高的数据独立性和易扩展性，可以被多个用户共享。

（3）**数据库管理系统（database management system，DBMS）**：是专门用于建立和管理数据库的一套软件，它负责科学有效地组织和存储数据。DBMS 建立在操作系统之上，对数据库进行统一的管理和控制，以保证数据库的安全性和完整性。用户通过DBMS 访问数据库中的数据，数据库管理员通过 DBMS 进行数据库的维护工作。MySQL、SQL Server、Access 等都是数据库管理系统。

（4）**数据库系统（database system，DBS）**：是指在计算机中引入数据库技术后的系统，通常由数据库、数据库管理系统、应用程序、数据库管理员（database administrator，DBA）和用户组成。

知识拓展：
数据库常见的应用场景

知识拓展：
大数据技术

知识点 2　数据库设计

数据库设计包括数据库结构设计和应用系统设计两方面，本书主要介绍数据库结

模块 1　分析与设计数据库

MySQL

构设计。数据库结构设计一般都要经历需求分析、概念设计、逻辑设计和物理设计 4 个阶段。

1. 需求分析阶段

需求分析是数据库设计的基础。通过调查和分析，逐步明确用户对系统的需求，包括数据需求和围绕这些数据的业务处理需求。当收集完所有需求后，要对需求进行审查、分析和整理，最后形成需求分析文档。

2. 概念设计阶段

概念设计是通过对用户需求进行综合、归纳与抽象，形成一个独立于具体 DBMS 的概念模型，通常使用 E－R 图来表示概念模型。

3. 逻辑设计阶段

逻辑设计是将概念设计阶段产生的概念模型转换为某个 DBMS 所支持的逻辑数据模型，并对其进行优化处理。

4. 物理设计阶段

在物理设计阶段，根据 DBMS 的特点和处理的需要，确定数据库在存储设备上的存储结构和存取方法。这些工作大部分由 DBMS 来完成，仅有一小部分由数据库设计人员完成，如为字段选择合适的数据类型等。

> **提示：**
> 在数据库设计过程中，需求分析和概念设计可以独立于任何 DBMS 进行，逻辑设计和物理设计与选用的 DBMS 密切相关。

任务实施

多学一点：
常用需求调查方法

评标专家库管理系统是一款用于招投标过程中从专家库中抽取评标专家的实用软件。系统可以根据评标项目的类型，随机抽取指定类型、人数的专家参与评标。

1. 功能性需求

经过调查和分析用户的需求，得出评标专家库管理系统的功能性需求如下：

(1) 用户权限管理： 系统中用户分管理员、建项人、领导 3 类用户类型，这 3 类用户采用统一的界面登录，登录后分别有不同的系统功能菜单。各类用户没有权限的操作菜单以灰色显示，不能选择。具体权限表现为：管理员不能抽取专家或评价专家；建项人不能进行基础数据维护；领导不能进行基础数据维护，不能新建专家、抽取专家或评价专家。

管理员用例图如图 1－1－1 所示。

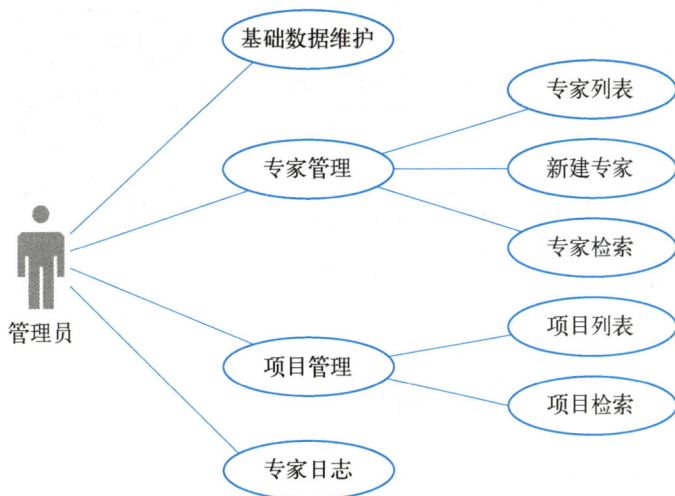

图1-1-1　管理员用例图

建项人用例图如图1-1-2所示。

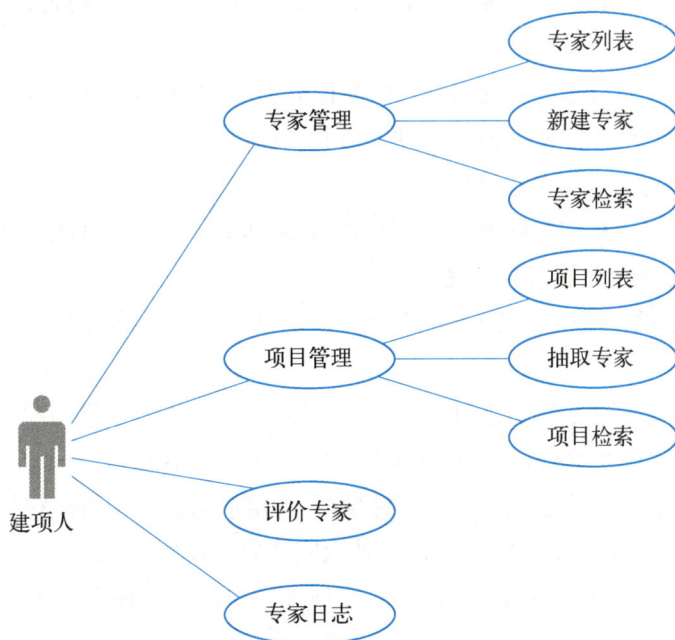

图1-1-2　建项人用例图

领导用例图如图1-1-3所示。

（2）**基础数据维护**：提供对系统基础数据的管理功能，包括部门设置、用户设置和参评类别设置。

部门设置：分页显示部门名称、部门主管等信息，并提供修改、删除部门的功能。

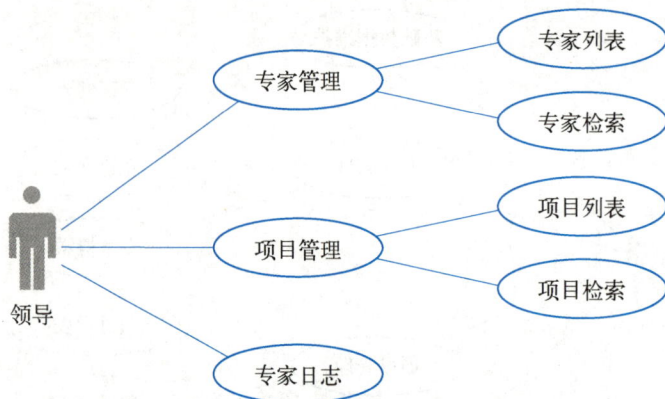

图 1-1-3　领导用例图

　　用户设置：分页显示用户姓名、角色、部门等信息，并提供添加、修改、删除用户的功能，还可以根据部门、角色、姓名查找用户。

　　参评类别设置：分页显示参评类别名称，并提供编辑、删除参评类别的功能。

　　(3) 专家管理： 提供对专家基本信息的管理功能，包括专家列表、新建专家、专家检索。

　　专家列表：分页显示专家姓名、性别、参评类别、职称、状态等信息，并提供修改、删除专家的功能，还可以根据专家姓名、状态查找专家。

　　新建专家：提供添加专家的功能。

　　专家检索：可以根据专家姓名、状态、性质、星级、学历、技术职称、校内外、专家类别、参评类别、参评专业等信息查找专家。

　　(4) 项目管理： 提供对评标项目的管理功能，包括项目列表、抽取专家、项目检索。

　　项目列表：分页显示项目名称、项目编码、评标时间、招标单位、专家抽取状态等信息，并提供撤销项目的功能，还可以根据项目名称、状态查找项目。

　　抽取专家：选择或者新增一个待评标项目，设定抽取的专家指标和抽取类型，然后抽取专家，显示抽取结果，可以再次抽取，抽取完成后保存抽取记录。

　　项目检索：根据项目编码、项目名称、建项人、招标单位、抽取轮次、项目状态等条件查找项目。

　　(5) 评价专家： 选择评标项目，显示项目抽取的专家列表，根据每位专家评标情况进行评价。

　　(6) 专家日志： 显示专家参与项目评标的日志明细，且提供导出功能。

　　2. 功能结构图

　　评标专家库管理系统功能结构图如图 1-1-4 所示。

数据库应用技术(MySQL)

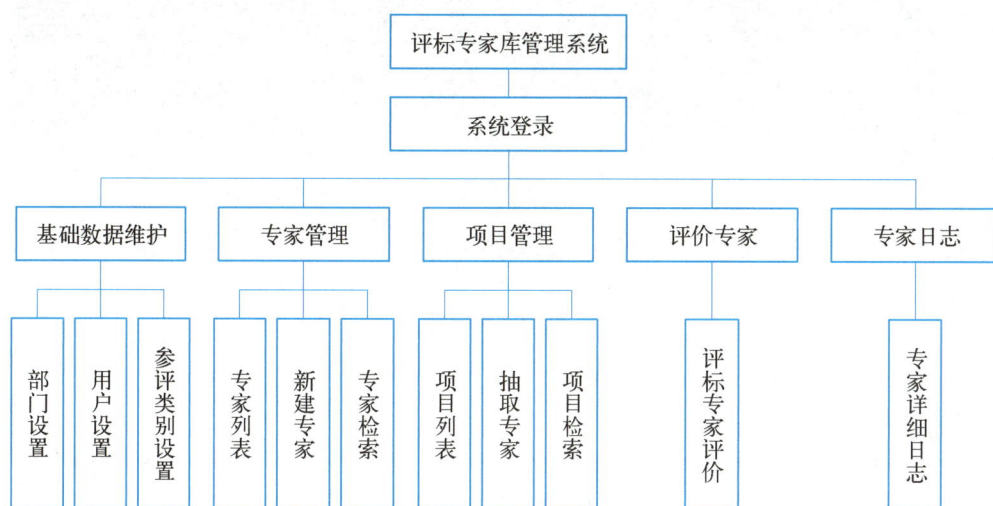

图 1-1-4 评标专家库管理系统功能结构图

3. 抽取评标专家业务流程

抽取评标专家业务流程图如图 1-1-5 所示。

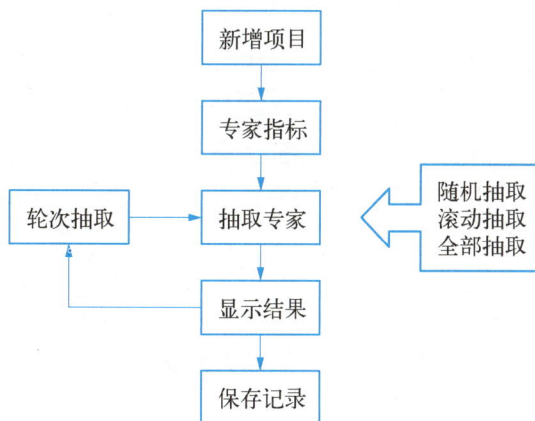

图 1-1-5 抽取评标专家业务流程图

4. 系统预览

为了能更好地了解和认识评标专家库管理系统,下面列出系统的几个典型功能的页面。

管理员登录系统后,单击左侧导航栏中的"用户设置",进入"用户设置"页面,如图 1-1-6 所示。该页面显示用户的姓名、角色、部门等信息,还可以执行添加、修改、删除、查找用户等操作。

管理员、建项人或领导登录系统后,单击左侧导航栏中的"专家列表",进入"专家列表"页面,如图 1-1-7 所示。该页面显示专家的姓名、性别、参评类别、职称等信息,还可以执行修改、删除、查找专家等操作。

选择部门 全部 ▼　选择角色 全部 ▼　用户姓名 [　　　]　🔍查找

序号	姓名	角色	部门	职称	联系电话	选择	删除
1	陆赣	管理员	信息工程系	高级	13861135009	选择	删除
2	崔晓丹	建项人	信息工程系	高级	13813792557	选择	删除
3	袁明辉	领导	保卫部（处）	高级	13862247539	选择	删除
6	王海燕	管理员	后勤产业管理处	中级	13961225873	选择	删除
7	吴越	建项人	教务处	初级		选择	删除
8	袁文军	管理员	后勤产业管理处	初级		选择	删除
9	dd	管理员	后勤产业管理处	初级		选择	删除

用户信息

姓名 [　　]　角色 管理员 ▼
部门 信息工程系 ▼　职称 初级 ▼
手机 [　　]
登陆账号 [　　]　登陆密码 [　　]

💾保存　🗑清空

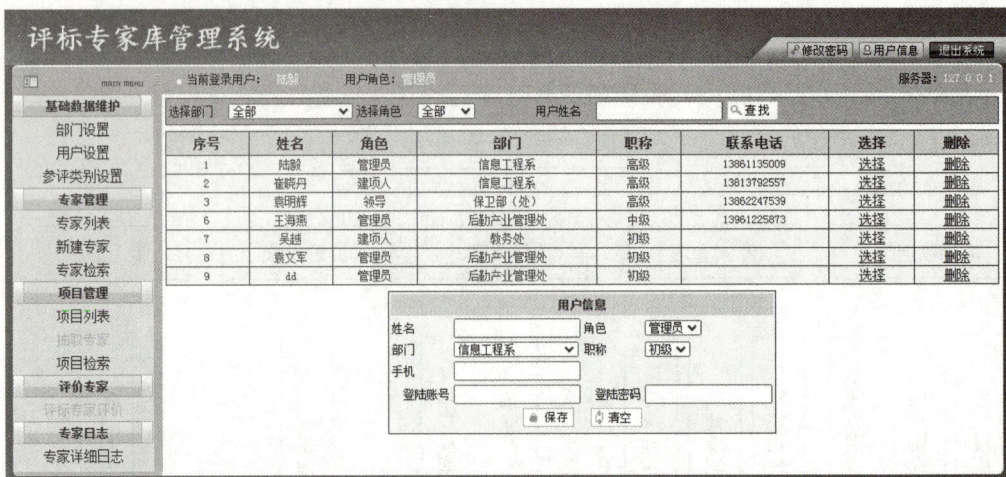

图 1－1－6　"用户设置"页面

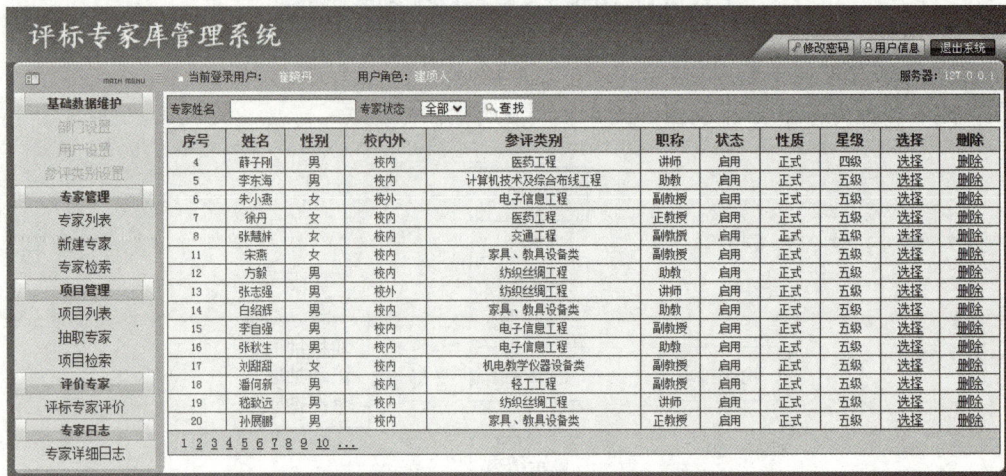

基础数据维护　专家姓名 [　　]　专家状态 全部 ▼　🔍查找

序号	姓名	性别	校内外	参评类别	职称	状态	性质	星级	选择	删除
4	薛子刚	男	校内	医药工程	讲师	启用	正式	四级	选择	删除
5	李东海	男	校内	计算机技术及综合布线工程	助教	启用	正式	五级	选择	删除
6	朱小惠	女	校外	电子信息工程	副教授	启用	正式	五级	选择	删除
7	徐丹	女	校内	医药工程	正教授	启用	正式	五级	选择	删除
8	张慧姘	女	校内	交通工程	副教授	启用	正式	五级	选择	删除
11	宋燕	女	校内	家具、教具设备类	副教授	启用	正式	五级	选择	删除
12	方馨	男	校内	纺织丝绸工程	助教	启用	正式	五级	选择	删除
13	张志强	男	校外	纺织丝绸工程	讲师	启用	正式	五级	选择	删除
14	白绍辉	男	校内	家具、教具设备类	助教	启用	正式	五级	选择	删除
15	李自强	男	校内	电子工程	副教授	启用	正式	五级	选择	删除
16	张秋生	男	校内	电子信息工程	助教	启用	正式	五级	选择	删除
17	刘甜甜	女	校内	机电教学仪器设备类	副教授	启用	正式	五级	选择	删除
18	潘何新	男	校内	轻工工程	副教授	启用	正式	五级	选择	删除
19	嵇秋远	男	校内	纺织丝绸工程	讲师	启用	正式	五级	选择	删除
20	孙展鹏	男	校内	家具、教具设备类	正教授	启用	正式	五级	选择	删除

1 2 3 4 5 6 7 8 9 10 ...

图 1－1－7　"专家列表"页面

　　管理员或建项人登录系统后，单击左侧导航栏中的"新建专家"，进入"编辑/新建专家"页面，如图 1－1－8 所示。在该页面中输入专家信息，然后单击"保存"按钮，就可以新建专家。

　　管理员、建项人或领导登录系统后，单击左侧导航栏中的"项目列表"，进入"项目列表"页面，如图 1－1－9 所示。该页面显示项目名称、评标时间、项目负责人、招标单位等信息，还可以执行查找、撤销项目等操作。

　　建项人登录系统后，单击左侧导航栏中的"抽取专家"，进入"抽取专家/确认项目"页面，如图 1－1－10 所示。

　　选择或者新增一个待评标项目，然后单击"下一步"按钮，进入"抽取专家/专家确认"页面，如图 1－1－11 所示。

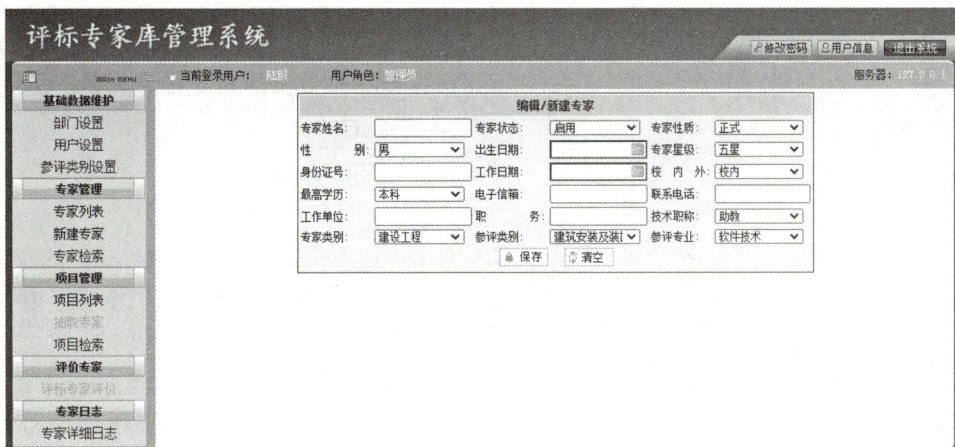

图 1-1-8 "编辑/新建专家"页面

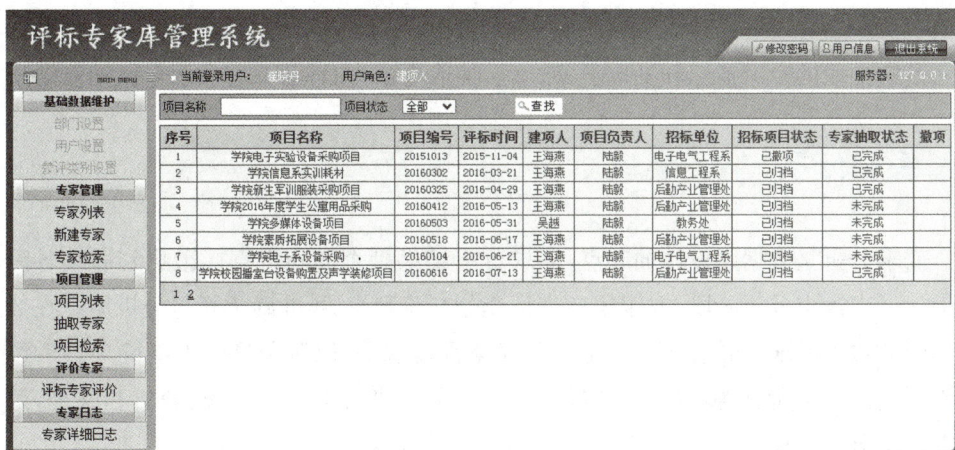

图 1-1-9 "项目列表"页面

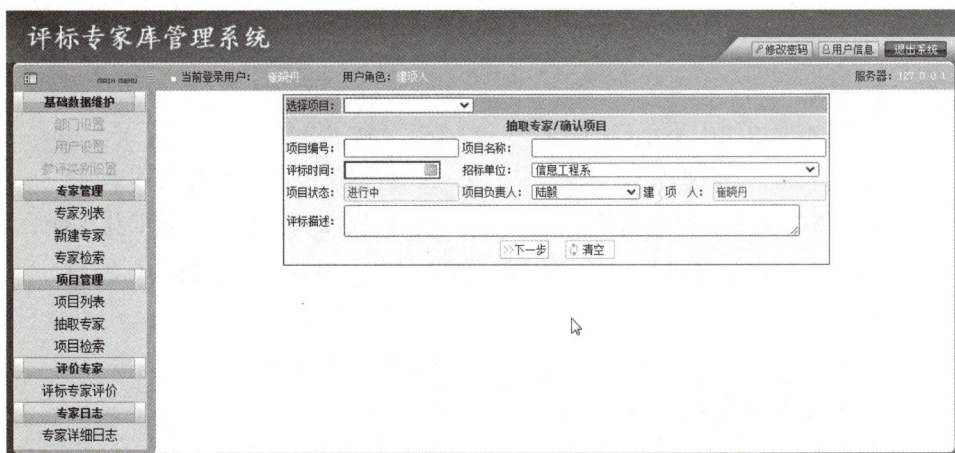

图 1-1-10 "抽取专家/确认项目"页面

评标专家库管理系统

专家类别	参评类别	参评专业	校内外	性质	星级
建设工程	计算机技术及综合布线工程		校内	正式	五级
建设工程	计算机技术及综合布线工程		校内	正式	五级
建设工程	计算机技术及综合布线工程		校内	正式	五级

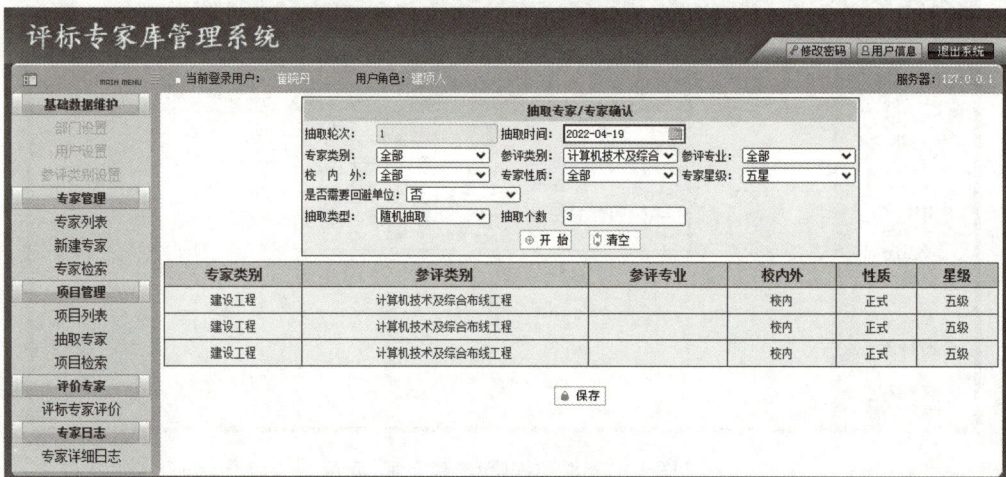

图 1-1-11 "抽取专家/专家确认"页面

设定抽取的专家指标和抽取类型，然后抽取专家，在页面下方显示专家抽取结果。

经验分享

需求分析是数据库设计的起点，需求分析结果是否准确将直接影响到后续各阶段的设计。在需求分析阶段，要跟用户进行充分交流和沟通，准确了解与分析用户在数据处理中的数据需求、功能需求、安全性和完整性需求等，以避免理解不准确导致后续工作出现问题。当所有需求收集完成后，还要对需求进行进一步审查、分析和整理，最后形成需求分析文档。

巩固习题

1. 选择题

（1）下列 4 项说法中不正确的是（　　）。

A. 数据库减少了数据冗余　　　　　B. 数据库中的数据可以共享

C. 数据库避免了一切数据的重复　　D. 数据库具有较高的数据独立性

（2）长期存储在计算机内、有组织、统一管理的相关数据的集合称为（　　）。

A. 数据库　　　　　　　　　　　　B. 数据库管理系统

C. 数据库系统　　　　　　　　　　D. 数据库技术

（3）数据库系统的核心是（　　）。

A. 数据库　　　　　　　　　　　　B. 数据库管理系统

C. 数据模型　　　　　　　　　　　D. 数据库管理员

2. 填空题

（1）英文缩写 DB 代表＿＿＿＿＿＿＿＿，DBA 代表＿＿＿＿＿＿＿＿，DBMS 代表＿＿＿＿＿＿＿＿，DBS 代表＿＿＿＿＿＿。

（2）DBMS 是位于用户与＿＿＿＿＿＿＿＿之间的一层数据管理软件。数据库在建立、使用和维护时由其统一管理、统一控制。

3. 简单题

（1）请简述数据库设计的基本步骤。

（2）请简述 DB、DBS 和 DBMS 的含义以及相互之间的关系。

技能训练

实训： 根据简明门诊管理系统的功能需求，设计出系统的功能结构图。

任务工单：
任务 1.1
实训任务工单

简明门诊管理系统由两部分组成：挂号模块和门诊模块。该系统可以为门诊病人提供挂号、就诊的服务。涉及的人员有：病人、挂号员和医生。

病人看病流程：挂号处排队→挂号、交费、拿挂号单→带着挂号单去门诊科室排队→医生看病→缴费、拿药→结束。

挂号员工作流程：凭登录名、密码登录挂号系统→询问病人信息、挂号科室，收费→录入系统，打印挂号单→下一位病人挂号→……

医生诊疗流程：凭登录名、密码登录门诊系统→呼叫病人→询问病情，给出诊断，开药→录入系统→呼叫下一位病人→……

功能需求如下：

（1）挂号员

挂号员可以根据登录名和密码登录挂号系统，也可以退出系统。

挂号员可以添加新挂号的病人的信息（姓名、性别、出生日期、家庭地址），也可以查阅以前挂过号的病人的基本信息。

挂号员根据病人的要求，为其选择相应的科室，由系统自动排就诊顺序，并打印挂号单。

挂号员可以看到今天所有的挂号情况（病人姓名、科室、挂号费、时间）。

挂号员可以为病人退号。

（2）医生

医生可以根据登录名和密码登录门诊系统，也可以退出系统。

医生可以查看当前病人的基本信息（病历本号、姓名、性别、年龄、家庭地址），并可修改。

医生可以查看当前病人的既往病史，以往在本院的看病信息（时间、医生、科室、诊断），也可以查看每次看病的具体情况（症状、诊断、配药、备注）。

医生根据当前病人的实际情况录入：症状、诊断、配药、备注。

医生在当前病人看病结束后召唤本科室下一位病人。

任务 1.2 数据库概念设计

任务描述

数据库概念设计的任务就是将需求分析的结果抽象为概念模型，通常使用 E-R 图作为概念设计的描述工具。

本任务主要介绍概念模型的相关术语，学习 E-R 图的画法。

任务目标

- 理解概念模型相关术语。
- 掌握 E-R 图的表示方法。

知识准备

知识点 1 数 据 模 型

计算机不能直接处理现实世界中的事物，可以通过数据模型这个建模工具进行抽象、表示和处理。首先将现实世界中的客观对象抽象为信息世界中的概念模型，然后将信息世界中的概念模型转换为机器世界中的逻辑模型、物理模型。这个转换过程如图 1-2-1 所示。

概念模型用来描述现实世界中的事物及其联系，与具体的计算机系统无关，也不依赖于数据库管理系统。

逻辑模型用来描述数据整体的逻辑结构，基于计算机系统的观点来对数据进行建模和表示。主要的逻辑模型有层次模型、网状模型、关系模型、面向对象模型等。

物理模型是逻辑模型的物理实现，是数据库最底层的抽象，描述数据如何进行实际存储，确定数据的物理存储结构和存储方法。物理数据结构一般都向用户屏蔽，用户不必了解其细节。

数据库应用技术(MySQL)

现实世界 —— 客观对象

抽象

信息世界 —— 概念模型

转换

机器世界 —— 逻辑模型

组织

物理模型

多学一点:
逻辑模型

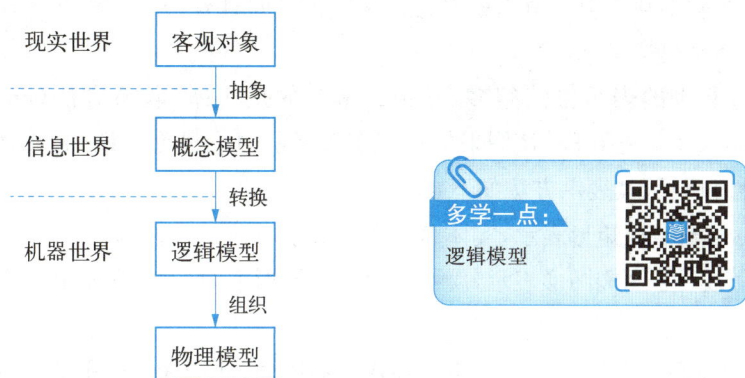

图1-2-1　现实世界到机器世界的转换过程

提示:

　　从现实世界中的客观对象到概念模型的转换是由数据库设计人员完成的;从概念模型到逻辑模型的转换可以由数据库设计人员完成,也可以用数据库设计工具协助设计人员完成;从逻辑模型到物理模型的转换主要是由数据库管理系统完成的。

知识点2　概 念 模 型

1. 概念模型相关术语

(1) 实体(entity): 是指客观存在并可相互区别的事物。实体可以是实际的事物,也可以是抽象的概念或联系,例如,一个部门、一个专家。同类实体的集合称为实体集。例如,全体专家就是一个实体集。

(2) 属性(attribute): 是指实体具有的某种特性,一个实体可以由多个属性来描述。例如,实体"部门"可以由部门编号、部门名称、部门主管等属性组成。属性由属性名和属性值两部分组成。例如,"部门编号""部门名称""部门主管"是属性名,"1""信息工程系""崔晓丹"这些具体值是属性值。

(3) 域(domain): 是指属性的取值范围。例如,专家性别的域为"男"或"女"。

(4) 码(key): 也称为键,是指能唯一标识实体的属性或属性组合。例如,"部门编号"是实体"部门"的码。

(5) 联系(relationship): 实体内部和实体之间都是有联系的。实体内部的联系通常是指实体各属性之间的联系,实体之间的联系通常是指不同实体集之间的联系。实体之间的联系有3种基本类型:一对一联系($1:1$)、一对多联系($1:n$)和多对多联系($m:n$)。例如,一个部门有多个用户,每个用户只

多学一点:
两个实体之间的联系类型

模块1　分析与设计数据库

属于一个部门,则"部门"和"用户"这两个实体之间具有一对多联系。

2. 概念模型表示方法

概念模型的表示方法很多,其中最常用的是实体-联系方法(entity-relationship approach),该方法用 E-R 图来描述现实世界的概念模型。E-R 图的基本要素是实体、属性和联系,其表示方法如下:

(1) 实体:用矩形表示,实体名写在矩形框内。

(2) 属性:用椭圆形表示,属性名写在椭圆形框内,并用无向边将其与对应的实体连接起来。

(3) 联系:用菱形表示,联系名写在菱形框内,并用无向边分别与有关实体连接起来,同时在无向边旁标上联系的类型。

> **提示:**
> 联系也可能有属性。例如,专家参加项目评标的评标表现和评价,既不是专家的属性,也不是项目的属性,而是专家与项目之间联系的属性。这些属性也要用椭圆形表示,并用无向边将这些属性与联系连接起来。

任务实施

评标专家库管理系统数据库的 E-R 图绘制步骤如下:

步骤 1: 确定系统包含的实体。根据评标专家库管理系统的需求分析,确定本系统有 5 个实体:部门、用户、参评类别、专家和项目。

步骤 2: 确定实体的属性。5 个实体包含的属性如下:

(1) 实体"部门"属性有:部门编号、部门名称、部门主管、部门状态,其中"部门编号"为码。

(2) 实体"用户"属性有:用户编号、姓名、角色、登录账号、登录密码、手机号码、用户状态,其中"用户编号"为码。

(3) 实体"参评类别"属性有:参评类别编号、参评类别名称、状态,其中"参评类别编号"为码。

(4) 实体"专家"属性有:专家编号、专家编码、专家姓名、性别、学历、工作单位、职务、联系电话、专家性质、专家星级、校内外、技术职称、出生日期、专家状态、删除标记,其中"专家编号"为码。

> **提示:**
> 实体"专家"中的"删除标记"属性用于标记专家是否被删除,由于评标专家库中的专家信息不可以被随意删除,所以采用设置删除标记的方法来标记专家是否被删除。

（5）实体"项目"属性有：项目编号、项目编码、项目名称、评标时间、项目负责人、招标单位、评标描述、项目状态、专家抽取状态，其中"项目编号"为码。

步骤3：确定实体之间具有的联系。在评标专家库管理系统中实体之间存在如下联系：

（1）一个部门可以有多个用户，每个用户只属于一个部门，部门和用户之间存在"属于"的联系。

（2）一种参评类别可以有多个专家，每个专家只属于一种参评类别，参评类别和专家之间存在"属于"的联系。

（3）一个用户可以创建多个项目，每个项目只能由一个用户创建，用户和项目之间存在"创建"的联系。

（4）一个用户可以给多个项目抽取专家，每个项目可以多次抽取专家，每个专家可以参加多个项目，用户、项目、专家之间存在"抽取"的联系。

（5）一个项目可以抽取多个评标专家，每个专家可以参加多个评标项目，项目和专家之间存在"参评"的联系。

步骤4：确定联系的种类和属性。根据系统中实体之间的联系情况，可以确定"部门"和"用户"间的"属于"联系是 $1:n$；"参评类别"和"专家"间的"属于"联系是 $1:n$；"用户"和"项目"间的"创建"联系是 $1:n$；"用户""项目"和"专家"间的"抽取"联系是 $m:n:p$，"抽取"联系有抽取轮次、抽取时间、抽取类型等属性；"专家"和"项目"间的"参评"联系是 $m:n$，"参评"联系有评标表现和评价两个属性。

步骤5：设计系统的局部 E-R 图。根据实体之间存在的联系设计系统的局部 E-R 图，如图 1-2-2～图 1-2-6 所示。

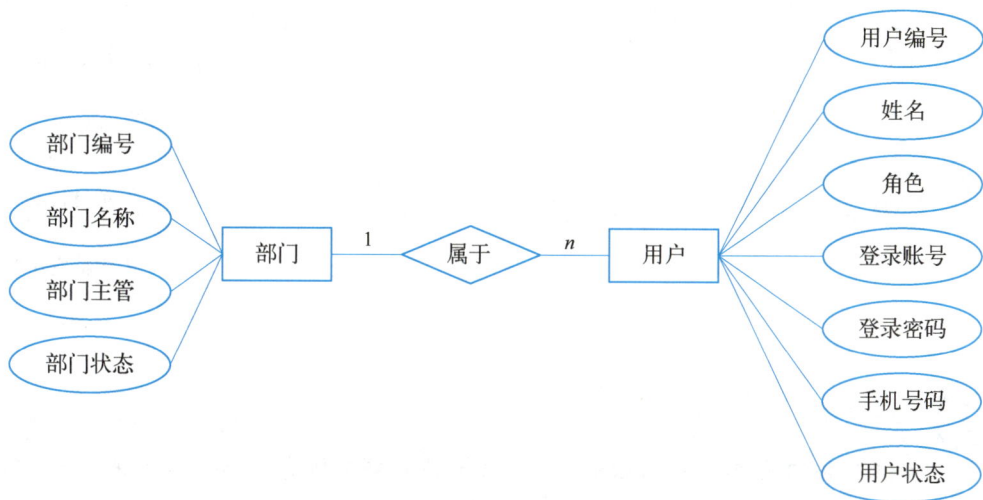

图 1-2-2　部门-用户 E-R 图

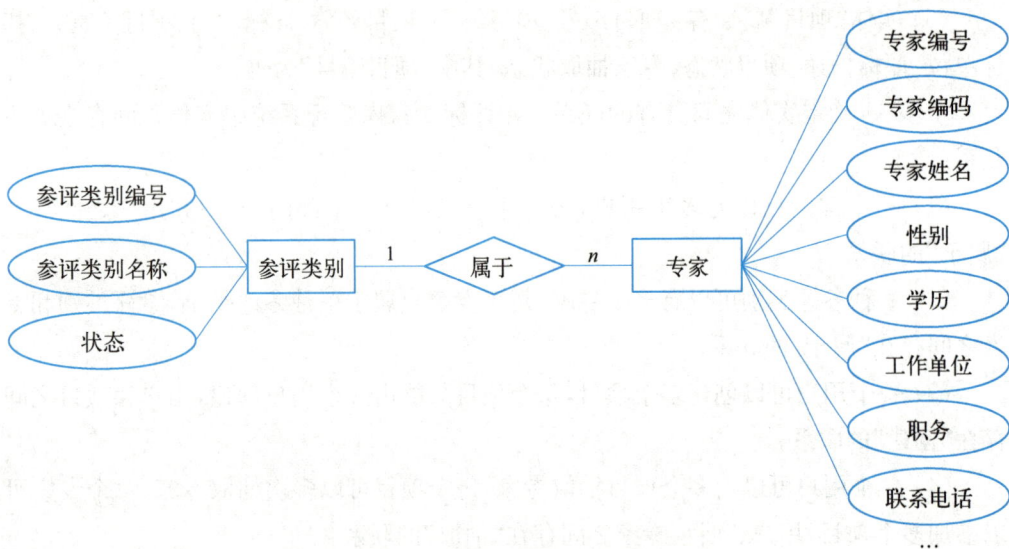

图 1-2-3 参评类别-专家 E-R 图

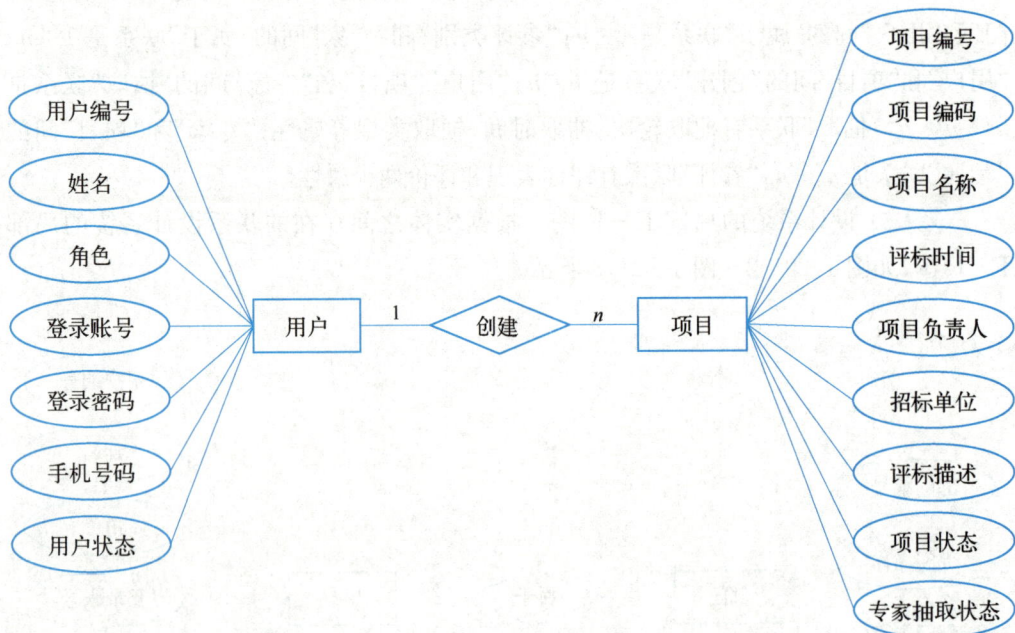

图 1-2-4 用户-项目 E-R 图

提示：

如果实体的属性较多,在绘制 E-R 图时不须要把所有的属性都标注出来,这样绘制的 E-R 图就更加简明清晰,便于分析。

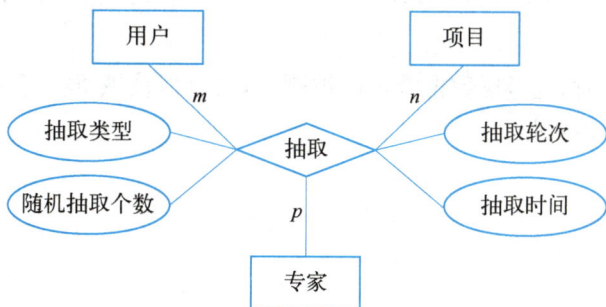

图 1-2-5　用户-项目-专家 E-R 图

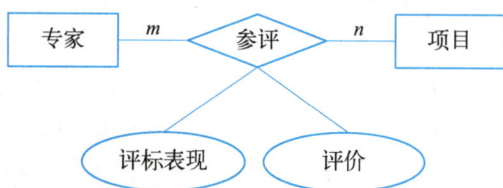

图 1-2-6　项目-专家 E-R 图

步骤 6: 合并局部 E-R 图,消除冲突,生成系统的全局 E-R 图,完成现实世界到信息世界的第一次抽象。

"部门""用户"之间和"参评类别""专家"之间的联系名都是"属于",但它们的意义是不同的,因此在合并这两个 E-R 图时,将"部门"和"用户"之间的联系重新命名为"就职"。

系统全局 E-R 图如图 1-2-7 所示。

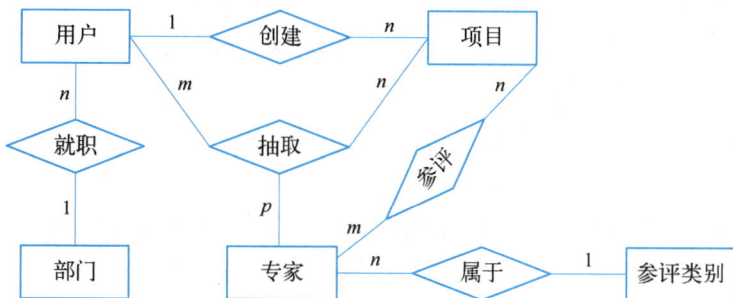

图 1-2-7　系统全局 E-R 图

经验分享

本任务的概念和术语较多,理解和掌握这些概念,为进一步学习后续内容打好基础。如果是刚开始学习数据库,可以在学习了后续内容之后再回来理解和掌握这些概念。

在设计数据库时,应考虑数据既可以被删除,又可以被恢复。可以增加删除标记,用来标识数据是否被删除。

巩固习题

1. 选择题

(1) 数据库设计中,概念设计阶段的主要描述工具是(　　)。

A. 数据字典　　　　B. 流程图　　　　C. E-R图　　　　D. 二维表格

(2) 按照数据模型分类,数据库管理系统可分为(　　)。

A. 关系型、概念型、网状型　　　　　　B. 内模式、概念模式、外模式

C. 关系型、层次型、网状型　　　　　　D. MySQL、SQL Server、Oracle

(3) 如果规定:一个学校只有一个校长,一个校长只在一个学校任职,则实体集"学校"和"校长"之间的联系是(　　)。

A. 一对一　　　　B. 一对多　　　　C. 多对多　　　　D. 多对一

(4) 绘制E-R图属于数据库设计的(　　)阶段。

A. 需求分析　　　　B. 概念设计　　　　C. 逻辑设计　　　　D. 物理设计

(5) 绘制E-R图的3个基本要素是(　　)。

A. 实体、属性、关键字　　　　　　　　B. 实体、属性、联系

C. 属性、数据类型、实体　　　　　　　D. 约束、属性、实体

(6) 在数据库建模的过程中,E-R图属于(　　)的产物。

A. 物理模型　　　　　　　　　　　　　B. 逻辑模型

C. 概念模型　　　　　　　　　　　　　D. 以上都不是

(7) (　　)不能称为实体。

A. 班级　　　　B. 手机　　　　C. 图书　　　　D. 姓名

2. 填空题

(1) 在E-R图中,用_____表示实体,用_____表示联系,用_____表示属性。

(2) 在数据库的概念设计中,客观存在并且可以相互区别的事物称为_____。

(3) 能唯一标识实体的属性或属性集称为_____。

(4) 概念模型是对现实世界的抽象,使用_____来表示。

(5) 概念模型中的3种基本联系分别是_____、_____和_____。

(6) 实体所具有的某一特征称为实体的_____。

技能训练

任务工单：

任务 1.2
实训任务工单

实训： 根据简明门诊管理系统的功能需求,确定系统包含以下实体:

(1)科室:科室编号、科室名、地址。

(2)医生:医生编号、姓名、性别、职称、登录名、密码。

(3)就诊状态:就诊状态编号、状态名、备注。

(4)病人:病人编号、姓名、性别、家庭地址、出生日期。

(5)挂号员:挂号员编号、姓名、登录名、密码。

实体之间存在如下联系:

(1)每个科室有多位医生,每位医生只能属于一个科室。

(2)一个挂号员可以给多个病人、多个科室挂号,每个病人可以在多个科室挂号,每个科室可以有多个病人挂号,挂号员给病人挂号时须要记录:挂号时间、费用、次序、状态等。

(3)一种就诊状态可以有多个病人,一个病人只能有一种就诊状态。

(4)一位医生可以给多个病人诊疗,一个病人可以被多个医生诊疗,医生看病时须要记录:诊疗时间、症状、诊断、配药、备注等。

根据以上叙述,绘制出系统的 E-R 图,要求标注出联系类型,可省略实体的属性。

任务 1.3　数据库逻辑设计

任务描述

由于本书选用的是关系型数据库管理系统 MySQL,所以逻辑设计的任务就是把概念设计阶段设计好的 E-R 图转换成关系型数据库管理系统所支持的关系模型。

任务目标

● 了解关系模型相关术语。
● 理解和掌握 E-R 图向关系模型转换的方法。

知识点 1　关 系 模 型

1. 关系模型相关术语

关系模型是目前最常用、最重要的一种数据模型。从用户角度来看,关系模型的数据结构是二维表,即通过二维表来组织数据。

下面以部门信息表和用户信息表为例,介绍关系模型中的一些术语。部门信息表和用户信息表见表 1-3-1 和表 1-3-2。

表 1-3-1　部门信息表

部门编号	部门名称	部门主管	部门状态
1	信息工程系	崔晓丹	1
2	轻工工程系	吴思锋	1
3	机械工程系	刘　勇	1
4	艺术设计系	方志伟	1
5	电子电气工程系	姚天佑	1

表 1-3-2　用户信息表

用户编号	姓名	角色	登录账号	登录密码	用户状态	部门编号
1	陆　毅	管理员	101	101	1	1
2	崔晓丹	建项人	102	102	1	1
3	袁明辉	领导	103	103	1	3
4	王荣兴	领导	104	104	0	4

(1) 关系:一个关系对应一张二维表,每个关系有一个关系名。例如,部门信息表为一个关系。

(2) 属性:表中的列称为属性,每个属性都有一个属性名。例如,部门信息表有 4 列,对应 4 个属性:部门编号、部门名称、部门主管、部门状态。

(3) 元组：表中的一行数据称为一个元组。例如，部门信息表中有 5 个元组。

(4) 域：域是指属性的取值范围。

(5) 候选码：候选码也被称为候选键，是指能够唯一标识一个元组的属性或属性组。一个关系的候选码可以有多个。例如，部门信息表中"部门编号"和"部门名称"都是候选码（"部门名称"为候选码的前提是部门名称不能重名）。

(6) 主码：主码也被称为主键。从关系的多个候选码中选定一个用来唯一标识元组，则称这个候选码为该关系的主码。例如，选定"部门编号"作为部门信息表的主码。

(7) 外码：外码也被称为外键。关系中的某个属性或属性组不是这个关系的主码，而是另一个关系的主码，称该属性或属性组为这个关系的外码。例如，"部门编号"是部门信息表的主码，又是用户信息表的一个属性，则"部门编号"为用户信息表的外码。

(8) 关系模式：对关系的描述，一般表示为：关系名（属性 1，属性 2，…，属性 n）。例如，表 1-3-1 中的二维表的关系模式为：

部门（部门编号，部门名称，部门主管，部门状态）。

> 💡 **提示：**
> 属性也可以称为字段，元组也可以称为记录。

关系与一般表格所使用的术语对比见表 1-3-3。

表 1-3-3　术语对比

关 系 术 语	一 般 表 格 术 语
关系名	表名
关系模式	表头
关系	二维表
元组	记录或行
属性	列
属性名	列名
属性值	列值

2. 关系模型特点

不是任意一个二维表都可以作为一个关系，关系具有以下特点：

（1）关系中的每个属性都是不可再分的，也就是说，不允许表中有表。

（2）同一关系中不能出现相同的属性名。

（3）关系中不能存在完全相同的元组。

（4）关系中属性的顺序（即列序）是无关紧要的，可以任意交换。

（5）关系中元组的顺序（即行序）是无关紧要的，可以任意交换。

知识拓展：
NoSQL 数据库

知识点 2　E‑R 图向关系模型的转换

E‑R 图是由实体、实体的属性和实体间的联系组成的，因此将 E‑R 图转换为关系模型就是要将实体、实体的属性和实体间的联系转换为关系模式。

1. 实体到关系模式的转换

一个实体转换为一个关系模式。实体的属性就是关系的属性，实体的码就是关系的码。

2. 联系到关系模式的转换

（1）一个一对一（1∶1）联系可以转换为一个独立的关系模式，与该联系相连的各实体的码以及联系本身的属性均转换为关系的属性，每个实体的码均是该关系的候选码；也可以与任意一端对应的关系模式合并，在该关系模式的属性中加入另一个关系模式的码和联系本身的属性。

（2）一个一对多（1∶n）联系可以转换为一个独立的关系模式，与该联系相连的各实体的码以及联系本身的属性均转换为关系的属性，n 端实体的码为关系的码；也可以与 n 端对应的关系模式合并，在 n 端关系模式的属性中加入 1 端关系模式的码和联系本身的属性。

（3）一个多对多（m∶n）联系可以转换为一个关系模式，与该联系相连的各实体的码以及联系本身的属性均转换为关系的属性，各实体的码的组合为关系的码。

（4）三个或三个以上实体间的联系可以转换为一个关系模式。与该联系相连的各实体的码以及联系本身的属性均转换为关系的属性，各实体的码组成关系的码或关系的码的一部分。

多学一点：
关系模型的规范化

任务实施

将评标专家库管理系统的 E‑R 图转换为关系模型的步骤如下：

步骤 1：将实体转换为关系模式。将实体"部门""用户""参评类别""专家"和"项目"转换为关系模式。

（1）部门（部门编号，部门名称，部门主管，部门状态），主码：部门编号。

（2）用户（用户编号，姓名，角色，登录账号，登录密码，手机号码，用户状态），主码：用户编号。

（3）参评类别（参评类别编号，参评类别名称，状态），主码：参评类别编号。

（4）专家（专家编号，专家编码，专家姓名，性别，学历，工作单位，职务，联系电话，专家性质，专家星级，校内外，技术职称，出生日期，专家状态，删除标记），主码：专家编号。

（5）项目（项目编号，项目编码，项目名称，评标时间，项目负责人，招标单位，评标描述，项目状态，专家抽取状态），主码：项目编号。

步骤2： 将联系转换为关系模式。

（1）"部门"和"用户"之间的联系是 $1:n$，将"部门"的主码"部门编号"加入"用户"，"用户"的关系模式变为：

用户（用户编号，姓名，角色，登录账号，登录密码，手机号码，用户状态，部门编号）。

（2）"参评类别"和"专家"之间的联系是 $1:n$，将"参评类别"的主码"参评类别编号"加入"专家"，"专家"的关系模式变为：

专家（专家编号，专家编码，专家姓名，性别，学历，工作单位，职务，联系电话，专家性质，专家星级，校内外，技术职称，出生日期，专家状态，删除标记，参评类别编号）。

（3）"用户"和"项目"之间的联系是 $1:n$，将"用户"的主码"用户编号"加入"项目"，"项目"的关系模式变为：

项目（项目编号，项目编码，项目名称，评标时间，项目负责人，招标单位，评标描述，项目状态，专家抽取状态，用户编号）。

（4）"用户""项目"和"专家"之间的联系是 $m:n:p$。

将联系"抽取"转换为一个新的关系模式：

抽取（项目编号，抽取轮次，抽取时间，参评类别编号，校内外，专家性质，专家星级，抽取类型，随机抽取个数，用户编号）。

依据转换规则可知，关系"抽取"的主码由属性"项目编号""用户编号"组成，这两个属性同时也是外码，由于一个项目允许多轮抽取专家，因此，仅用"项目编号""用户编号"不能唯一标识"抽取"中的实体，所以要将"抽取轮次"与"项目编号""用户编号"一起组成主码。

主码的设置一般采用最小化原则，当关系的主码由多个属性构成时，可以考虑增加一个新的属性作为主码。因此，给关系"抽取"增加一个属性"抽取编号"作为主码。"抽取"的关系模式调整为：

抽取（抽取编号，项目编号，抽取轮次，抽取时间，参评类别编号，校内外，专家性质，专家星级，抽取类型，随机抽取个数，用户编号），主码：抽取编号。

（5）"专家"和"项目"之间的"参评"联系是 $m:n$，联系"参评"有 2 个属性：评标表现和评价。

将联系"参评"转换为一个新的关系模式：

抽取专家列表(项目编号,抽取编号,专家编号,评标表现,评价)。

依据转换规则可知,关系"抽取专家列表"的主码由"项目编号""抽取编号"与"专家编号"一起组成,这里给关系"抽取专家列表"增加一个属性"编号"作为主码。"抽取专家列表"的关系模式调整为：

抽取专家列表(编号,项目编号,抽取编号,专家编号,评标表现,评价),主码：编号。

> **提示：**
>
> 　为了便于理解,这里把关系名设置为"抽取专家列表"。根据系统功能需求可知,一个项目允许多轮抽取专家,每轮可以抽取多个专家,因此须要将关系"抽取"的主码"抽取编号"加入关系"抽取专家列表"中。

综上所述,评标专家库管理系统的 E-R 图转换的关系模型如下：

(1) 部门(部门编号,部门名称,部门主管,部门状态),主码：部门编号。

(2) 用户(用户编号,姓名,角色,登录账号,登录密码,手机号码,用户状态,部门编号),主码：用户编号,外码：部门编号。

(3) 参评类别(参评类别编号,参评类别名称,状态),主码：参评类别编号。

(4) 专家(专家编号,专家编码,专家姓名,性别,学历,工作单位,职务,联系电话,专家性质,专家星级,校内外,技术职称,出生日期,专家状态,删除标记,参评类别编号),主码：专家编号,外码：参评类别编号。

(5) 项目(项目编号,项目编码,项目名称,评标时间,项目负责人,招标单位,评标描述,项目状态,专家抽取状态,用户编号),主码：项目编号,外码：用户编号。

(6) 抽取(抽取编号,项目编号,抽取轮次,抽取时间,参评类别编号,校内外,专家性质,专家星级,抽取类型,随机抽取个数,用户编号),主码：抽取编号,外码：项目编号,参评类别编号,用户编号。

(7) 抽取专家列表(编号,项目编号,抽取编号,专家编号,评标表现,评价),主码：编号,外码：项目编号,抽取编号,专家编号。

▶ 经验分享

E-R 图向关系模型的转换规则只给出了一般情况下的转换方法,在实际应用中须要根据实际情况进行具体处理。当关系的主码由多个属性组成时,为了简化主码的设置,通常增加一个新的属性作为主码。

逻辑设计还应遵循一些规范化理论,如范式,以提高数据库应用系统的性能。不规范的设计可能会导致出现数据冗余、插入异常、删除异常等问题。大家可以拓展学习一下关系模型的规范化理论。

巩固习题

1. 选择题

（1）将 E-R 图转换为关系模型时，实体和联系都可以表示成（   ）。

A. 属性　　　　　B. 关系　　　　　C. 键　　　　　D. 域

（2）将 E-R 图转换为关系模型的过程，属于数据库设计的（   ）阶段。

A. 需求分析　　　B. 概念设计　　　C. 逻辑设计　　　D. 物理设计

（3）从 E-R 图向关系模型转换，一个 $m:n$ 的联系转换成一个关系模式时，该关系模式的键是（   ）。

A. m 端实体的键　　　　　　　　B. n 端实体的键

C. m 端实体的键与 n 端实体的键组合　　D. 重新选取其他属性

（4）关系模型的基本数据结构是（   ）。

A. 树　　　　　　B. 二维表　　　　C. 图　　　　　D. 二叉树

（5）下列关于关系的描述中，不正确的说法是（   ）。

A. 关系中的每个属性都是不可分解的

B. 任意的一个二维表都是一个关系

C. 在关系中元组的顺序是无关紧要的

D. 在关系中属性的顺序是无关紧要的

（6）（   ）在关系模型中表示属性的取值范围。

A. 元组　　　　　B. 键　　　　　　C. 属性　　　　D. 域

（7）关系模型规范化是为了（   ）而引入的。

A. 解决插入异常、删除异常和数据冗余问题

B. 提高查询速度

C. 减少数据操作的复杂性

D. 保证数据的安全性和完整性

（8）在关系 R(R♯，RN，S♯) 和 S(S♯，SN，SD) 中，R 的主码是 R♯，S 的主码是 S♯，则关系 R 中的 S♯ 称为（   ）。

A. 外码　　　　　B. 候选码　　　　C. 主码　　　　D. 主属性

2. 填空题

（1）关系中的属性也可称为字段，_____也可称为记录。

（2）在关系模型中，二维表的列称为属性，二维表的行称为_____。

（3）已知系（系编号，系名称，系主任，电话，地点）和学生（学号，姓名，性别，入学日

期,专业,系编号)两个关系,关系"系"的主键是_____,关系"学生"的主键是_____,外键是_____。

技能训练

实训: 将简明门诊管理系统的 E-R 图转换为关系模型,并标出关系模式的主键和外键。

任务工单:
任务 1.3
实训任务工单

创建数据库

数据库作为信息系统的核心,国产数据库虽然起步较晚,但也在持续突破性能瓶颈,逐步跟上国外水平,打破国外对中国数据库市场的长期垄断,加快推进科技自立自强。目前国内市场大部分仍在使用 Oracle、MySQL、SQL Server 等国外数据库产品,本书以 MySQL 为教学平台。

为了创建数据库,首先要熟悉数据库管理系统 MySQL 的安装与配置,然后使用图形化工具或 SQL 语句创建和管理数据库。MySQL 通过数据表来存储数据,可以利用图形化工具和 SQL 语句来创建和管理数据表。为了保障数据库中的数据正确、有效,还要考虑添加适当的约束,并建立表与表之间的参照关系。数据库及数据表的创建与维护方法是本模块的学习重点。

本模块主要包括以下 4 个学习任务:

任务 2.1　数据库环境部署

任务 2.2　数据库创建与维护

任务 2.3　数据表创建与维护

任务 2.4　数据完整性维护

知识准备 —— 知识点1 MySQL概述

知识点2 常用图形化工具
- Navicat for MySQL
- MySQL Workbench
- SQLyog
- phpMyAdmin

任务2.1 数据库环境部署

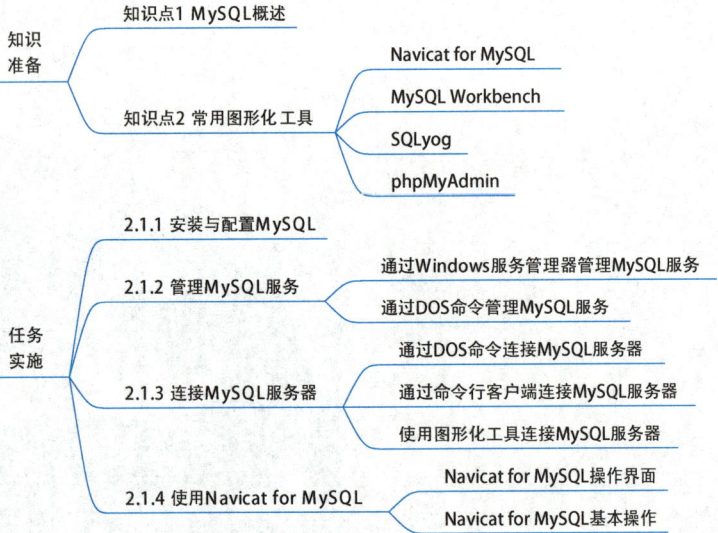

任务实施
- 2.1.1 安装与配置MySQL
- 2.1.2 管理MySQL服务
  - 通过Windows服务管理器管理MySQL服务
  - 通过DOS命令管理MySQL服务
- 2.1.3 连接MySQL服务器
  - 通过DOS命令连接MySQL服务器
  - 通过命令行客户端连接MySQL服务器
  - 使用图形化工具连接MySQL服务器
- 2.1.4 使用Navicat for MySQL
  - Navicat for MySQL操作界面
  - Navicat for MySQL基本操作

创建数据库

任务2.2 数据库创建与维护

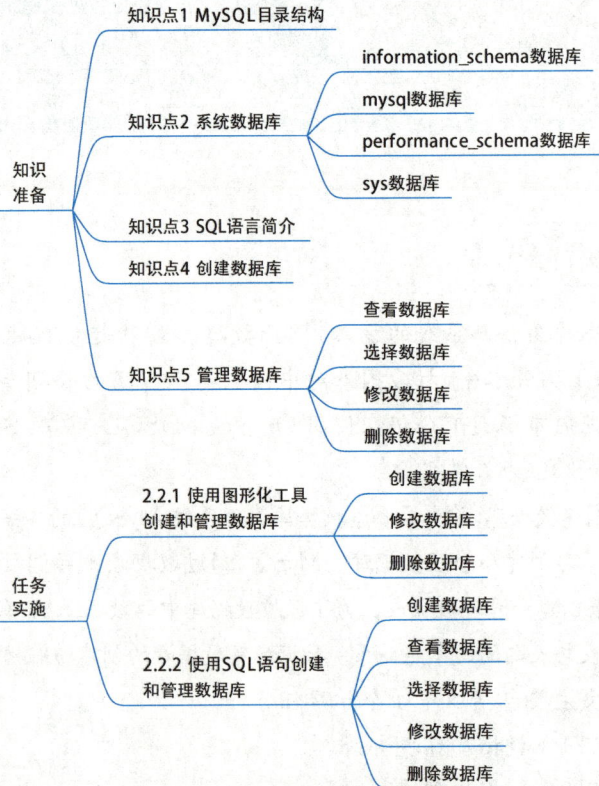

知识准备
- 知识点1 MySQL目录结构
- 知识点2 系统数据库
  - information_schema数据库
  - mysql数据库
  - performance_schema数据库
  - sys数据库
- 知识点3 SQL语言简介
- 知识点4 创建数据库
- 知识点5 管理数据库
  - 查看数据库
  - 选择数据库
  - 修改数据库
  - 删除数据库

任务实施
- 2.2.1 使用图形化工具创建和管理数据库
  - 创建数据库
  - 修改数据库
  - 删除数据库
- 2.2.2 使用SQL语句创建和管理数据库
  - 创建数据库
  - 查看数据库
  - 选择数据库
  - 修改数据库
  - 删除数据库

创建数据库

任务2.3 数据表创建与维护

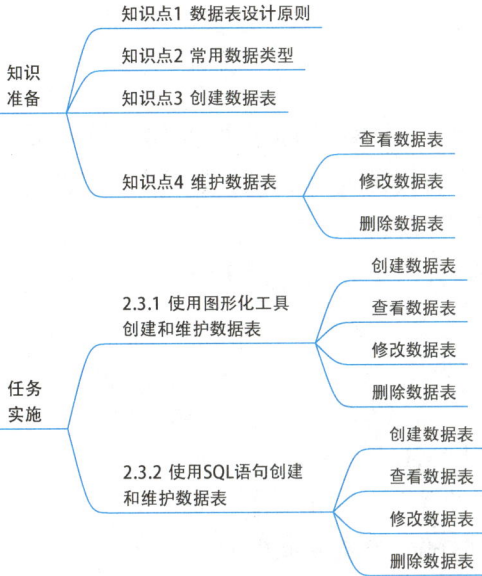

知识准备
- 知识点1 数据表设计原则
- 知识点2 常用数据类型
- 知识点3 创建数据表
- 知识点4 维护数据表
  - 查看数据表
  - 修改数据表
  - 删除数据表

任务实施
- 2.3.1 使用图形化工具创建和维护数据表
  - 创建数据表
  - 查看数据表
  - 修改数据表
  - 删除数据表
- 2.3.2 使用SQL语句创建和维护数据表
  - 创建数据表
  - 查看数据表
  - 修改数据表
  - 删除数据表

任务2.4 数据完整性维护

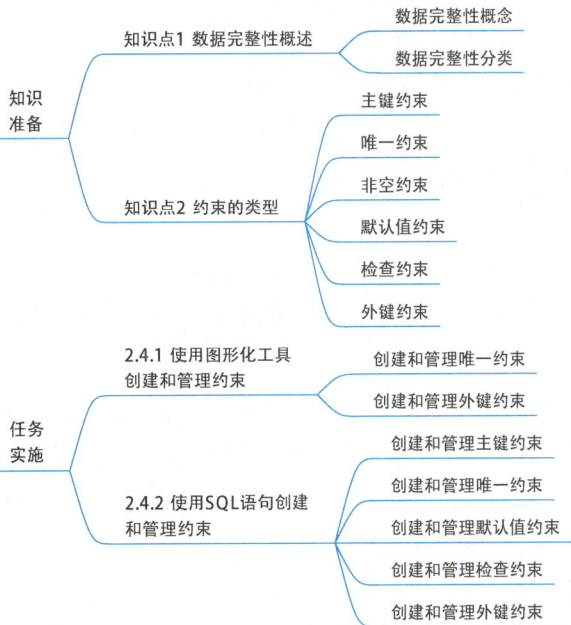

知识准备
- 知识点1 数据完整性概述
  - 数据完整性概念
  - 数据完整性分类
- 知识点2 约束的类型
  - 主键约束
  - 唯一约束
  - 非空约束
  - 默认值约束
  - 检查约束
  - 外键约束

任务实施
- 2.4.1 使用图形化工具创建和管理约束
  - 创建和管理唯一约束
  - 创建和管理外键约束
- 2.4.2 使用SQL语句创建和管理约束
  - 创建和管理主键约束
  - 创建和管理唯一约束
  - 创建和管理默认值约束
  - 创建和管理检查约束
  - 创建和管理外键约束

任务 2.1　数据库环境部署

任务描述

数据库管理系统(DBMS)是操纵和管理数据库的软件。用户要通过数据库管理系统访问数据库中的数据,因此在进行数据库系统开发之前必须先选择和安装好数据库管理系统,并配置好相应环境。

本任务主要介绍安装与配置 MySQL 的过程,以及 MySQL 服务的基本操作。

任务目标

- 了解 MySQL 的特点。
- 了解常用关系型数据库管理系统。
- 掌握 MySQL 安装与配置方法。
- 掌握启动 MySQL 服务的方法。
- 掌握连接 MySQL 服务器的方法。
- 了解常用的图形化工具。
- 学会使用 Navicat for MySQL。

知识准备

知识点 1　MySQL 概述

MySQL 是目前非常流行的关系型数据库管理系统(RDBMS),由瑞典公司 MySQL AB 开发。相对其他数据库管理系统而言,MySQL 体积小、速度快,并且开放源代码,使用更加方便、快捷。MySQL 采用了双授权政策,分为社区版和商业版。越来越多的公司开始使用 MySQL。尤其是在 Web 开发领域,MySQL 占据着举足轻重的地位。

MySQL 具有以下几点优势:

- 运行速度快,具有高效的查询速度。

- 价格低,对多数个人用户来说是免费的。
- 跨平台,支持 Linux、Mac OS、Windows 等多种平台。
- 为多种编程语言提供了 API。
- 支持多线程,充分利用 CPU 资源。
- 支持多种存储引擎。

知识拓展:
常用数据库管理
系统简介

知识拓展:
国产数据库未来
可期

知识点 2　常用图形化工具

在安装 MySQL 8.0 时,自动安装了"MySQL 8.0 Command Line Client"命令行客户端。使用命令行客户端,须要熟悉相关的操作命令,对于初学者来说,有一定难度,很容易出错。为了更方便地操作 MySQL,可以使用一些图形化工具。下面介绍几种常用的图形化工具。

1. Navicat for MySQL

Navicat for MySQL 是一款专为 MySQL 设计的数据库管理及开发工具。它界面简洁、功能强大,与 SQL Server 的管理平台很像,简单易学,并且支持中文,提供免费版本。

2. MySQL Workbench

MySQL Workbench 是一款由 MySQL 开发的跨平台、可视化的数据库管理工具,支持数据库建模和设计、查询开发和测试、服务器配置和监视、用户和安全管理、备份和恢复自动化、审计数据检查以及向导驱动的数据库迁移。

3. SQLyog

SQLyog 是 Webyog 公司出品的一款简捷高效、功能强大的 MySQL 数据库图形化管理工具。使用 SQLyog 可以直观地通过网络来维护 MySQL 数据库。SQLyog 支持XML、HTML、CSV 等多种格式数据的导入与导出,能够方便、快捷地实现数据库同步与数据库结构同步,不仅可以快速执行批量 SQL 脚本文件,还可以快速备份或恢复数据。

4. phpMyAdmin

phpMyAdmin 是一款用 PHP 开发的基于 Web 方式的 MySQL 数据库图形化管理工具。它支持中文,界面友好、简洁,方便管理 MySQL 数据库,不足之处在于对于数据量大的操作容易导致页面请求超时,对大数据库的备份和恢复不方便。

任务实施

2.1.1　安装与配置 MySQL

　多学一点：
获取 MySQL

　微课讲解：
安装与配置
MySQL

　　MySQL 允许在多种平台上运行,但由于平台的不同,安装方法也有所差异。本书主要介绍如何在 Windows 平台上安装与配置 MySQL。

　　基于 Windows 平台的 MySQL 安装文件分为两种,一种是 msi 格式,另一种是 zip 格式。msi 格式的安装文件提供了图形化的安装向导,按照向导提示进行安装即可;zip 格式的压缩文件须要先解压,然后进行配置,再使用。

　　下面以 MySQL 8.0 为例,介绍如何在 Windows 平台下使用 msi 格式安装文件安装 MySQL。具体操作步骤如下:

　　步骤 1: 双击安装文件 mysql-installer-community-8.0.29.0.msi,安装程序启动完成后,进入"Choosing a Setup Type"选择安装类型页面,如图 2-1-1 所示。这里选择

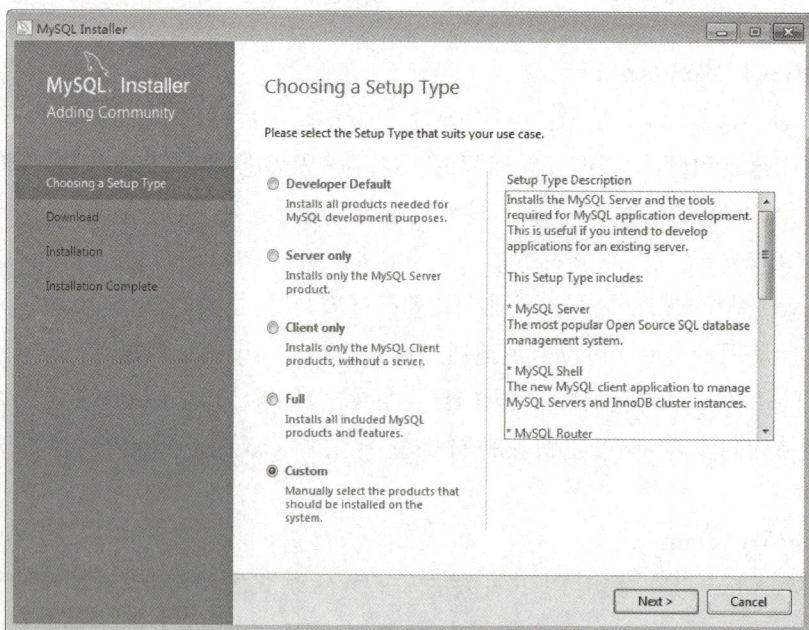

图 2-1-1　选择安装类型页面

32

数据库应用技术(MySQL)

"Custom"单选按钮,然后单击"Next"按钮。

步骤2: 进入"Select Products"选择安装组件页面,如图2-1-2所示。在左侧 "Available Products"组件列表框中显示了可用的全部组件,根据具体情况选择须要安装的组件。

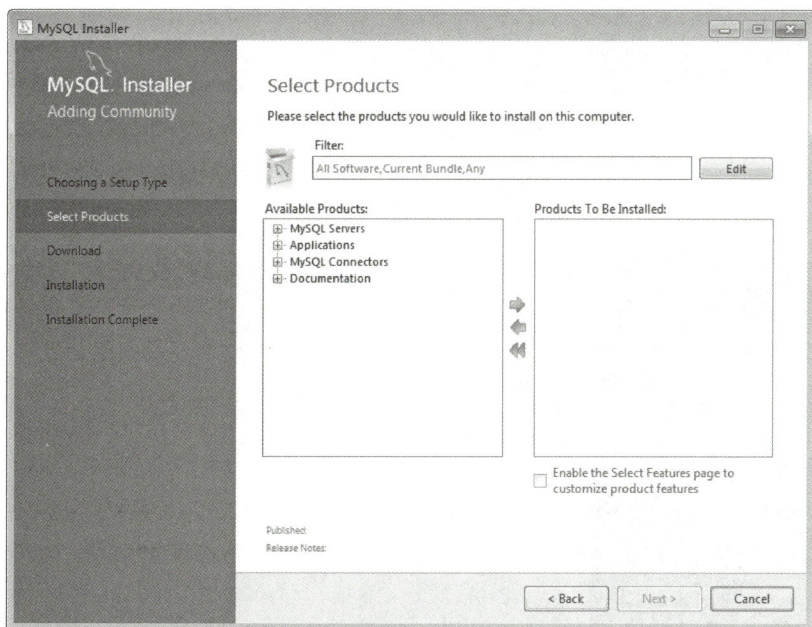

图2-1-2 选择安装组件页面

步骤3: 在左侧组件列表框中依次展开"MySQL Servers"→"MySQL Server"→ "MySQL Server 8.0"节点,选择"MySQL Server 8.0.29-X64",单击绿色向右的箭头将其添加到右侧"Products To Be Installed"将要安装的组件列表框中,如图2-1-3所示。

步骤4: 单击"Next"按钮,进入"Installation"安装确认页面,如图2-1-4所示。

步骤5: 单击"Execute"按钮,开始安装。安装完成后,"Status"状态变成 "Complete",如图2-1-5所示。

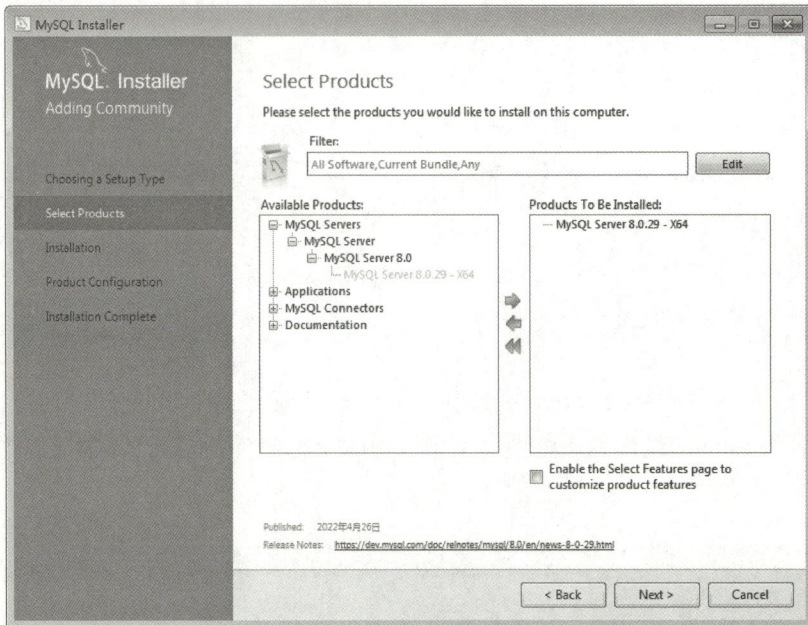

图 2-1-3 选择须要安装的组件

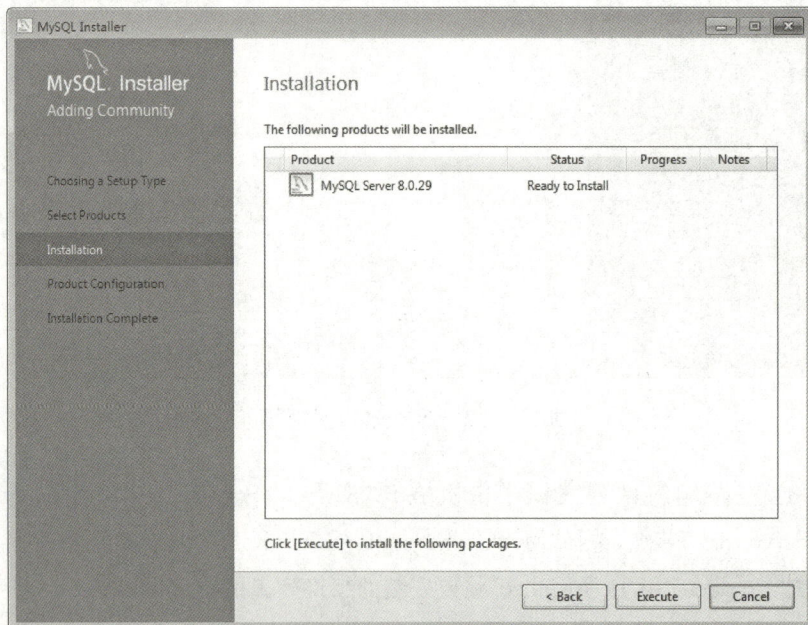

图 2-1-4 安装确认页面

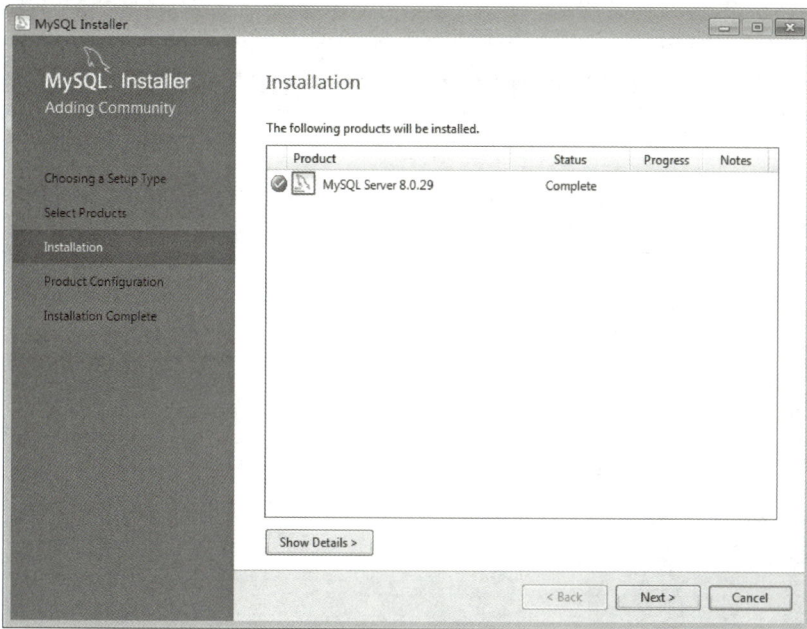

图 2-1-5　安装完成

步骤 6：单击"Next"按钮，进入"Product Configuration"产品配置页面，如图 2-1-6 所示。

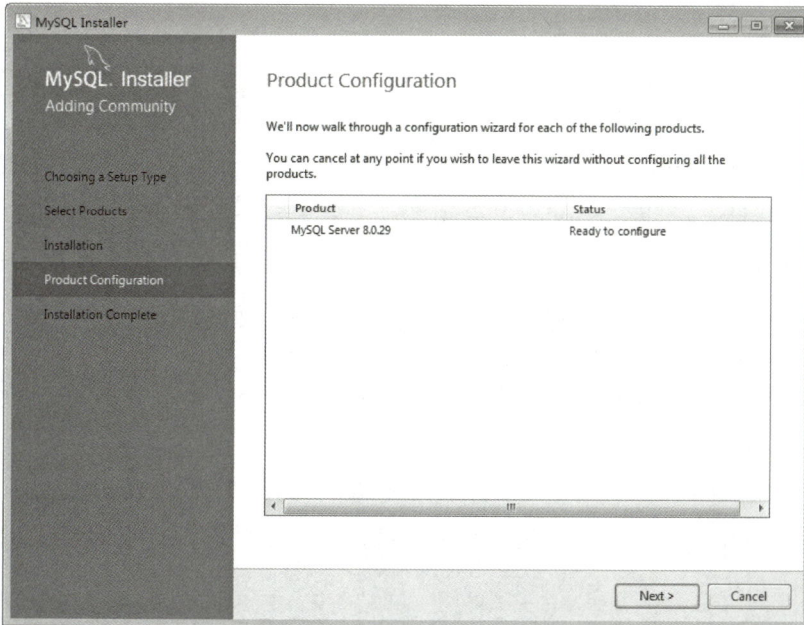

图 2-1-6　产品配置页面

步骤 7：单击"Next"按钮，进入"Type and Networking"服务器类型和网络配置页面，如图 2-1-7 所示。"Config Type"服务器类型下拉菜单默认选择"Development Computer"，"Connectivity"网络连接设置区默认启用"TCP/IP"网络，端口号为"3306"。这里采用默认设置。

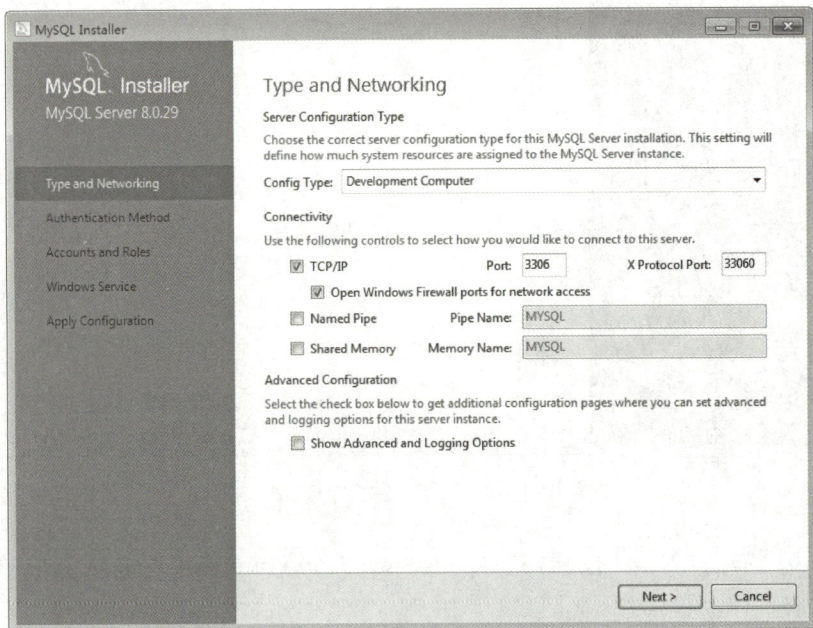

图 2-1-7　服务器类型和网络配置页面

> ⚇ **提示：**
>
> 3 种服务器类型介绍如下：
>
> ● Development Computer（开发机器）：代表典型个人桌面工作站。该选项将 MySQL 服务器配置成使用最少的系统资源。安装的 MySQL 服务器作为开发机器的一部分，在 3 种可选的类型中，占用的内存最少。
>
> ● Server Machine（服务器）：代表服务器，可以同其他应用程序一起运行。该选项将 MySQL 服务器配置成使用适当比例的系统资源。安装的 MySQL 服务器作为服务器机器的一部分，占用的内存在 3 种类型中居中。
>
> ● Dedicated Machine（专用服务器）：代表只运行 MySQL 服务的服务器。该选项将 MySQL 服务器配置成使用所有可用系统资源。安装专用 MySQL 数据库服务器，占用机器全部有效的内存。
>
> 建议初学者选择"Development Computer"选项，这样占用系统的资源比较少。

数据库应用技术(MySQL)

步骤8：单击"Next"按钮，进入"Authentication Method"验证方式选择页面，如图2-1-8所示。这里采用默认的密码验证方式。

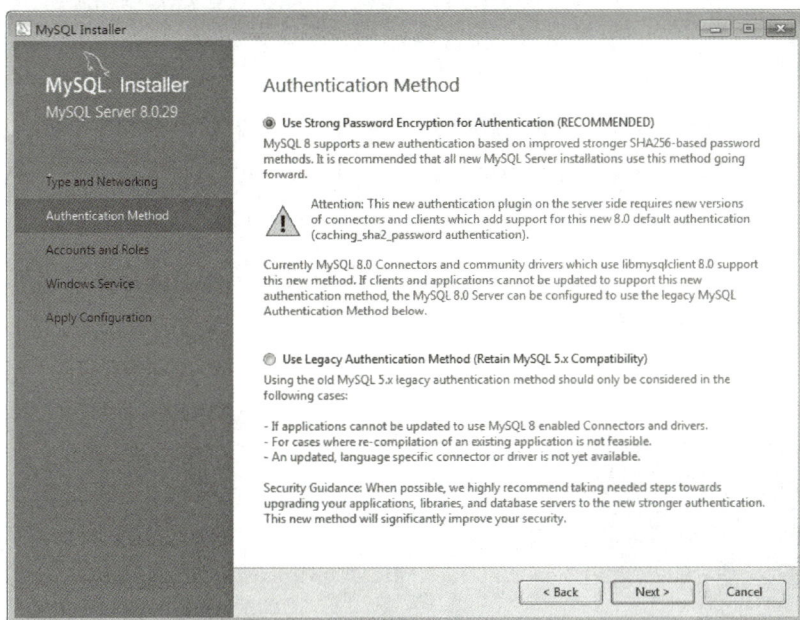

图 2-1-8　验证方式选择页面

步骤9：单击"Next"按钮，进入"Accounts and Roles"账号和角色配置页面，如图2-1-9所示。

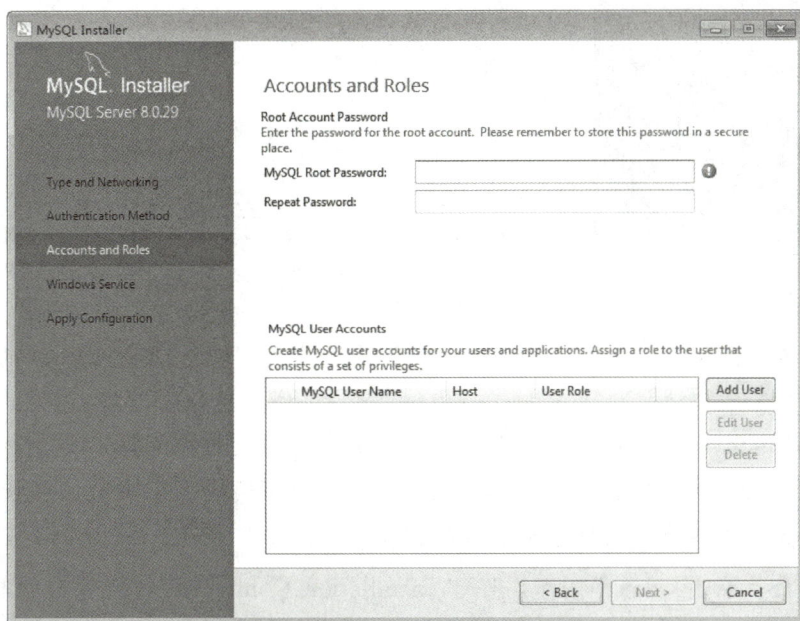

图 2-1-9　账号和角色配置页面

模块 2　创建数据库

步骤 10： 在"MySQL Root Password"文本框中输入管理员 root 的密码，在"Repeat Password"文本框中再次输入密码，然后单击"Next"按钮，进入"Windows Service"服务配置页面，如图 2-1-10 所示。服务名默认为"MySQL80"，并且默认勾选"Start the MySQL Server at System Startup"复选框，指在系统启动时启动 MySQL 服务。这里采用默认设置。

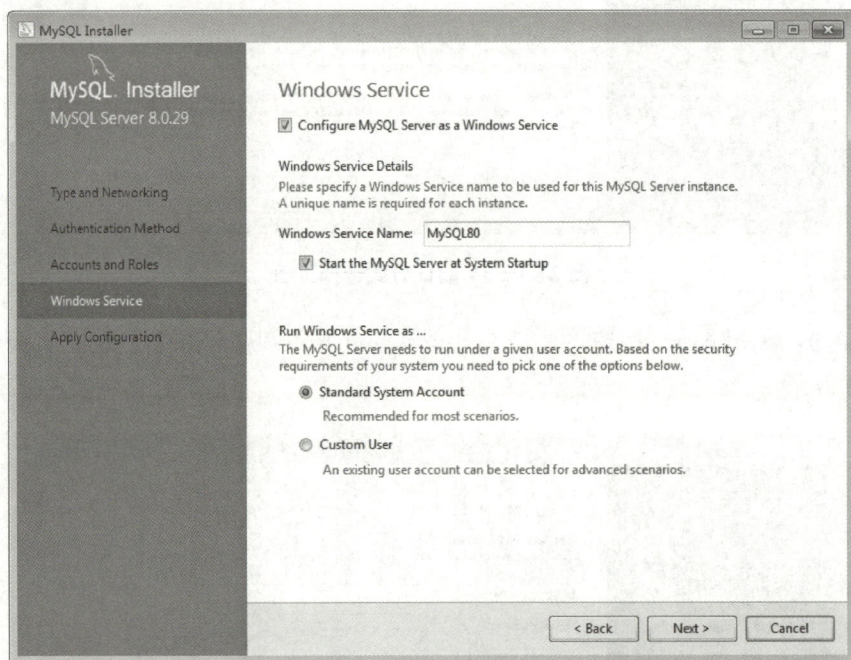

图 2-1-10　服务配置页面

步骤 11： 单击"Next"按钮，进入"Apply Configuration"应用配置页面，如图 2-1-11所示。

步骤 12： 单击"Execute"按钮，完成 MySQL 服务器的各项配置。成功配置后，单击"Finish"按钮，返回"Product Configuration"产品配置页面，"Status"状态变成"Configuration complete"，如图 2-1-12 所示。

步骤 13： 单击"Next"按钮，进入"Installation Complete"安装完成页面，如图 2-1-13 所示。单击"Finish"按钮，这样就完成了 MySQL 的安装和配置。

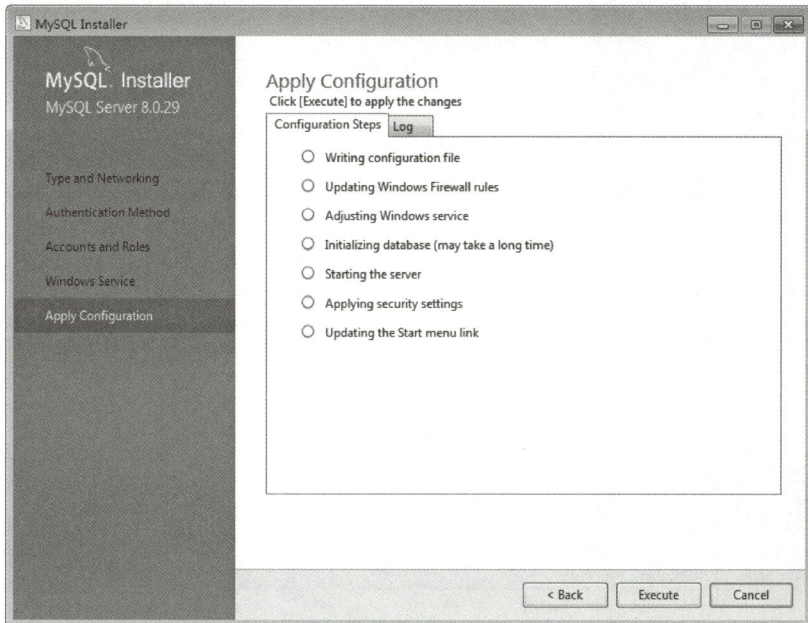

图 2-1-11　应用配置页面

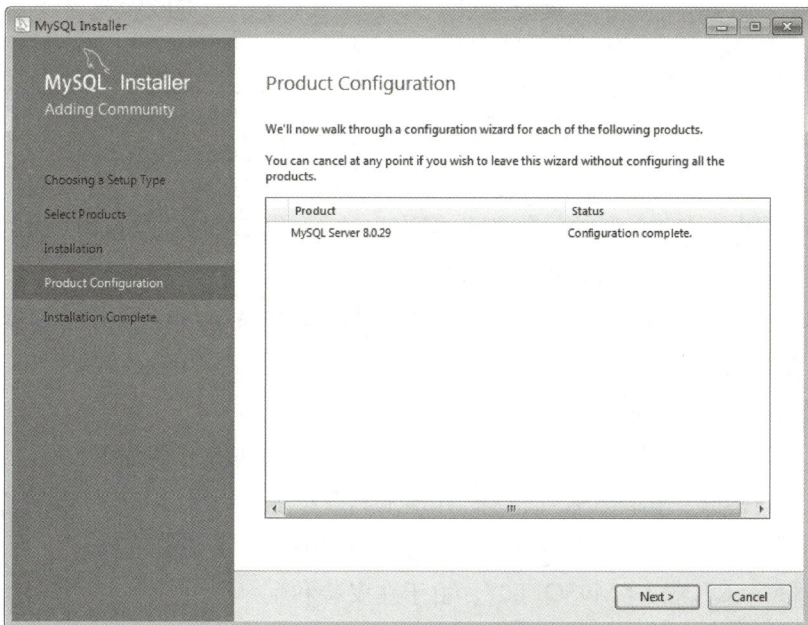

图 2-1-12　返回产品配置页面

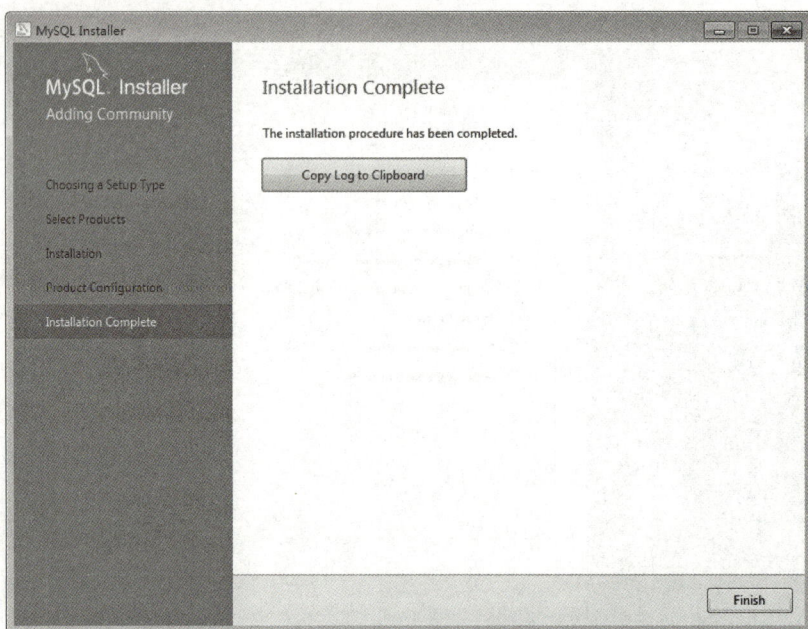

图 2-1-13　安装完成页面

多学一点：
zip 格式安装文件安装

多学一点：
Linux 平台下安装与配置 MySQL

2. 1. 2　管理 MySQL 服务

　　MySQL 服务是一系列的后台进程，只有启动 MySQL 服务之后，用户才可以连接到 MySQL 服务器进行相关操作。

　　Windows 操作系统下管理 MySQL 服务，可以通过 Windows 服务管理器和 DOS 命令两种方式。

1. 通过 Windows 服务管理器管理 MySQL 服务

　　通过 Windows 服务管理器管理 MySQL 服务的具体操作步骤如下：

　　步骤 1：打开控制面板，依次选择"管理工具"→"服务"，打开"服务"窗口。在 Windows 操作系统的服务列表中，找到 MySQL 服务"MySQL80"。由于在安装和配置 MySQL 时，将 MySQL 服务配置为自动启动，这时可

微课讲解：
通过 Windows 服务管理器管理 MySQL 服务

以看到当前的 MySQL 服务的状态为"已启动"，启动类型为"自动"，如图 2-1-14所示。

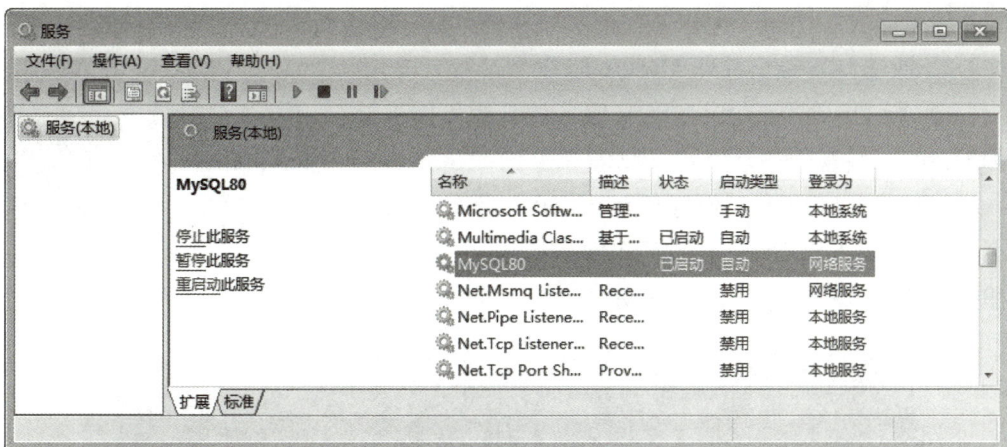

图2-1-14 "服务"窗口

步骤2：右键单击"MySQL80"，在弹出的快捷菜单中选择"属性"命令或者双击"MySQL80"，打开"MySQL80 的属性"对话框。默认选择"常规"选项卡，可以看到服务状态为"已启动"，如图2-1-15所示。可以单击"停止"或"暂停"按钮，将服务状态设置为"停止"或"暂停"。

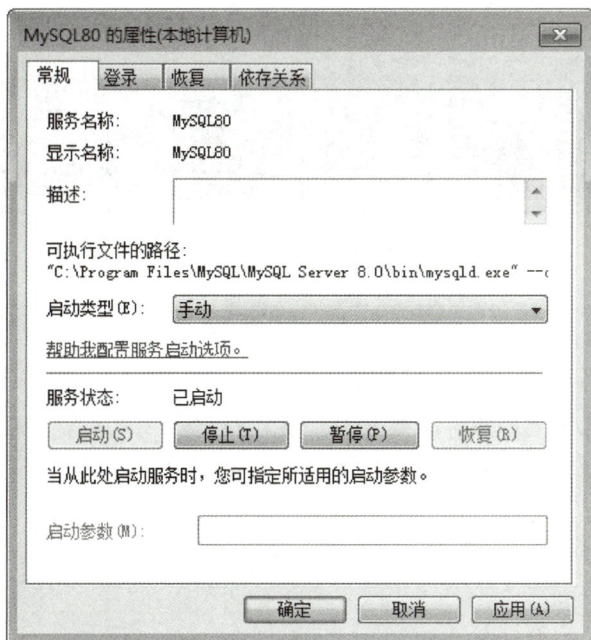

图2-1-15 "MySQL80 的属性"对话框

还可以设置 MySQL 服务的启动类型，"启动类型"下拉列表有"自动""手动"和"禁用"3 个选项。如选择"自动"选项，MySQL 服务会随系统一起启动；如选择"手动"选项，MySQL 服务就须要手动启动；如选择"禁用"选项，MySQL 服务将不能启动。

设置完成后，单击"确定"或"应用"按钮即可。

2. 通过 DOS 命令管理 MySQL 服务

通过 DOS 命令管理 MySQL 服务的具体操作步骤如下：

微课讲解：

通过 DOS 命令管理 MySQL 服务

步骤 1： 以管理员身份打开命令提示符窗口，输入命令"net stop MySQL80"，再按回车键，就能停止 MySQL 服务，运行结果如图 2-1-16 所示。

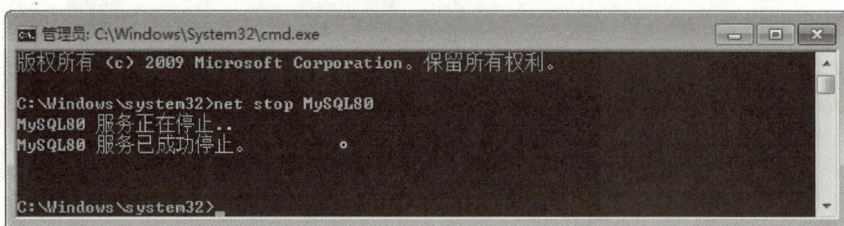

图 2-1-16　停止 MySQL 服务

步骤 2： 输入命令"net start MySQL80"，再按回车键，就能启动 MySQL 服务，运行结果如图 2-1-17 所示。

图 2-1-17　启动 MySQL 服务

提示：

命令"net start MySQL80"和"net stop MySQL80"中的"MySQL80"是 MySQL 服务名，根据自己配置的服务名做相应修改，否则会提示"服务名无效"。

2.1.3　连接 MySQL 服务器

启动 MySQL 服务后，要使用 MySQL 数据库，先要连接 MySQL 服务器，可以使用以下几种方式进行连接。

1. 通过 DOS 命令连接 MySQL 服务器

在 MySQL 的 bin 目录中，"mysql.exe"是 MySQL 提供的命令行客户端工具，用于访问数据库，该程序须要在命令提示符窗口中执行。

使用 DOS 命令连接 MySQL 服务器的具体操作步骤如下：

微课讲解：
通过 DOS 命令连接 MySQL 服务器

多学一点：
配置路径（path）

步骤 1： 打开命令提示符窗口，输入命令"cd C：\Program Files\MySQL\MySQL Server 8.0\bin"，按回车键后，将工作目录切换为 MySQL 安装目录中的 bin 目录。

步骤 2： 输入命令"mysql -h localhost -u root -p"，按回车键后，出现输入登录密码提示"Enter password："，输入正确的登录密码后，出现一段欢迎内容和一个命令提示符"mysql＞"，如图 2－1－18 所示。在命令提示符"mysql＞"后可以输入 SQL 语句操作 MySQL 数据库。每个 SQL 语句以"；"或"\g"结束，按回车键即可执行 SQL 语句。

图 2－1－18　通过 DOS 命令连接 MySQL 服务器

提示：

选项"-h"指定 MySQL 服务器的主机地址，本地登录可用"localhost"或"127.0.0.1"，也可以省略该选项；选项"-u"指定登录数据库的用户名，这里使用用户"root"；选项"-p"指定用户登录密码，为了提高安全性，尽量不要直接在选项"-p"后输入密码，否则密码将以明文显示。

步骤 3： 在命令提示符"mysql＞"后输入"exit""quit"或"\q"就可以退出 MySQL，如图 2－1－19。

图 2－1－19　退出 MySQL

2. 通过命令行客户端连接 MySQL 服务器

使用命令行客户端连接 MySQL 服务器的具体操作步骤如下：

步骤 1：在"开始"菜单中，选择"所有程序"→"MySQL"→"MySQL Server 8.0"→"MySQL 8.0 Command Line Client"命令，打开"MySQL 8.0 Command Line Client"窗口，出现输入登录密码提示"Enter password：",如图 2-1-20 所示。

微课讲解：
通过命令行客户端连接 MySQL 服务器

图 2-1-20 "MySQL 8.0 Command Line Client"窗口

步骤 2：输入正确的登录密码后，就成功连接到 MySQL 服务器，如图 2-1-21 所示。

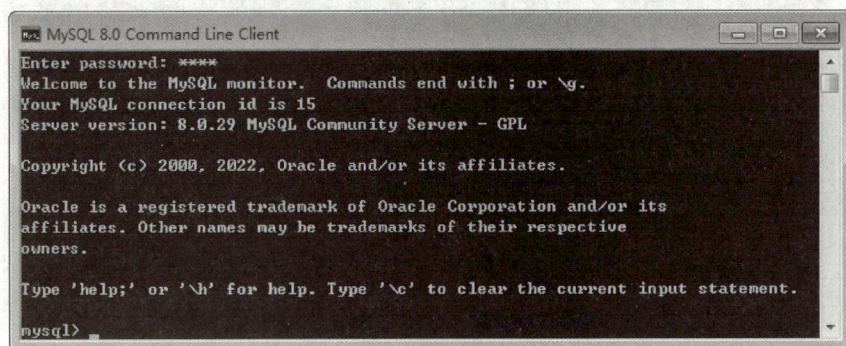

图 2-1-21 通过命令行客户端连接 MySQL 服务器

3. 使用图形化工具连接 MySQL 服务器

使用 Navicat for MySQL 管理 MySQL 数据库，首先要与 MySQL 服务器建立连接，具体操作步骤如下：

微课讲解：
使用图形化工具连接 MySQL 服务器

步骤 1：打开 Navicat for MySQL，单击工具栏中的"连接"按钮，在弹出的菜单中选择"MySQL"命令，打开"新建连接"对话框，如图 2-1-22 所示。

步骤 2：在"常规"选项卡中输入连接名、主机、端口、用户名和密码后，单击"测试连接"按钮，测试能否连接上 MySQL 服务器。如果连接参数设置正确，就会弹出"连接成功"对话框，如图 2-1-23 所示。单击"确定"按钮，关闭"连接成功"对话框。

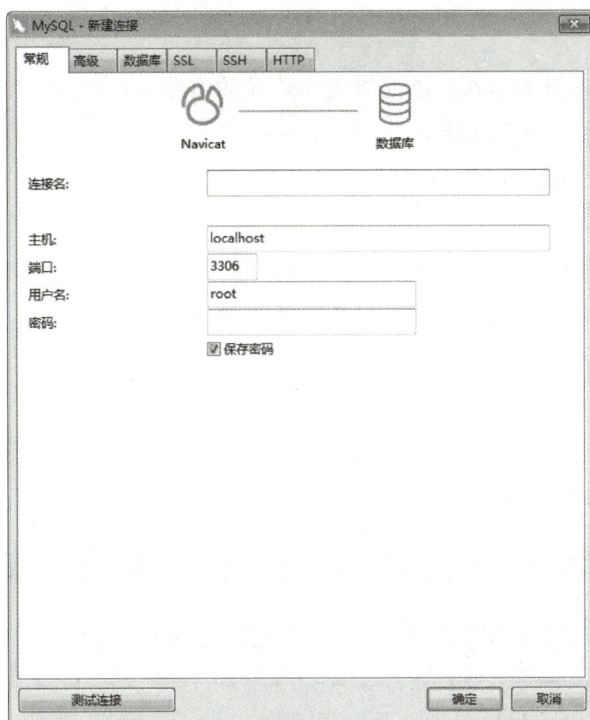

图 2-1-22 "新建连接"对话框

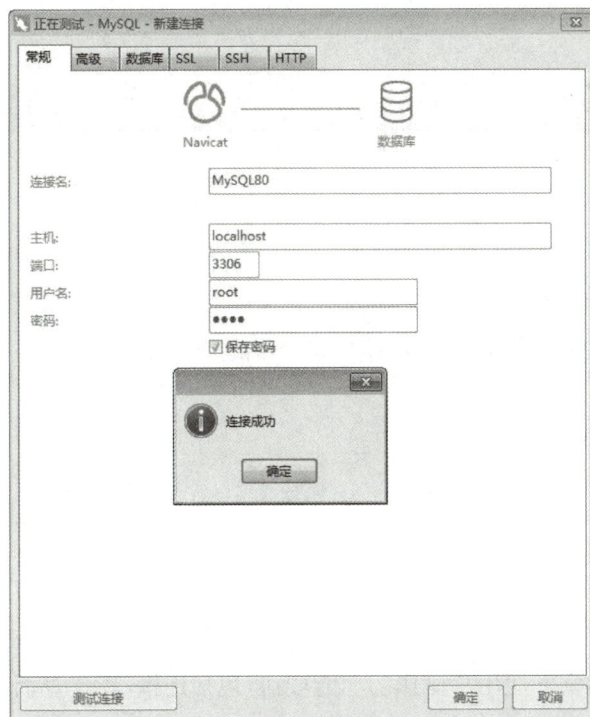

图 2-1-23 "连接成功"对话框

步骤 3：测试连接通过后，单击"确定"按钮，就可以与 MySQL 服务器建立连接，成功连接后的界面如图 2-1-24 所示。

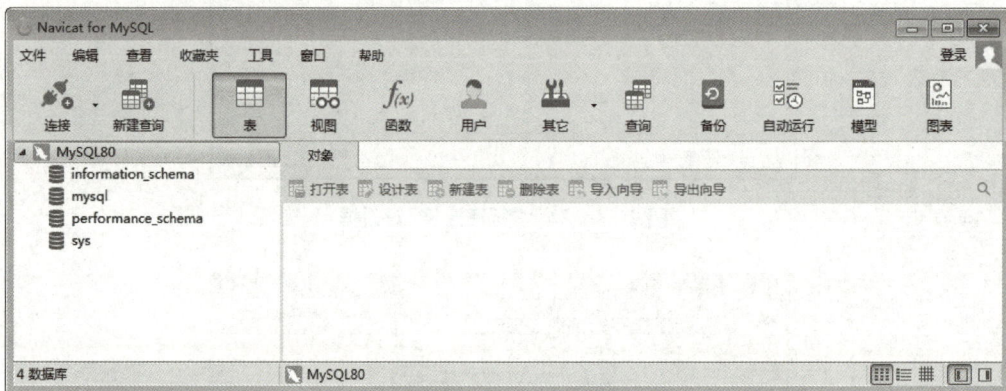

图 2-1-24　成功连接后的界面

2.1.4　使用 Navicat for MySQL

1. Navicat for MySQL 操作界面

Navicat for MySQL 操作界面如图 2-1-25 所示。

① 工具栏：提供方便用户操作的功能按钮，包括连接、新建查询、表、视图、用户、备份等功能按钮。

② 导航窗格：采用树状结构，可以通过弹出式快捷菜单操作数据库和数据库对象。

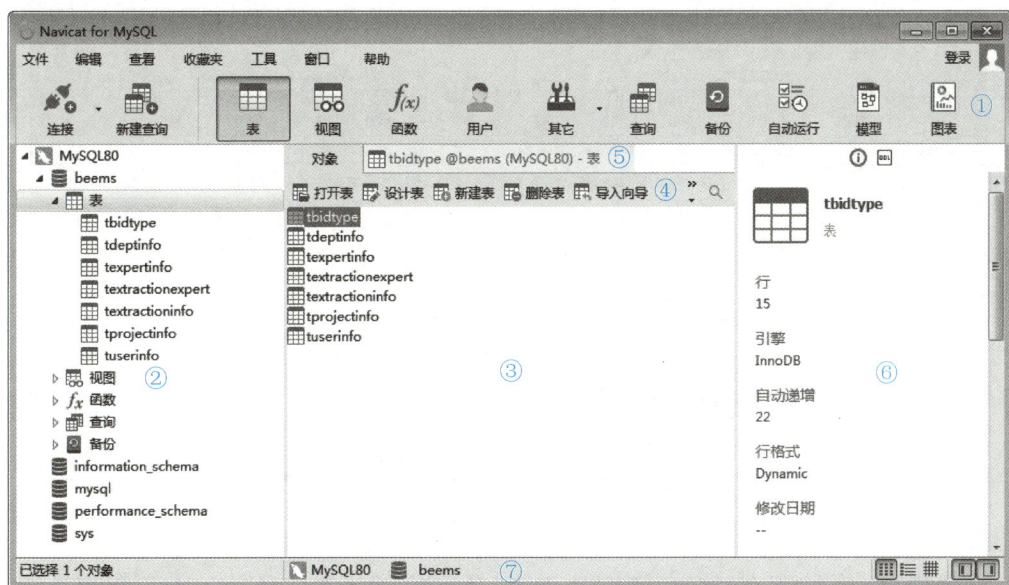

图 2－1－25　Navicat for MySQL 操作界面

如果导航窗格隐藏了,从菜单栏依次选择"查看"→"导航窗格"→"显示导航窗格"命令,可以显示导航窗格。

③ 对象窗格:显示对象的列表,如表、视图、查询等,可以以列表、详细信息或 E－R图表显示,默认以列表显示。

④ 对象工具栏:提供操作对象的功能按钮。

⑤ 选项卡栏:切换对象窗格内具有选项卡的窗口。如果打开多个选项卡,可以使用 Ctrl＋Tab 组合键切换选项卡。

⑥ 信息窗格:显示对象的详细信息。如果信息窗格隐藏了,从菜单栏依次选择"查看"→"信息窗格"→"显示信息窗格"命令,可以显示信息窗格。

⑦ 状态栏:显示当前使用中窗口的状态信息。

2. Navicat for MySQL 基本操作

使用 Navicat for MySQL 的具体操作步骤如下:

步骤 1: 打开 Navicat for MySQL,连接到 MySQL 服务器。单击工具栏中的"查询"按钮,再单击对象工具栏中的"新建查询"按钮,打开"查询"编辑器,创建一个名称为

> 微课讲解:
> Navicat for MySQL
> 基本操作

"无标题"的脚本。在"查询"编辑器中输入 SQL 语句"SELECT @@version",然后单击"运行"按钮,执行 SQL 语句。如果 SQL 语句正确,在下方"结果 1"选项卡中显示执行结果,如图 2－1－26 所示。如果执行 SQL 语句时发生错误,运行会停止并显示相应的错误信息。

"结果 1"选项卡中查询结果可以用两种视图显示:网格视图或表单视图。如果要切换查看,单击位于底部的网格视图按钮 ⊞ 或表单视图按钮 ▤。

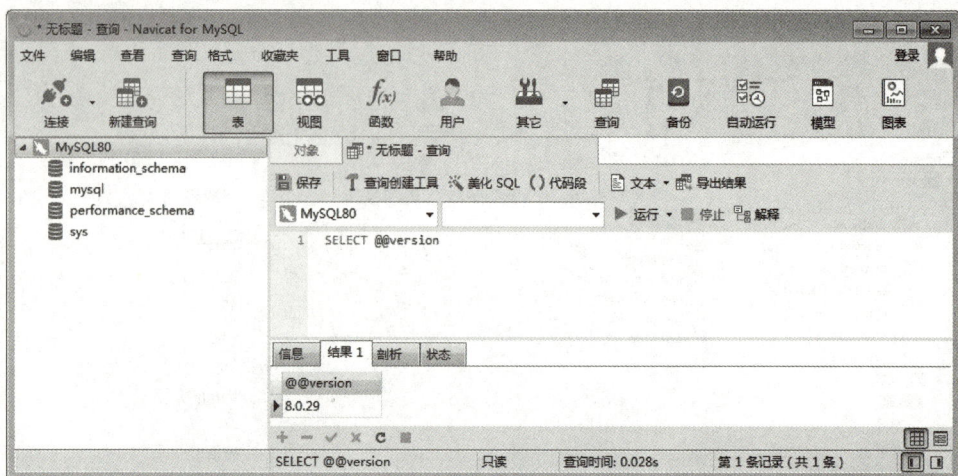

图 2-1-26 "查询"编辑器

步骤 2：单击"保存"按钮，打开"查询名"对话框，输入查询名"version"，保存查询，如图 2-1-27 所示。单击"OK"按钮，关闭"查询名"对话框。也可以在菜单栏依次选择"文件"→"另存为外部文件"命令，打开"另存为"对话框，选择保存路径，并输入文件名，将查询以文件的形式保存。

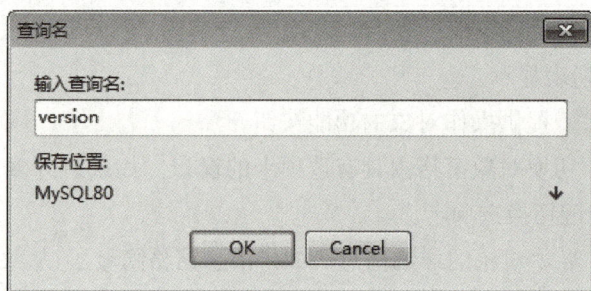

图 2-1-27 "查询名"对话框

步骤 3：单击工具栏中的"查询"按钮，在对象窗格中，可以看到刚才保存的查询，如图 2-1-28 所示。

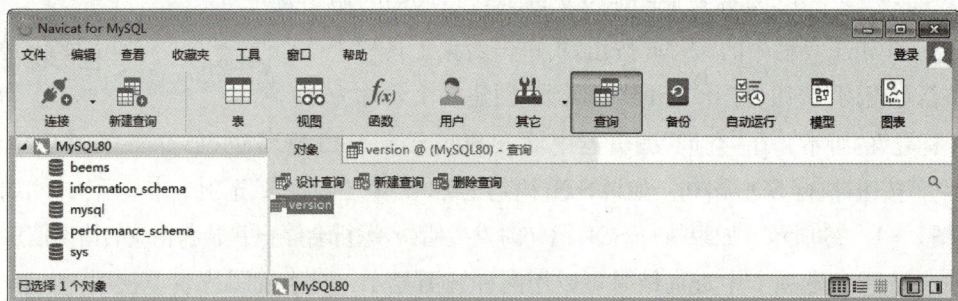

图 2-1-28 查看保存的查询

步骤 4： 在菜单栏依次选择"文件"→"打开外部文件"→"查询"命令，可以打开外部 SQL 文件。

步骤 5： Navicat for MySQL 还提供了"命令列界面"。在导航窗格中，右键单击连接名或数据库，在弹出的快捷菜单中选择"命令列界面"命令，如图 2-1-29 所示；或者在菜单栏中依次选择"工具"→"命令列界面"命令。

步骤 6： 打开"命令列界面"窗口，在命令提示符"mysql>"后输入 SQL 语句，SQL 语句完成时使用"；"结尾，按回车键即可执行 SQL 语句，如图 2-1-30 所示。

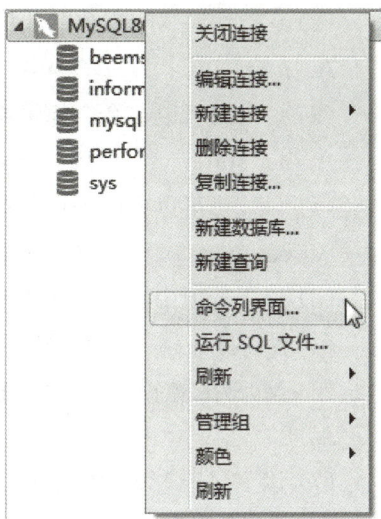

图 2-1-29 选择"命令列界面"命令

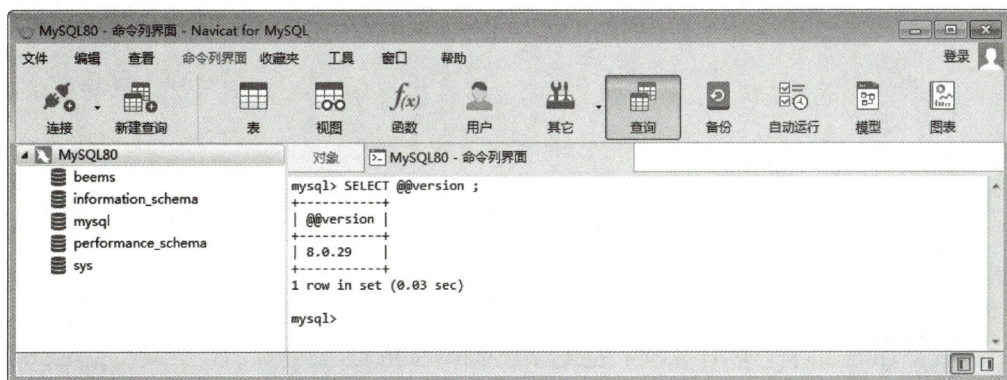

图 2-1-30 在"命令列界面"窗口中执行 SQL 语句

经验分享

建议初学者下载 msi 格式安装文件，根据向导提示完成 MySQL 的安装与配置。

如果不经常使用 MySQL 数据库，可以将 MySQL 服务设置为手动启动，这样可以避免 MySQL 服务长时间占用系统资源。

巩固习题

1. 选择题

（1）MySQL 是一个（   ）数据库管理系统。

A. 网状型   B. 层次型   C. 关系型   D. 以上都不是

(2) （　　）是 MySQL 默认提供的用户。

A. root　　　　　　B. user　　　　　　C. admin　　　　　　D. Administrator

(3) （　　）可以在命令提示符下启动 MySQL 服务。

A. net start　　　　B. net start mysql　　C. net stop mysql　　D. start mysql

(4) （　　）可以在命令提示符下停止 MySQL 服务。

A. net stop　　　　B. net start mysql　　C. net stop mysql　　D. stop mysql

(5) 以下选项中,不属于 MySQL 特点的是（　　）。

A. 界面良好　　　　B. 跨平台　　　　　C. 体积小　　　　　D. 速度快

(6) MySQL 数据库服务器的默认端口号是（　　）。

A. 80　　　　　　　B. 8080　　　　　　C. 3306　　　　　　D. 1433

(7) 以下属于 MySQL 图形化工具的是（　　）。（多选）

A. phpMyAdmin　　　　　　　　　　　　B. SQLyog

C. MySQL Workbench　　　　　　　　　　D. Navicat for MySQL

(8) 下列命令中,（　　）用于退出 MySQL。（多选）

A. go　　　　　　　B. exit　　　　　　C. quit　　　　　　D. 以上都是

2. 简答题

简要叙述 MySQL 的特点。

技能训练

实训 1： 在自己的计算机上安装与配置 MySQL,
了解安装步骤和注意事项。

实训 2： 使用 Windows 服务管理器查看 MySQL
服务是否启动,如果没有启动,则启动 MySQL 服务。

实训 3： 熟悉 Navicat for MySQL 图形化工具的基本操作。

任务工单:
任务 2.1
实训任务工单

任务 2.2　数据库创建与维护

任务描述

通过任务 2.1 的学习,学会了如何搭建 MySQL 的开发环境。本任务主要学习如
何使用图形化工具和 SQL 语句创建数据库,并对数据库进行简单管理。

数据库应用技术(MySQL)

任务目标

- 了解 MySQL 系统数据库的作用。
- 了解 SQL 语言。
- 掌握使用图形化工具创建和管理数据库的方法。
- 学会使用 SQL 语句创建和管理数据库的方法。

知识准备

知识点 1　MySQL 目录结构

在 MySQL 中，安装目录主要用来存储控制服务器和客户端程序的命令，数据目录用来存储 MySQL 服务器在运行过程中产生的数据。

在 Windows 平台下使用 msi 格式安装文件成功安装 MySQL 8.0 后，MySQL 8.0 的安装目录如图 2-2-1 所示。

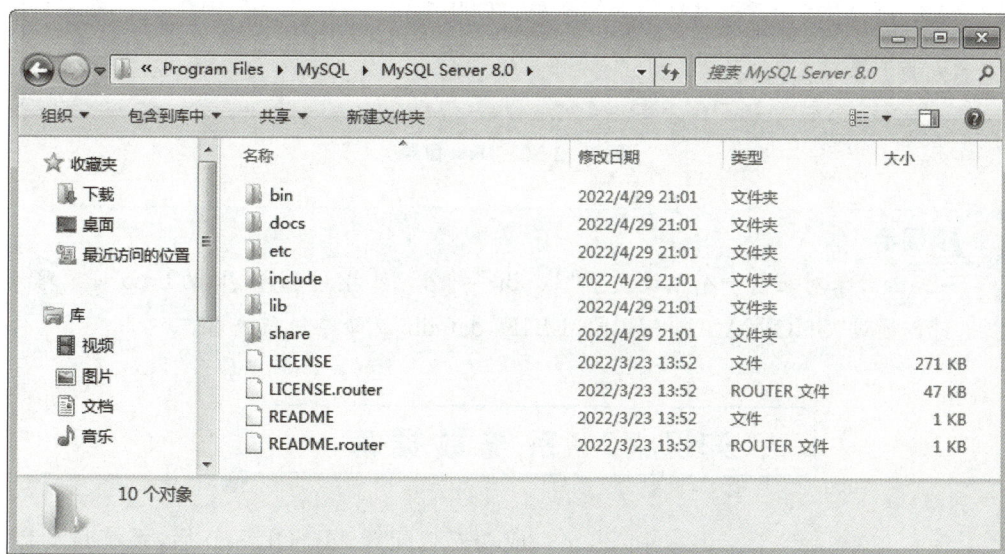

图 2-2-1　MySQL 8.0 的安装目录

MySQL 8.0 的安装目录下各子目录的作用如下：

- bin 目录：用于存放一些可执行文件，如 mysql. exe、mysqld. exe 等。
- docs 目录：用于存放 MySQL 的更新日志和安装信息等文档。

- etc 目录：用于存放 MySQL 中间件的配置。
- include 目录：用于存放一些头文件。
- lib 目录：用于存放一系列的库文件。
- share 目录：用于存放字符集、语言等信息。

MySQL 8.0 的 Data 目录和配置文件 my.ini 并没有存放在 MySQL 8.0 的安装目录下，而是存放在目录 C:\ProgramData\MySQL\MySQL Server 8.0 下。一般情况下，目录 C:\ProgramData 是隐藏的，须要取消隐藏才能查看。

Data 目录主要用来存储 MySQL 在运行过程中产生的数据及一些日志文件，Data 目录如图 2-2-2 所示。创建一个数据库，就会在 Data 目录下创建一个和数据库同名的子目录。

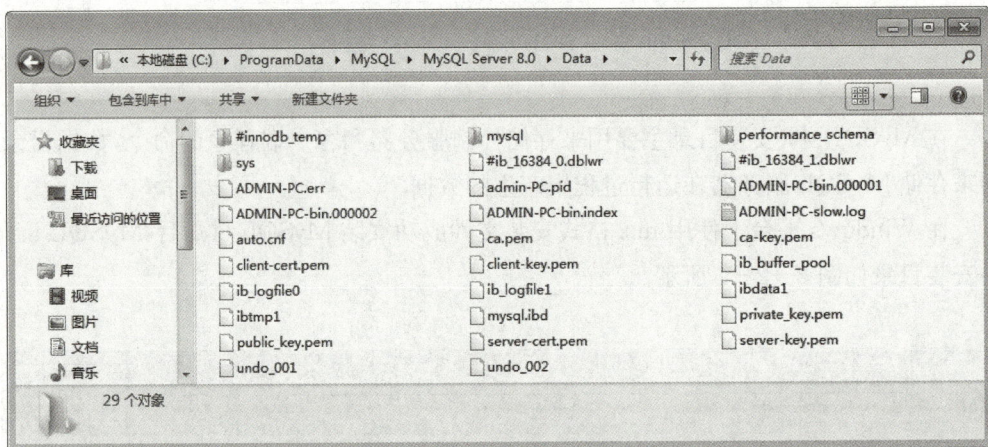

图 2-2-2　Data 目录

> 提示：
> Data 目录对应着一个系统变量"datadir"。若无法找到 MySQL 的 Data 目录路径，可以通过"SHOW VARIABLES LIKE 'datadir';"命令进行查看。

知识点 2　系统数据库

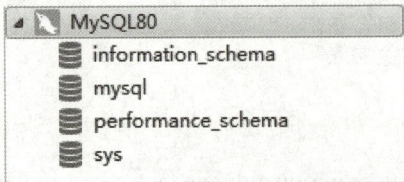

图 2-2-3　系统数据库

成功安装配置 MySQL 8.0 后，系统自动创建了 4 个系统数据库，如图 2-2-3 所示。系统数据库存储了一些关键信息，用户不能修改这些数据库。

1. information_schema 数据库

information_schema 数据库主要用于存储数

据库对象的描述信息,如用户表信息、列信息、存储过程信息、触发器信息、权限信息、字符集信息、分区信息等。

2. mysql 数据库

mysql 数据库是核心数据库,主要用于存储账户信息、权限信息、存储过程定义信息、时区信息等。不要轻易修改这个数据库里面的表信息,如果该数据库被损坏,MySQL 将无法正常工作。

3. performance_schema 数据库

performance_schema 数据库主要用于存储数据库服务器性能参数。

4. sys 数据库

sys 数据库通过视图的形式把 information_schema 和 performance_schema 数据库结合起来,查询出更容易理解的数据,可以快速获取各种数据库对象信息,帮助数据库管理员和开发人员监控 MySQL 的技术性能。

知识点 3 SQL 语言简介

SQL 是结构化查询语言(structured query language)的英文缩写,是一种用于数据库查询和编程的语言。

SQL 语言具有功能丰富、使用灵活且简单易懂等特点,深受用户的青睐。在 20 世纪 80 年代,SQL 标准被美国国家标准学会(ANSI)和国际标准化组织(ISO)定义为关系型数据库语言的标准。此后经过不断修改和完善,公布了 SQL89、SQL92(SQL2)、SQL99(SQL3)、SQL2003、SQL2008、SQL2011 等版本。

SQL 语言按照功能可以分成以下 3 大类。

(1) 数据定义语言(data definition language,DDL):主要用于对数据库及数据库中的各种对象进行创建、删除、修改等操作,其中,数据库对象主要有表、视图、存储过程、触发器等,主要 SQL 语句包括 CREATE、ALTER、DROP 等。

(2) 数据操纵语言(data manipulation language,DML):主要用于操纵表或视图中的数据,可以实现在表或视图中查询、插入、删除和修改数据等操作,主要 SQL 语句包括 SELECT、INSERT、UPDATE、DELETE 等。

> 多学一点:
> SQL 语句编写规范

(3) 数据控制语言(data control language,DCL):主要用于数据库安全管理,包括 GRANT、REVOKE 等语句。

知识点 4 创 建 数 据 库

使用 CREATE DATABASE 语句创建数据库,其基本语法格式如下:

```
CREATE DATABASE [ IF NOT EXISTS ] database_name
[ [ DEFAULT ] CHARACTER SET [ = ] charset_name
| [ DEFAULT ] COLLATE [ = ] collation_name ]
```

语法说明如下：

● database_name：指定要创建的数据库名称，不能与已存在的数据库重名。数据库名必须符合操作系统文件夹命名规则。

● IF NOT EXISTS：用于在创建数据库前进行判断，只有该数据库不存在时才执行创建操作。

● DEFAULT：指定默认值。

● CHARACTER SET：指定数据库字符集。

● charset_name：指定数据库的字符集名称。

● COLLATE：指定字符集的校对规则。

● collation_name：指定数据库的校对规则名称。

提示：

SQL 语句语法格式中的"[ ]"表示其内容为可选项。

SQL 语句不区分大小写，为了便于理解，本书中所有 MySQL 关键字均采用大写形式出现，其他自定义的名称均以小写形式出现。

知识点 5　管 理 数 据 库

1. 查看数据库

（1）查看服务器中所有的数据库

可以使用 SHOW DATABASES 语句查看 MySQL 服务器中已经存在的数据库，其基本语法格式如下：

```
SHOW DATABASES
```

语法说明如下：

使用 SHOW DATABASES 语句，只列出当前用户权限范围内所能查看到的所有数据库名称。

（2）查看数据库的创建信息

使用 SHOW CREATE DATABASE 语句可以查看数据库的创建信息，其基本语法格式如下：

```
SHOW CREATE DATABASE database_name
```

语法说明如下：

- database_name：指定要查看的数据库名称。

2. 选择数据库

使用 CREATE DATABASE 语句成功创建数据库后，该数据库不会自动成为当前数据库，须要使用 USE 语句来指定。USE 语句可以用来从一个数据库切换到另一个数据库，其基本语法格式如下：

```
USE database_name
```

语法说明如下：

- database_name：指定要选择的数据库名称。要操作某个数据库及其存储的数据库对象，必须先指定该数据库为当前数据库。

3. 修改数据库

数据库创建后，如果须要修改数据库的相关参数，可以使用 ALTER DATABASE 语句，其基本语法格式如下：

```
ALTER DATEBASE〔database_name〕
〔〔DEFAULT〕CHARACTER SET〔=〕charset_name
|〔DEFAULT〕COLLATE〔=〕collation_name〕
```

语法说明如下：

如果没有指定数据库名称，就是修改当前数据库。ALTER DATABASE 语句中的参数与 CREATE DATABASE 语句中的参数意义相同，此处不再重复说明。

4. 删除数据库

可以使用 DROP DATABASE 语句删除数据库，其基本语法格式如下：

```
DROP DATABASE〔IF EXISTS〕database_name
```

语法说明如下：

- database_name：指定要删除的数据库名称。
- IF EXISTS：是可选项，用于在删除数据库前进行判断，只有指定的数据库存在时，才执行删除操作，否则忽略此操作。

> **提示：**
>
> 使用 DROP DATABASE 语句会永久删除指定的数据库，包括数据库中所有的表和表中的数据，因此使用该语句要特别谨慎，在执行删除操作前应做好相应备份。

2.2.1 使用图形化工具创建和管理数据库

1. 创建数据库

例 2-2-1 创建评标专家库管理系统数据库 beems。

使用 Navicat for MySQL 创建数据库的具体操作步骤如下：

步骤 1： 打开 Navicat for MySQL，连接到 MySQL 服务器。在导航窗格中，右键单击已建立连接的连接名，在弹出的快捷菜单中选择"新建数据库"命令，如图 2-2-4 所示。

步骤 2： 打开"新建数据库"对话框，在"数据库名"文本框中输入数据库名称"beems"，如图 2-2-5 所示。创建数据库时，除了设置数据库名以外，还要设置"字符集"和"排序规则"，这里使用默认值。

步骤 3： 设置完成后，单击"确定"按钮，关闭"新建数据库"对话框。成功创建数据库"beems"后，在"导航窗格"中可以看到新建的数据库"beems"，如图 2-2-6 所示。

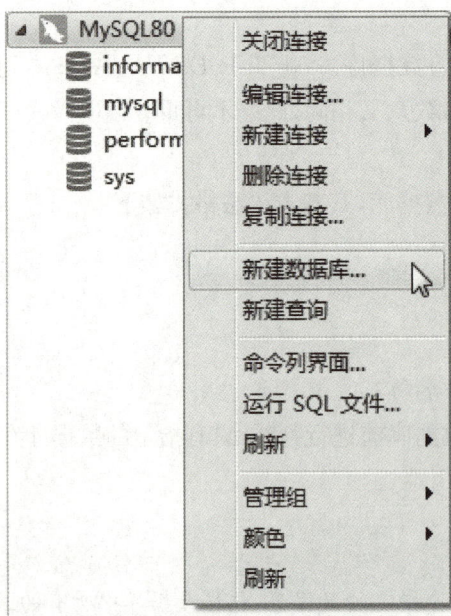

图 2-2-5 "新建数据库"对话框

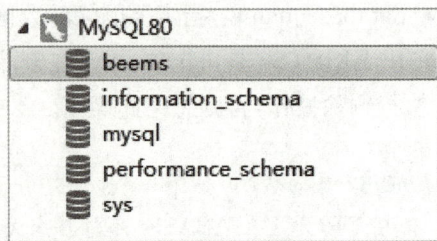

图 2-2-4 选择"新建数据库"命令

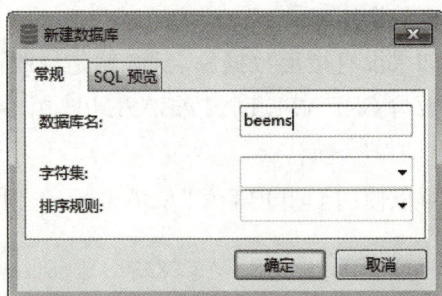

图 2-2-6 新建数据库结果显示

步骤 4：在导航窗格中，双击数据库"beems"，或者右键单击数据库"beems"，在弹出的快捷菜单中选择"打开数据库"，就可以将数据库"beems"选择为当前数据库。

2. 修改数据库

例 2－2－2　将数据库 beems 的默认字符集改为"gb2312"，排序规则改为"gb2312_chinese_ci"。

使用 Navicat for MySQL 修改数据库的具体操作步骤如下：

步骤 1：打开 Navicat for MySQL，连接到 MySQL 服务器。在导航窗格中，右键单击数据库"beems"，在弹出的快捷菜单中选择"编辑数据库"命令，如图 2－2－7 所示。

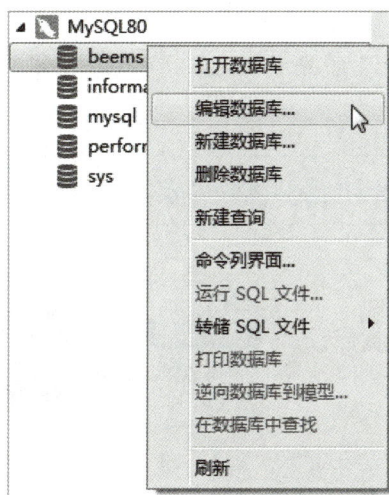

图 2－2－7　选择"编辑数据库"命令

微课讲解：
修改数据库

步骤 2：打开"编辑数据库"对话框，在"字符集""排序规则"下拉列表中分别选择"gb2312""gb2312_chinese_ci"，如图 2－2－8 所示。设置完成后，单击"确定"按钮，关闭"编辑数据库"对话框，成功修改数据库 beems 的字符集和排序规则。

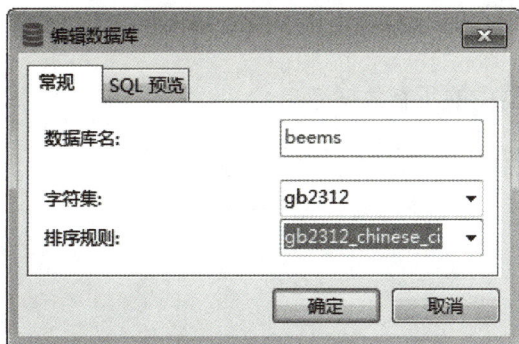

图 2－2－8　"编辑数据库"对话框

知识拓展：
字符集和校对规则

3. 删除数据库

例 2-2-3 删除数据库 beems。

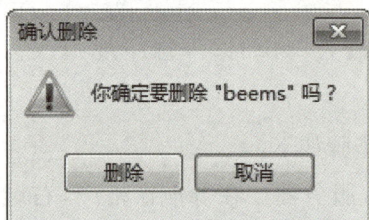

图 2-2-9 "确认删除"对话框

使用 Navicat for MySQL 删除数据库的具体操作步骤如下：

步骤 1： 打开 Navicat for MySQL，连接到 MySQL 服务器。在导航窗格中，右键单击数据库"beems"，在弹出的快捷菜单中选择"删除数据库"命令，弹出"确认删除"对话框，如图 2-2-9 所示。

步骤 2： 单击"删除"按钮，删除数据库"beems"。

> **提示：**
> 为了方便学习后续内容，请再按照例 2-2-1 的要求创建数据库 beems。

2.2.2 使用 SQL 语句创建和管理数据库

1. 创建数据库

例 2-2-4 创建一个名为"beems1"的数据库。

具体 SQL 语句与执行结果如下：

微课讲解：
使用 SQL 语句创建数据库

```
mysql> CREATE DATABASE beems1;
Query OK, 1 row affected (0.02 sec)
```

以上执行结果由 3 部分组成：

(1) Query OK：表示 SQL 语句执行成功。

(2) 1 row affected：表示操作只影响了数据库中一行记录。

(3) (0.02 sec)：表示执行操作的时间。

2. 查看数据库

例 2-2-5 查看 MySQL 服务器中的所有数据库。

具体 SQL 语句与执行结果如下：

```
mysql> SHOW DATABASES;
    +----------------------------+
    | Database                   |
    +----------------------------+
```

```
| beems1                      |
| information_schema          |
| mysql                       |
| performance_schema          |
| sys                         |
+-----------------------------+
5 rows in set (0.04 sec)
```

以上执行结果显示 MySQL 服务器上有 5 个数据库：4 个系统数据库和 1 个用户数据库"beems1"。

例 2-2-6　查看数据库 beems1 的创建信息。

具体 SQL 语句与执行结果如下：

```
mysql> SHOW CREATE DATABASE beems1 \G
***************************** 1. row *****************************
        Database：beems1
    Create Database：CREATE DATABASE 'beems1' / * ! 40100 DEFAULT CHARACTER
SET utf8mb4
    COLLATE utf8mb4_0900_ai_ci * / / * ! 80016 DEFAULT ENCRYPTION ='N' * /
1 row in set (0.00 sec)
```

以上执行结果中，显示信息如下：

Database：显示查询的数据库名。

Create Database：显示创建该数据库的 SQL 语句，在 SQL 语句中，显示数据库使用的默认字符集和字符集的校对规则。

提示：

由于 SQL 语句"SHOW CREATE DATABASE beems1"的查询结果一行很长，因此在 SQL 语句后使用"\G"结尾，将查询结果的所有字段纵向排列展示。

Navicat for MySQL 是不支持"\G"的，以上 SQL 语句可以在命令行客户端中执行。

3. 选择数据库

例 2-2-7　选择数据库 beems1 为当前数据库。

具体 SQL 语句与执行结果如下：

```
mysql> USE beems1;

Database changed
```

以上执行结果中,"Database changed"表示当前数据库已经改变,数据库选择成功。

4. 修改数据库

例 2-2-8 将数据库 beems1 的默认字符集改为"gb2312",排序规则改为"gb2312_chinese_ci"。

具体 SQL 语句与执行结果如下:

```
mysql> ALTER DATABASE beems1
    -> DEFAULT CHARACTER SET gb2312
    -> DEFAULT COLLATE gb2312_chinese_ci;
Query OK, 1 row affected (0.01 sec)
```

5. 删除数据库

例 2-2-9 删除数据库 beems1。

具体 SQL 语句与执行结果如下:

```
mysql> DROP DATABASE beems1;
Query OK, 0 rows affected (0.02 sec)
```

以上执行结果中,"Query OK"表示 SQL 语句执行成功,在 MySQL 中,DROP 语句执行的结果显示都是"0 rows affected"。

经验分享

在 MySQL 中,创建和管理数据库有两种方式:一种是使用图形化工具,另一种是使用 SQL 语句。图形化工具采用图形界面,操作简单,容易掌握,适合初学者使用。使用 SQL 语句则更灵活快速,建议初学者多上机实践。

编写 SQL 语句应该符合规范,注重细节,从而提高代码的可读性、可维护性,养成良好的编程习惯和职业素养。

巩固习题

1. 选择题

(1) SQL 语言通常称为(   )。

A. 结构化定义语言   B. 结构化操纵语言

C. 结构化查询语言   D. 结构化控制语言

(2) 使用(　　)语句可以创建数据库。

A. DROP TABLE   B. ALTER DATABASE

C. CREATE DATABASE   D. DROP DATABASE

(3) 使用(　　)语句可以删除数据库。

A. DROP TABLE   B. ALTER DATABASE

C. CREATE DATABASE   D. DROP DATABASE

(4) 以下创建数据库的语句中,错误的是(　　)。

A. CREATE DATABASE book   B. CREATE DATABASE sh. book

C. CREATE DATABASE sh_book   D. CREATE DATABASE _book

(5) 以下不属于 MySQL 安装时自动创建的数据库是(　　)。

A. information_schema   B. mysql

C. sys   D. Mydb

2. 填空题

(1) 在 MySQL 中,创建数据库的语句是＿＿＿＿＿＿＿＿＿＿,修改数据库的语句是＿＿＿＿＿＿＿＿＿＿,删除数据库的语句是＿＿＿＿＿＿＿＿＿＿。

(2) ＿＿＿＿＿＿＿＿＿＿语句可查看数据库的创建信息。

(3) ＿＿＿＿＿＿＿＿＿＿用于在创建数据库时指定校对规则。

技能训练

实训 1: 使用图形化工具创建和管理数据库:

(1) 使用图形化工具创建简明门诊管理系统数据库。创建要求:数据库名为"his","字符集"和"排序规则"使用默认值。

任务工单:

任务 2.2
实训任务工单

(2) 使用图形化工具删除数据库 his。

实训 2: 使用 SQL 语句创建和管理数据库:

(1) 使用 CREATE DATABASE 语句创建简明门诊管理系统数据库 his1。

(2) 查看数据库 his1 的创建信息。

(3) 查看 MySQL 服务器中所有的数据库。

(4) 将数据库 his1 的默认字符集改为"gb2312",排序规则改为"gb2312_chinese_ci"。

(5) 删除数据库 his1。

任务 2.3　数据表创建与维护

任务描述

在任务 2.2 中创建了评标专家库管理系统数据库 beems,此时的数据库是一个空库,还无法将数据保存到数据库中,必须在数据库中创建用来存放数据的表。本任务主要学习如何创建和维护数据表。

任务目标

- 熟悉常用的数据类型。
- 掌握使用图形化工具创建和维护数据表的方法。
- 学会使用 SQL 语句创建和维护数据表的方法。

知识准备

知识点 1　数据表设计原则

数据表是用来组织和存储数据的对象,是数据库中非常重要的对象。数据表由行和列构成,类似于 Excel 中的工作表,但更规范。行称为记录,每一行代表一条记录;列称为字段,列的标题称为字段名,每一列代表记录中一个字段的取值。

评标专家库管理系统中专家信息表的部分内容如图 2-3-1 所示。

在图 2-3-1 中,每一行代表一位专家,各列表示专家的详细资料,如专家编号、专

iExpertID	sExpertCode	sName	sSex	sDiploma	sWorkUnit	sJob	iBidTypeID	sLinkTel	iExpertProperty	iExpertLevel	iSchoolType	sTechnicalTitle	dBirthDate
1	252081	蒋自强	男	专科	保卫处	保卫干事	16	13785034410	1	4	1	讲师	1970-11-01
2	358322	王红梅	女	硕士研究生	信息工程系	教师	13	15971472866	1	5	1	讲师	1978-02-01
3	871845	马海娟	女	本科	旅游系	系副主任	13	13616133366	1	5	1	副教授	1973-10-01
4	343608	薛子刚	男	本科	信息化中心	(Null)	12	13574647618	1	4	1	讲师	1982-03-02
5	488561	李东海	男	本科	轻工工程系	(Null)	19	13962426818	1	5	1	助教	1968-11-01
6	872174	朱小燕	女	本科	常州纺院机电工程系	系主任	9	13401444653	1	5	0	副教授	1977-12-15
7	682866	徐丹	女	本科	信息化中心	主任	12	13787811629	1	5	1	教授	1969-01-02
8	544027	张慧妹	女	本科	电子电气工程系	教研室主任	10	13862241378	1	5	1	副教授	1969-04-01
9	734652	张雄	男	本科	机械工程系	教师	18	13775145689	1	5	1	讲师	1980-02-13

图 2-3-1　专家信息表的部分内容

家编码、专家姓名、性别、学历、工作单位、专家状态、职务等。

　　数据表中行的顺序可以是任意的，一般按照数据插入的先后顺序存储；列的顺序也可以是任意的。同一个数据表中，字段名必须是唯一的；不同数据表中，可以使用相同的字段名。定义字段时，须要为字段指定一种数据类型，数据类型是定义该字段所能存储的数据值的类型。

> **提示：**
>
> 　　数据表可以有 3 种类型：基本表、查询表和视图表。基本表是实际存在的表，数据存储在基本表中；查询表是查询结果对应的表；视图表是由基本表或其他视图表导出的表，是虚表，不存储数据。

知识点 2　常用数据类型

　　数据类型用于指定对象可保存的数据的类型。MySQL 会自动限制每个数据类型的值的范围，当插入数据库中的值超过了数据类型允许的范围时，MySQL 就会报错。MySQL 中常用的数据类型见表 2-3-1。

表 2-3-1　MySQL 中常用的数据类型

分类	数据类型	存储长度	数 值 范 围	说　　明
整数类型	tinyint	1 字节	有符号数：$-2^7 \sim 2^7-1$ 无符号数：$0 \sim 2^8-1$	很小的整数
	smallint	2 字节	有符号数：$-2^{15} \sim 2^{15}-1$ 无符号数：$0 \sim 2^{16}-1$	小的整数
	mediumint	3 字节	有符号数：$-2^{23} \sim 2^{23}-1$ 无符号数：$0 \sim 2^{24}-1$	中等大小的整数
	int 或 integer	4 字节	有符号数：$-2^{31} \sim 2^{31}-1$ 无符号数：$0 \sim 2^{32}-1$	普通大小的整数
	bigint	8 字节	有符号数：$-2^{63} \sim 2^{63}-1$ 无符号数：$0 \sim 2^{64}-1$	大整数
浮点数类型和定点数类型	float	4 字节	负数：$-3.402\,823\,466 \times 10^{38} \sim -1.175\,494\,351 \times 10^{-38}$ 非负数：0 和 $1.175\,494\,351 \times 10^{-38} \sim 3.402\,823\,466 \times 10^{38}$	单精度浮点数类型，若不指定精度，则默认保存实际精度

分类	数据类型	存储长度	数　值　范　围	说　　明
浮点数类型和定点数类型	double	8 字节	负数：$-1.797\ 693\ 134\ 862\ 315\ 7\times10^{308}\sim-2.225\ 073\ 858\ 507\ 201\ 4\times10^{-308}$　非负数：0 和 $2.225\ 073\ 858\ 507\ 201\ 4\times10^{-308}\sim1.797\ 693\ 134\ 862\ 315\ 7\times10^{308}$	双精度浮点类型,若不指定精度,则默认保存实际精度
	$\text{decimal}(m,d)$ 或 $\text{dec}(m,d)$	由精度 m 决定,占用 $m+2$ 个字节	同 double 类型	定点数类型。m 称为精度,表示数字总位数,最大值为 65,默认值为 10;d 称为标度,表示小数的位数,最大值为 30,默认值为 0
日期与时间类型	year	1 字节	$1901\sim2155$	用于表示年份,格式为:YYYY
	date	4 字节	$1000-01-01\sim9999-12-31$	用于表示日期值,格式为:YYYY-MM-DD
	time	3 字节	$-838{:}59{:}59\sim838{:}59{:}59$	用于表示时间值,格式为:hh:mm:ss
	datetime	8 字节	$1000-01-01\ 00{:}00{:}00\sim9999-12-31\ 23{:}59{:}59$	用于表示日期和时间,格式为:YYYY-MM-DD hh:mm:ss
	timestamp	4 字节	$1970-01-01\ 00{:}00{:}01\sim2038-01-19\ 03{:}14{:}07$	用于表示日期和时间,与 datetime 类型格式相同,但取值范围小于 datetime 类型
字符串类型	$\text{char}(n)$	n 字节	$0\sim255$	用于表示固定长度的字符串。若输入数据的长度超过了 n 规定的值,则超出部分将会被截断;否则,不足部分用空格填充
	$\text{varchar}(n)$	输入字符串的实际长度+1	$0\sim65\ 535$	用于表示可变长度的字符串。字节数随输入数据的实际长度而变化,最大长度不得超过 $n+1$

MySQL
数据库应用技术(MySQL)

分类	数据类型	存储长度	数　值　范　围	说　　明
字符串类型	text	值的长度＋2字节	0～65 535	用于保存大文本数据,如文章内容、评论、简历等
	blob		0～65 535	用于存放数据量很大的二进制字符串,如图片、音乐等
	enum	1字节或2字节		也称为枚举类型。enum类型数据的定义格式为:enum('value1','value2',...)。其中,('value1','value2',...)称为枚举列表,enum类型的数据只能从枚举列表中取,并且只能取一个
	set	1～4字节或8字节		用于保存字符串对象,它的值可以有0个或多个。set类型数据的定义格式为:set('value1','value2',...)

> **提示:**
> 　　在 MySQL 中,定点数以字符串形式存储。因此,其精度比浮点数要高,而且浮点数会出现误差,这是浮点数一直存在的缺陷。对精度要求比较高时(如货币、科学数据等),使用 decimal 类型会比较安全。

知识点 3　创建数据表

创建数据表的 SQL 语句是 CREATE TABLE,其基本语法格式如下:

```
CREATE TABLE [ IF NOT EXISTS ] table_name
(
    column_name1 data_type [ column_constraint ]
    [, column_name2 data_type [ column_constraint ] ]
```

```
    [, ... ]
    [, table_constraint ]
) [ ENGINE = engine_name ]
```

语法说明如下：

● IF NOT EXISTS：用于在创建数据表前进行判断，只有该数据表不存在时才执行创建操作。

● table_name：指定数据表的名称。数据表名必须符合标识符规则，如果有 MySQL 保留字，必须用单引号括起来。

● column_name：指定表中列的名称。列名必须符合标识符规则，长度不能超过 64 个字符，而且在表中要唯一。如果有 MySQL 保留字，必须用单引号括起来。

● data_type：指定列的数据类型。

● column_constraint：指定列级约束。列采取的限制措施包括非空、默认值、唯一性等（关于约束的概念将在任务 2.4 中详细介绍）。

多学一点：

存储引擎

● table_constraint：指定表级约束。

● engine_name：指定存储引擎。

> **提示：**
>
> SQL 语句语法格式中，"[, ...]"表示前面的语法项可以重复，各项之间以逗号分隔。

知识点 4 维护数据表

1. 查看数据表

(1) 查看数据表

SHOW TABLES 语句用于显示指定数据库中存放的所有数据表名，其基本语法格式如下：

```
SHOW [ FULL ] TABLES [ { FROM | IN } database_name ]
[ LIKE 'pattern' | WHERE expr ]
```

语法说明如下：

● FULL：指定用完整格式显示表的名称和表的类型。

● LIKE 子句：指定要匹配的数据表名。

● WHERE 子句：指定要查看的数据表名给定的条件。

（2）查看数据表的结构

DESCRIBE 语句用于显示表中各列的信息，其基本语法格式如下：

```
{ DESCRIBE | DESC } table_name [ column_name ]
```

语法说明如下：

- DESCRIBE｜DESC：DESC 是 DESCRIBE 的简写，二者用法相同。
- table_name：指定要查看的数据表名。
- column_name：指定要查看的列名。

（3）查看数据表的详细定义

SHOW CREATE TABLE 语句可以查看数据表的定义语句，其基本语法格式如下：

```
SHOW CREATE TABLE table_name
```

语法说明如下：

- table_name：指定要查看的数据表名。

2. 修改数据表

ALTER TABLE 命令可以用于更改原有表的结构。例如，可以增加或删减列，创建或取消索引，更改原有列的类型，重新命名列或表，还可以更改表的评注和表的类型。其基本语法格式如下：

```
ALTER TABLE table_name
ADD [ COLUMN ] column_name column_definition
    [ FIRST | AFTER column_name ]
| ALTER [ COLUMN ] column_name {
  SET DEFAULT { literal | (expr) } | DROP DEFAULT ] }
| CHANGE [ COLUMN ] old_column_name new_column_name column_definition
    [ FIRST | AFTER column_name ]
| MODIFY [ COLUMN ] column_name column_definition
    [ FIRST | AFTER column_name]
| DROP [ COLUMN ] column_name
| RENAME COLUMN old_column_name TO new_column_name
| RENAME [ TO ] new_table_name
```

语法说明如下：

- ADD［COLUMN］子句：用于向表中增加新列。
- column_definition：定义列的数据类型和属性，具体内容在 CREATE TABLE 语句的语法中已作说明。

● FIRST | AFTER：是可选项，用于指定新增列在表中的位置。如果省略，则默认将新增列添加到表的最后。FIRST 用于将新增列设置为表的第一列，AFTER 用于将新增列添加到指定列的后面。

● ALTER [COLUMN]子句：用于修改或删除表中指定列的默认值。

● CHANGE [COLUMN]子句：用于修改表中列的名称或数据类型。重命名时，须要给定原来的列名、新的列名和列当前的属性。

● MODIFY [COLUMN]子句：用于修改指定列的数据类型。

● DROP [COLUMN]子句：用于从表中删除列。

● RENAME COLUMN 子句：用于修改表中列的名称。

● RENAME [TO]子句：用于修改表名。

3. 删除数据表

要删除数据表时，可以使用 DROP TABLE 语句。其基本语法格式如下：

```
DROP TABLE [ IF EXISTS ] table_name1 [ , table_name2 ] ...
```

语法说明如下：
DROP TABLE 语句可以同时删除多个数据表。

任务实施

根据模块 1 中评标专家库管理系统逻辑设计阶段所得出的关系模式，在数据库 beems 中设计 7 张数据表：部门信息表、用户信息表、参评类别信息表、专家信息表、项目信息表、抽取列表、抽取专家列表。数据表结构见表 2-3-2～表 2-3-8。

1. 部门信息表 tdeptinfo

部门信息表 tdeptinfo 用于存储部门信息，该数据表的结构见表 2-3-2。

表 2-3-2　部门信息表 tdeptinfo

字 段 名 称	数据类型	长度	是否允许为空	说　　明
iDeptID	int		否	部门编号（主键，自动递增）
sDeptName	varchar	50	是	部门名称
sDeptManager	varchar	20	是	部门主管
iStatus	tinyint		是	部门状态（1：正常；0：失效。默认值为1）

2. 用户信息表 tuserinfo

用户信息表 tuserinfo 用于存储系统用户信息，该数据表的结构见表 2-3-3。

表 2-3-3　用户信息表 tuserinfo

字 段 名 称	数据类型	长度	是否允许为空	说　　明
iUserID	int		否	用户编号（主键，自动递增）
sUserName	varchar	50	是	姓名（唯一）
iLoginType	tinyint		是	角色（1：管理员；2：建项人；4：领导）
sLoginName	varchar	50	是	登录账号
sLoginPw	varchar	100	是	登录密码
sMobilePhone	varchar	20	是	手机号码
iUserStatus	tinyint		是	用户状态（1：启用；0：停用。默认值为 1）
iDeptID	int		是	部门编号（来自部门信息表 tdeptinfo 的外键）

3. 参评类别信息表 tbidtype

参评类别信息表 tbidtype 用于存储参评类别信息，该数据表的结构见表 2-3-4。

表 2-3-4　参评类别信息表 tbidtype

字 段 名 称	数据类型	长度	是否允许为空	说　　明
iBidTypeID	int		否	参评类别编号（主键，自动递增）
sBidTypeName	varchar	50	是	参评类别名称
iStatus	tinyint		是	状态（1：正常；0：失效。默认值为 1）

4. 专家信息表 texpertinfo

专家信息表 texpertinfo 用于存储专家基本信息，该数据表的结构见表 2-3-5。

表 2-3-5　专家信息表 texpertinfo

字 段 名 称	数据类型	长度	是否允许为空	说　　明
iExpertID	int		否	专家编号（主键，自动递增）
sExpertCode	char	6	是	专家编码
sName	varchar	50	是	专家姓名

字 段 名 称	数据类型	长度	是否允许为空	说　　明
sSex	char	1	是	性别（默认值为"男"）
sDiploma	varchar	20	是	学历
sWorkUnit	varchar	50	是	工作单位
sJob	varchar	20	是	职务
sLinkTel	varchar	20	是	联系电话
iExpertProperty	tinyint		是	专家性质（1：正式；0：临时。默认值为1）
iExpertLevel	tinyint		是	专家星级（默认值为1）
iSchoolType	tinyint		是	校内外（1：校内；0：校外。默认值为1）
sTechnicalTitle	varchar	10	是	技术职称
dBirthDate	date		是	出生日期
iExpertStatus	tinyint		是	专家状态（1：启用；0：停用。默认值为1）
iDelete	tinyint		是	删除标记（0：未删除；1：删除。默认值为0）
iBidTypeID	int		是	参评类别编号（来自参评类别信息表tbidtype的外键）

5. 项目信息表 tprojectinfo

项目信息表 tprojectinfo 用于存储项目基本信息，该数据表的结构见表 2－3－6。

表 2－3－6　项目信息表 tprojectinfo

字 段 名 称	数据类型	长度	是否允许为空	说　　明
iProjectID	int		否	项目编号（主键，自动递增）
sProjectCode	varchar	10	是	项目编码（唯一）
sProjectName	varchar	100	是	项目名称
dBidTime	date		是	评标时间

字 段 名 称	数据类型	长度	是否允许为空	说　　明
sLeaderUser	varchar	50	是	项目负责人
sTenderee	varchar	50	是	招标单位
sRemark	varchar	500	是	评标描述
iProjectStatus	tinyint		是	项目状态（1：进行中；2：已撤项；3：已归档。默认值为1）
iExtractStatus	tinyint		是	专家抽取状态（0：未完成；1：已完成。默认值为0）
iUserID	int		是	用户编号（来用用户信息表 tuserinfo 的外键）

6. 抽取列表 textractioninfo

抽取列表 textractioninfo 用于存储项目抽取专家的指标信息和抽取类型，该数据表的结构见表 2－3－7。

表 2－3－7　抽取列表 textractioninfo

字 段 名 称	数据类型	长度	是否允许为空	说　　明
iExtractionID	int		否	抽取编号（主键，自动递增）
iProjectID	int		是	项目编号（来自项目信息表 tprojectinfo 的外键）
iExtractionTimes	int		是	抽取轮次
dExtractionTime	datetime		是	抽取时间
iBidTypeID	int		是	参评类别编号（来自参评类别信息表 tbidtype 的外键）
iSchoolType	int		是	校内外（1：校内；0：校外；－1：不限制）
iExpertProperty	int		是	专家性质（1：正式；0：临时；－1：不限制）
iExpertLevel	tinyint		是	专家星级
iExtractionType	tinyint		是	抽取类型（1：抽取全部；2：随机抽取；3：滚动按停。默认值为1）

字 段 名 称	数据类型	长度	是否允许为空	说　　明
iExtractionNum	int		是	随机抽取个数（默认值为1）
iUserID	int		是	用户编号（来自用户信息表 tuserinfo 的外键）

7. 抽取专家列表 textractionexpert

抽取专家列表 textractionexpert 用于存储项目抽取的抽取编号、专家编号和专家评标情况的评价信息，该数据表的结构见表 2 - 3 - 8。

表 2 - 3 - 8　抽取专家列表 textractionexpert

字 段 名 称	数据类型	长度	是否允许为空	说　　明
iID	int		否	编号（主键，自动递增）
iProjectID	int		是	项目编号（来自项目信息表 tprojectinfo 的外键）
iExtractionID	int		是	抽取编号（来自抽取列表 textractioninfo 的外键）
iExpertID	int		是	专家编号（来自专家信息表 texpertinfo 的外键）
sExpression	varchar	20	是	评标表现
sAssess	varchar	50	是	评价

2.3.1　使用图形化工具创建和维护数据表

1. 创建数据表

例 2 - 3 - 1　创建部门信息表 tdeptinfo，结构参见表 2 - 3 - 2。

使用 Navicat for MySQL 创建数据表的具体操作步骤如下：

步骤 1：打开 Navicat for MySQL，连接到 MySQL 服务器。在导航窗格中，双击数据库"beems"节点，然后右键单击"表"节点，在弹出的快捷菜单中选择"新建表"命令，如图 2 - 3 - 2 所示；或者单击右侧对象工具栏中的"新建表"按钮。

微课讲解：
创建数据表

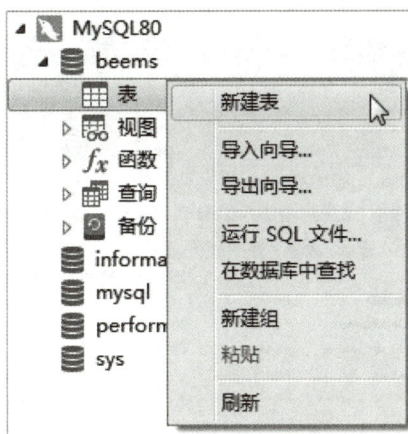

图 2 - 3 - 2　选择"新建表"命令

步骤 2：打开"表"设计器，在"字段"选项卡中的"名"列中输入字段名"iDeptID"；在"类型"列中通过下拉列表选择数据类型"int"；勾选"不是 null"复选框，将"iDeptID"列设置为非空；在"注释"列中输入"部门编号"；在"字段"选项卡下方勾选"自动递增"复选框，将"iDeptID"设置为自动递增，如图 2 - 3 - 3 所示。

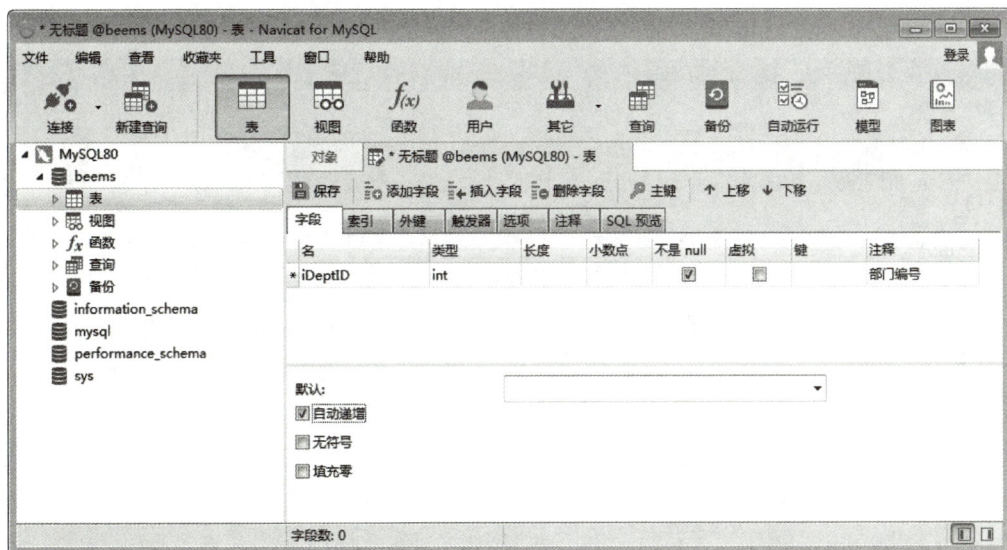

图 2 - 3 - 3　"表"设计器

步骤 3：单击对象工具栏中的"添加字段"按钮，继续添加其他字段，如图 2 - 3 - 4 所示。单击选中字段"iStatus"，在"字段"选项卡下方的"默认"下拉列表中输入"1"，设置字段"iStatus"的默认值为"1"。

步骤 4：单击选中字段"iDeptID"，然后单击对象工具栏中的"主键"按钮，或者右键单击字段"iDeptID"，在弹出的快捷菜单中选择"主键"命令，设置字段"iDeptID"为

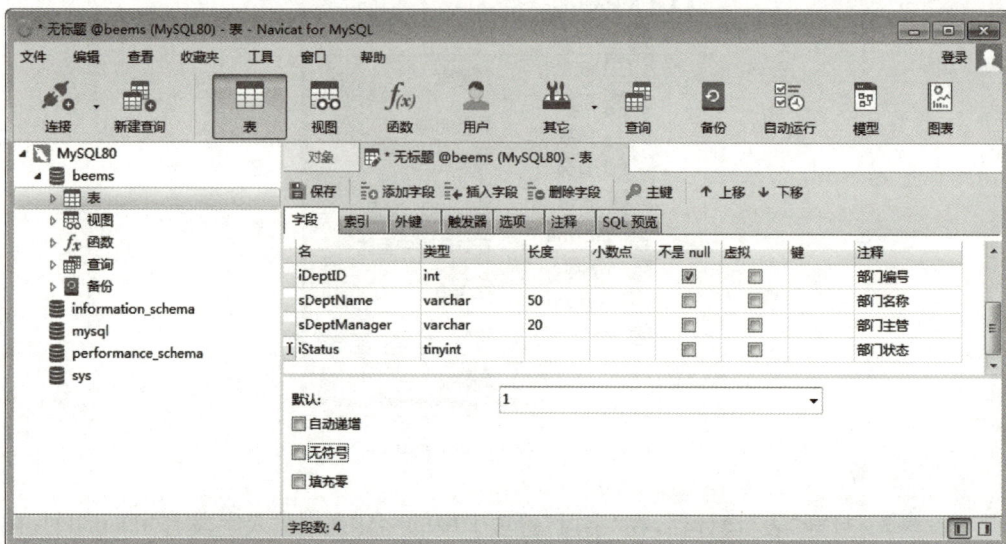

图 2-3-4 添加字段

主键。成功设置主键后，字段"iDeptID"的"键"列显示 🔑标志图标，如图 2-3-5
所示。

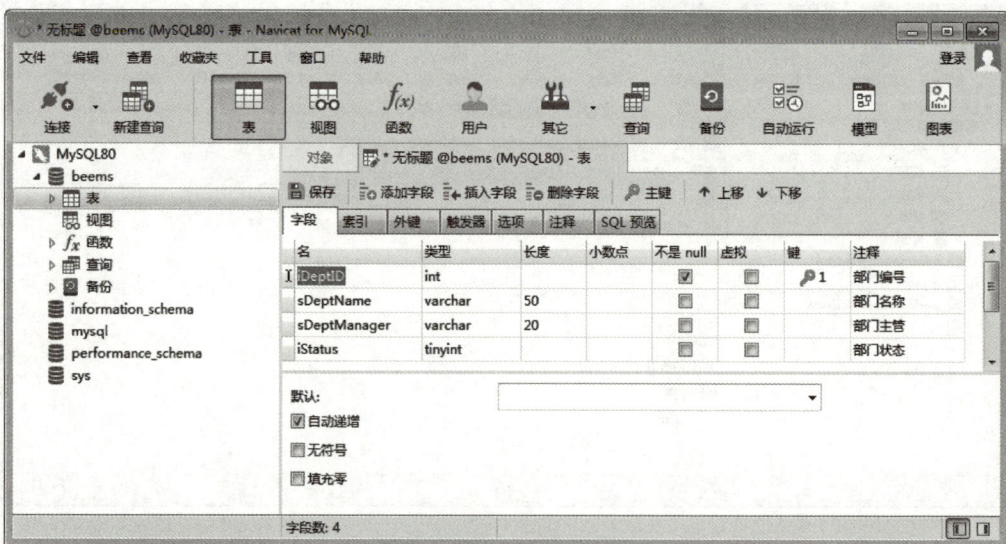

图 2-3-5 设置主键

> **提示：**
>
> 关于主键的概念将在任务 2.4 中详细介绍。

步骤 5：单击对象工具栏中的"保存"按钮，弹出"表名"对话框，在"输入表名"文本框中输入"tdeptinfo",如图 2 - 3 - 6 所示。然后单击"确定"按钮,部门信息表 tdeptinfo 创建成功。

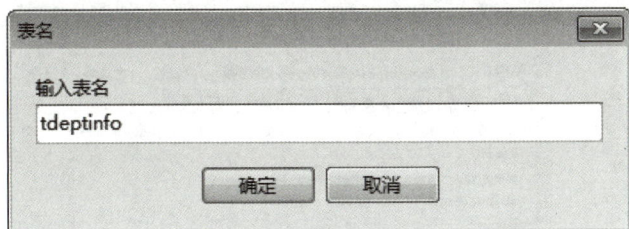

图 2 - 3 - 6 "表名"对话框

2. 查看数据表

例 2 - 3 - 2 　查看部门信息表 tdeptinfo。

使用 Navicat for MySQL 查看数据表的具体操作步骤如下:

步骤 1:打开 Navicat for MySQL,连接到 MySQL 服务器。在导航窗格中,依次展开"beems"→"表"节点。

步骤 2:右键单击部门信息表"tdeptinfo",在弹出的快捷菜单中选择"设计表"命令,或者选中部门信息表"tdeptinfo",在右侧对象工具栏中,单击"设计表"按钮,打开"表"设计器,就可以查看数据表结构。

3. 修改数据表

例 2 - 3 - 3 　在部门信息表 tdeptinfo 中添加一列,列名为"iTest",数据类型为 "int",允许为空。

使用 Navicat for MySQL 修改数据表的具体操作步骤如下:

步骤 1:打开 Navicat for MySQL,连接到 MySQL 服务器。在导航窗格中,依次展开"beems"→"表"节点。右键单击部门信息表"tdeptinfo",在弹出的快捷菜单中选择"设计表"命令,打开"表"设计器。

微课讲解:
修改数据表

步骤 2:单击对象工具栏中的"添加字段"按钮,在"字段"选项卡中的"名"列中输入字段名"iTest",在"类型"列中通过下拉列表选择数据类型"int",如图 2 - 3 - 7 所示。

步骤 3:单击对象工具栏中的"保存"按钮,保存对部门信息表 tdeptinfo 的修改。

单击对象工具栏中的"删除字段"按钮,就可以删除选中的字段。

提示:
　对象工具栏中的"添加字段"是在最后一个字段的后面新增字段;"插入字段"可以在指定的字段前面添加字段。

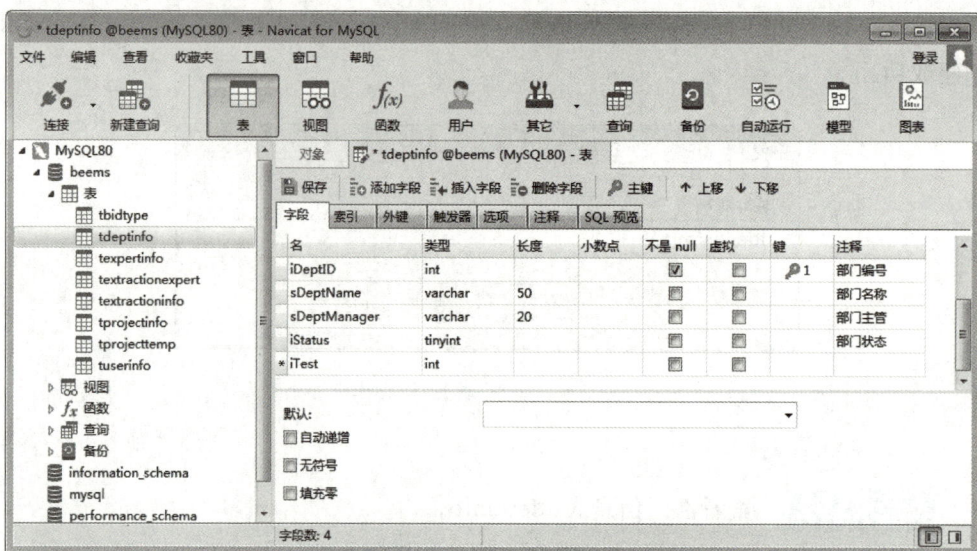

图 2-3-7 添加一列

4. 删除数据表

例 2-3-4 删除部门信息表 tdeptinfo。

使用 Navicat for MySQL 删除数据表的具体操作步骤如下：

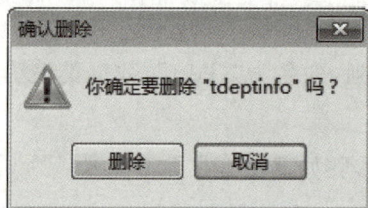

图 2-3-8 "确认删除"对话框

步骤 1：打开 Navicat for MySQL，连接到 MySQL 服务器。在导航窗格中，依次展开"beems"→"表"节点。右键单击部门信息表"tdeptinfo"，在弹出的快捷菜单中选择"删除表"命令，弹出"确认删除"对话框，如图 2-3-8 所示。

步骤 2：单击"删除"按钮，就可以删除部门信息表 tdeptinfo。

2.3.2 使用 SQL 语句创建和维护数据表

1. 创建数据表

例 2-3-5 使用 CREATE TABLE 语句创建用户信息表 userinfo，结构参见表 2-3-3。

微课讲解：
使用 CREATE
TABLE 创建数据表

步骤 1：选择数据库 beems 为当前数据库。具体 SQL 语句与执行结果如下：

```
mysql> USE beems;
Database changed
```

步骤 2：创建用户信息表 userinfo。具体 SQL 语句与执行结果如下：

```
mysql> CREATE TABLE userinfo
    -> (
    ->    iUserID int NOT NULL AUTO_INCREMENT PRIMARY KEY,
    ->    sUserName varchar(50),
    ->    iLoginType tinyint,
    ->    sLoginName varchar(50),
    ->    sLoginPw varchar(100),
    ->    sMobilePhone int,
    ->    iUserStatus tinyint,
    ->    iDeptID int
    -> );
Query OK, 0 rows affected (0.05 sec)
```

以上执行结果中，"Query OK"表示 SQL 语句执行成功，在 MySQL 中，CREATE TABLE 语句执行的结果显示都是"0 rows affected"。

提示：

（1）SQL 语句中，"NOT NULL"表示设置 iUserID 列为非空列，"AUTO_INCREMENT"表示设置 iUserID 列为自动递增，"PRIMARY KEY"表示设置 iUserID 列为主键。

（2）使用"AUTO_INCREMENT"须要注意以下几点：

● 一个表只能有一个自动递增列，该列数据类型必须是整数类型，并且必须定义为索引。

● 自动增长值默认从 1 开始，每次加 1。

● 当插入 NULL 或 0 到自动递增列中时，该列的值会被自动设置为"表中该列的最大值+1"；当为自动递增列指定一个值（该值尚未使用过），就使用这个值，不会使用自动增长值，并且后续的增量将基于这个值。

● 使用 DELETE 语句删除数据时，自动增长值不会减少或填补空缺。

（3）本书使用评标专家库管理系统数据库 beems 作为示例数据库，所以在后续的示例中，都须要选择该数据库为当前数据库，为了简便起见，在后续的示例中将省略此步骤。

2. 查看数据表

例 2-3-6　查看数据库 beems 中所有的数据表。

具体 SQL 语句与执行结果如下：

```
mysql> SHOW TABLES;
+---------------------+
| Tables_in_beems     |
+---------------------+
| userinfo            |
+---------------------+
1 row in set (0.05 sec)
```

以上执行结果中，显示数据库 beems 中有 1 个数据表"userinfo"。

例 2-3-7　利用 DESCRIBE 语句查看用户信息表 userinfo 的结构。

具体 SQL 语句与执行结果如下：

```
mysql> DESC userinfo;
+--------------+--------------+------+-----+---------+----------------+
| Field        | Type         | Null | Key | Default | Extra          |
+--------------+--------------+------+-----+---------+----------------+
| iUserID      | int          | NO   | PRI | NULL    | auto_increment |
| sUserName    | varchar(50)  | YES  |     | NULL    |                |
| iLoginType   | tinyint      | YES  |     | NULL    |                |
| sLoginName   | varchar(50)  | YES  |     | NULL    |                |
| sLoginPw     | varchar(100) | YES  |     | NULL    |                |
| sMobilePhone | int          | YES  |     | NULL    |                |
| iUserStatus  | tinyint      | YES  |     | NULL    |                |
| iDeptID      | int          | YES  |     | NULL    |                |
+--------------+--------------+------+-----+---------+----------------+
8 rows in set (0.06 sec)
```

以上执行结果中，各列显示信息如下：

Field：显示字段的名称。

Type：显示字段的数据类型。

Null：显示字段是否允许为空。"NO"表示字段非空，"YES"表示字段可以为空。

Key：显示是否创建索引。"PRI"表示主键索引。

Default：显示字段的默认值。

Extra：显示字段的附加信息。

例 2 - 3 - 8 查看用户信息表 userinfo 的定义。

具体 SQL 语句与执行结果如下：

```
mysql> SHOW CREATE TABLE userinfo \G
**************************** 1. row ****************************
        Table：userinfo
Create Table：CREATE TABLE 'userinfo' (
  'iUserID' int NOT NULL AUTO_INCREMENT,
  'sUserName' varchar(50) DEFAULT NULL,
  'iLoginType' tinyint DEFAULT NULL,
  'sLoginName' varchar(50) DEFAULT NULL,
  'sLoginPw' varchar(100) DEFAULT NULL,
  'sMobilePhone' int DEFAULT NULL,
  'iUserStatus' tinyint DEFAULT NULL,
  'iDeptID' int DEFAULT NULL,
  PRIMARY KEY ('iUserID')
) ENGINE = InnoDB DEFAULT CHARSET = utf8mb4 COLLATE = utf8mb4_0900_ai_ci
1 row in set (0.00 sec)
```

以上执行结果中，显示信息如下：

Table：显示数据表名。

Create Table：显示创建该数据表的 SQL 语句。

3. 修改数据表

例 2 - 3 - 9 将用户信息表 userinfo 的 sMobilePhone 列的数据类型改为"varchar(20)"。

具体 SQL 语句与执行结果如下：

```
mysql> ALTER TABLE userinfo
    -> MODIFY COLUMN sMobilePhone varchar(20);
Query OK, 0 rows affected (0.09 sec)
Records：0  Duplicates：0  Warnings：0
```

　　例 2 - 3 - 10　　删除用户信息表 userinfo 中的 iUserStatus 列。

　　具体 SQL 语句与执行结果如下：

```
mysql> ALTER TABLE userinfo
    -> DROP COLUMN iUserStatus;
Query OK, 0 rows affected (0.03 sec)
Records：0  Duplicates：0  Warnings：0
```

　　例 2 - 3 - 11　　在用户信息表 userinfo 中添加一列，列名为"iStatus"，数据类型为"int"，默认值为"0"，且该列位于 sMobilePhone 列之后。

　　具体 SQL 语句与执行结果如下：

```
mysql> ALTER TABLE userinfo
    -> ADD COLUMN iStatus int DEFAULT 0 AFTER sMobilePhone;
Query OK, 0 rows affected (0.03 sec)
Records：0  Duplicates：0  Warnings：0
```

　　以上 SQL 语句中，通过关键字"DEFAULT"设置 iStatus 列的默认值，通过关键字"AFTER"设置 iStatus 列在 sMobilePhone 列之后。

　　例 2 - 3 - 12　　将用户信息表 userinfo 的 iStatus 列的默认值改为"1"。

　　具体 SQL 语句与执行结果如下：

```
mysql> ALTER TABLE userinfo
    -> ALTER COLUMN iStatus SET DEFAULT 1;
Query OK, 0 rows affected (0.04 sec)
Records：0  Duplicates：0  Warnings：0
```

例 2 - 3 - 13 将用户信息表 userinfo 的 iStatus 列重命名为"iUserStatus"，且将数据类型改为"tinyint"。

具体 SQL 语句与执行结果如下：

```
mysql> ALTER TABLE userinfo
    -> CHANGE COLUMN iStatus iUserStatus tinyint;
Query OK, 0 rows affected (0.09 sec)
Records：0  Duplicates：0  Warnings：0
```

例 2 - 3 - 14 将用户信息表 userinfo 重命名为"tuserinfo"。
具体 SQL 语句与执行结果如下：

```
mysql> ALTER TABLE userinfo
    -> RENAME TO tuserinfo;
Query OK, 0 rows affected (0.04 sec)
```

4. 删除数据表

例 2 - 3 - 15 使用 DROP TABLE 语句删除用户信息表 tuserinfo。
具体 SQL 语句与执行结果如下：

```
mysql> DROP TABLE tuserinfo;
Query OK, 0 rows affected (0.04 sec)
```

请按照例 2 - 3 - 1 或例 2 - 3 - 5 的方法创建数据库 beems 中的数据表，数据表结构见表 2 - 3 - 2～表 2 - 3 - 8。

经验分享

本任务主要介绍了创建和维护数据表的方法，其中创建和修改数据表是最重要的内容，难度也比较大，需要通过实践操作，才会对这两部分内容了解得更加透彻。在使用 SQL 语句操作时，很容易出现语法错误，必须在练习中掌握正确的语法格式。创建和修改数据表后一定要查看数据表的结构，这样才可以判断操作是否正确。

巩固习题

1. 选择题

(1) 数据表是一个非常重要的数据库对象，它是用来（　　）各种数据内容的。

A. 显示　　　　　　B. 查询　　　　　　C. 存放　　　　　　D. 检索

(2) 在 SQL 语言中，创建数据表的语句是（　　）。

A. DELETE TABLE　　　　　　　　B. CREATE TABLE

C. ADD TABLE　　　　　　　　　　D. DROP TABLE

(3) 若要删除数据库中已经存在的数据表 s，可用（　　）。

A. DELETE TABLE s　　　　　　　B. DELETE s

C. DROP TABLE s　　　　　　　　D. DROP s

(4) 在 SQL 语言中，若要修改某张数据表的结构，应该使用的修改关键字是（　　）。

A. ALTER　　　　B. UPDATE　　　　C. MODIFY　　　　D. CHANGE

(5) 列值为空值（NULL），则说明这一列（　　）。

A. 数值为 0　　　B. 数值为空格　　　C. 数值是未知的　　D. 不存在

(6) 若要在数据表 s 中增加一列 cn（课程名），可用（　　）。

A. ADD TABLE s(cn char(8))

B. ADD TABLE s ALTER(cn char(8))

C. ALTER TABLE s ADD cn char(8)

D. ALTER TABLE s(ADD cn char(8))

(7) 学生关系模式 s(sno，sname，sex，age)，s 的属性分别表示学生的学号、姓名、性别、年龄。要在数据表 s 中删除属性"年龄"，可选用的 SQL 语句是（　　）。

A. DELETE age FROM s

B. ALTER TABLE s DELETE age

C. UPDATE s age

D. ALTER TABLE s DROP COLUMN age

(8) 下列不属于数据定义功能的 SQL 语句是（　　）。

A. CREATE TABLE　　　　　　　　B. CREATE DATABASE

C. UPDATE　　　　　　　　　　　　D. ALTER TABLE

(9) 下列选项中，适合存储文章内容或评论的数据类型是（　　）。

A. char　　　　B. varchar　　　　C. text　　　　D. set

(10) 下列选项中，用于存储整数数值的是（　　）。

A. float　　　　B. varchar　　　　C. double　　　　D. mediumint

2. 填空题

（1）在 SQL 语言中，创建数据表的语句是_____；修改数据表的语句是_____；删除数据表的语句是_____。

（2）在创建数据表的过程中，关键字_____用于为字段指定默认值。

（3）数据表是由一系列的行和列组成的，每创建一列时，必须指定该列的_____，以限制该列的长度，从而保证数据的完整性。

3. 简答题

（1）什么是默认值？

（2）数据表中的行有次序吗？

技能训练

实训： 使用图形化工具或 SQL 语句在简明门诊管理系统数据库 his 中创建数据表，数据表结构见表 2-3-9～表 2-3-15。

任务工单：
任务 2.3
实训任务工单

表 2-3-9 科室信息表 department

字 段 名 称	数据类型	长度	是否允许为空	说　　明
dep_ID	int		否	科室编号（主键，自动递增）
dep_Name	varchar	50	是	科室名
dep_Address	varchar	200	是	地址

表 2-3-10 医生信息表 doctor

字 段 名 称	数据类型	长度	是否允许为空	说　　明
d_ID	int		否	医生编号（主键，自动递增）
d_Name	varchar	50	是	姓名
d_Sex	char	1	是	性别（默认值为"男"）
d_Profession	varchar	50	是	职称
d_LoginName	varchar	50	是	登录名
d_LoginPSW	varchar	50	是	密码
dep_ID	int		是	科室编号

表 2-3-11　就诊状态表 patientstatus

字 段 名 称	数据类型	长度	是否允许为空	说　明
ps_ID	int		否	就诊状态编号（主键，自动递增）
ps_Name	varchar	20	是	状态名
ps_Remark	varchar	100	是	备注

表 2-3-12　病人信息表 patient

字 段 名 称	数据类型	长度	是否允许为空	说　明
p_ID	int		否	病人编号（主键，自动递增）
p_Name	varchar	50	是	姓名
p_Sex	char	1	是	性别（默认值为"男"）
p_Address	varchar	50	是	家庭地址
p_Birth	datetime		是	出生日期
ps_ID	int		是	就诊状态编号

表 2-3-13　诊疗信息表 diagnosis

字 段 名 称	数据类型	长度	是否允许为空	说　明
dia_ID	int		否	编号（主键，自动递增）
d_ID	int		是	医生编号
p_ID	int		是	病人编号
dia_Time	datetime		是	诊疗时间
dia_Symptom	varchar	1 000	是	症状
dia_Diagnosis	varchar	1 000	是	诊断
dia_Dispense	varchar	1 000	是	配药
dia_Remark	varchar	1 000	是	备注

表 2 - 3 - 14　挂号员信息表 worker

字 段 名 称	数据类型	长度	是否允许为空	说　　明
w_ID	int		否	挂号员编号（主键，自动递增）
w_Name	varchar	20	是	姓名
w_LoginName	varchar	50	是	登录名
w_LoginPSW	varchar	50	是	密码

表 2 - 3 - 15　挂号信息表 register

字 段 名 称	数据类型	长度	是否允许为空	说　　明
reg_ID	int		否	编号（主键，自动递增）
dep_ID	int		是	科室编号
p_ID	int		是	病人编号
w_ID	int		是	挂号员编号
reg_Time	datetime		是	挂号时间
reg_Fee	int		是	费用
reg_Order	int		是	次序
reg_Status	int		是	状态

任务 2.4　数据完整性维护

任务描述

在评标专家库管理系统数据库 beems 中创建了 tdeptinfo、tuserinfo、texpertinfo 等数据表的表结构之后，为了保证数据的一致性和正确性，还要添加适当的数据完整性约束。

定义了数据完整性约束后，对数据进行插入、修改、删除等操作时，数据库管理系统自动按照一定的约束条件对数据进行监测,使不符合规范的数据不能进入数据库,以确保数据库中存储数据的正确性、一致性。

正如数据库中的数据完整性约束一样,个人也有来自社会、企业的行为准则和道德约束,我们要遵守社会的法制法规,企业的职业规范,恪守 IT 从业者的职业道德。

本任务通过对评标专家库管理系统数据完整性约束的设计,介绍数据完整性的概念以及实现完整性约束的方法。

任务目标

- 了解数据完整性的概念。
- 了解 MySQL 中的约束类型及作用。
- 掌握使用图形化工具创建和管理约束的方法。
- 学会使用 SQL 语句创建和管理约束的方法。

知识准备

知识点 1 数据完整性概述

1. 数据完整性概念

数据库应用系统开发中,数据的质量直接影响系统的质量。数据完整性约束机制就是保证数据库中的数据符合语义、防止错误信息输入和输出的重要措施。

数据完整性是指数据库中数据的正确性和相容性。例如,专家的性别只能是"男"或"女",专家参与评标的项目必须是已创建的项目等。数据完整性由各种各样的完整性约束来保证,因此可以说数据完整性设计就是数据完整性约束的设计。

2. 数据完整性分类

关系型数据库管理系统有 3 类完整性约束:实体完整性、参照完整性和用户定义完整性。

(1) 实体完整性(entity integrity)

实体完整性用于保证数据表的每一行记录都是唯一的,主要通过主键约束、唯一性约束实现。

(2) 参照完整性(referential integrity)

参照完整性也称为引用完整性,是定义外键与主键之间的引用规则,涉及两个或两个以上表数据的一致性。参照表中的列值必须在被参照表的主键中存在或者是 NULL。外键是保证参照完整性的一个重要方法。

(3) 用户定义完整性(user-defined integrity)

为了满足特殊的业务需求,MySQL 提供了用户定义完整性,主要有非空约束、默认值约束、检查约束和触发器。触发器将在任务 3.5 中介绍。

知识点 2　约束的类型

约束是强制实施数据库完整性非常有效的方法,它通过限制列的取值范围和数据表之间的数据依赖关系来保证数据的完整性。MySQL 主要可以使用主键约束、唯一约束、非空约束、默认值约束、检查约束和外键约束等。

1. 主键约束

主键就是表中的一列或多列的组合,其值能唯一标识表中的每一行记录。主键必须遵守以下规则:

- 每个表只能定义一个主键。
- 主键的值不允许重复,且不能为 NULL。
- 复合主键不能包含不必要的多余列。

主键约束可以在创建表或修改表时使用关键字"PRIMARY KEY"来实现。

(1) 创建主键约束

创建主键约束可以采用列级约束或表级约束。

作为列的完整性约束,其基本语法格式如下:

```
column_name data_type PRIMARY KEY
```

作为表的完整性约束,其基本语法格式如下:

```
[ CONSTRAINT [ symbol ] ] PRIMARY KEY ( column_name [, ... ] )
```

语法说明如下:

- symbol:指定约束的名称。如果省略,MySQL 会自动创建一个约束名称。

> **提示:**
>
> (1) 只能给基于表的完整性约束指定名称,无法给基于列的完整性约束指定名称。
>
> (2) 定义主键约束后,MySQL 会自动为主键创建一个唯一性索引,该索引名默认为"PRIMARY"。

(2) 删除主键约束

基本语法格式如下:

```
ALTER TABLE table_name
DROP PRIMARY KEY
```

2. 唯一约束

唯一约束用于保证数据表中一列或多列组合的值具有唯一性，以防止在列值中输入重复的值。唯一约束与主键约束相似的是它们都可以确保列值的唯一性，它们的区别如下：

- 设置唯一约束的列允许为空，而主键约束所在列不允许为空。
- 一个表中可以有多个唯一约束，而主键约束只能有一个。

(1) 创建唯一约束

作为列的完整性约束，其基本语法格式如下：

```
column_name data_type UNIQUE [ KEY ]
```

作为表的完整性约束，其基本语法格式如下：

```
[ CONSTRAINT [ symbol ] ] UNIQUE [ KEY ] ( column_name, ... )
```

(2) 删除唯一约束

基本语法格式如下：

```
ALTER TABLE table_name
DROP { INDEX | KEY } index_name
```

语法说明如下：

- index_name：指定要删除的约束名称。

3. 非空约束

非空约束用来约束某列的取值不能为空。用户在向数据表添加数据时，如果设置非空约束的列没有指定值，系统就会报错。设置非空约束的基本语法格式如下：

```
column_name data_type NOT NULL
```

4. 默认值约束

默认值约束用于为数据表中的列指定默认值。在向数据表添加数据时，如果没有给设置了默认值约束的列赋值，系统会自动为这个列赋值为默认值。

(1) 创建默认值约束

基本语法格式如下：

```
column_name data_type DEFAULT { literal | (expr) }
```

语法说明如下：

- literal：指定默认值常量。
- expr：是一个 SQL 表达式，指定默认值可以为 SQL 表达式。

每列上只能有一个默认值约束。创建默认值约束只能采用列级约束，不能采用表级约束的形式。

(2) 删除默认值约束

基本语法格式如下：

```
ALTER TABLE table_name
ALTER [ COLUMN ] column_name DROP DEFAULT
```

5. 检查约束

检查约束根据用户的实际完整性要求来定义，用于限制数据表中一列或多列中可接受的数据值或者数据格式。

(1) 创建检查约束

作为列的完整性约束，其基本语法格式如下：

```
column_name data_type [ CONSTRAINT [ symbol ] ] CHECK ( expr )
```

作为表的完整性约束，其基本语法格式如下：

```
[ CONSTRAINT [ symbol ] ] CHECK ( expr)
```

语法说明如下：

- symbol：指定约束的名称。
- expr：是一个 SQL 表达式，指定须要检查的条件，在更新表数据时，MySQL 会检查更新后的数据行是否满足检查约束中的条件。

(2) 删除检查约束

基本语法格式如下：

```
ALTER TABLE table_name
DROP {CHECK | CONSTRAINT} symbol
```

6. 外键约束

当一个表（表 A）主键列的值被引用为另一个表（表 B）某一列的值时，这一列就成为表 B 的外键。表 A 称为被参照表或父表，表 B 称为参照表或子表。

例如，部门信息表和用户信息表通过它们的共同属性"部门编号"关联起来，如

图 2-4-1所示。

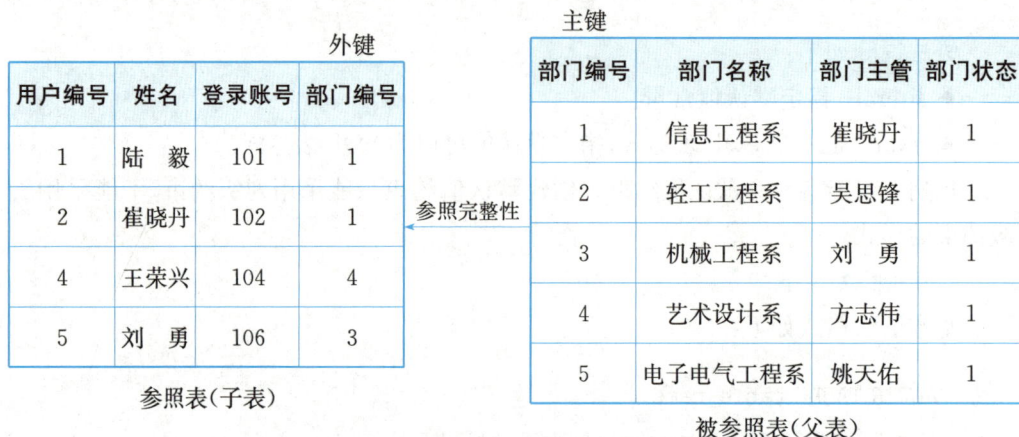

图 2-4-1 外键约束

外键约束的主要目的是控制可以存储在参照表外键中的数据，还可以控制对被参照表中数据的更改。

用户信息表中设置外键约束后，向用户信息表中插入部门编号或更新部门编号时，都会检查这个部门编号是否已经在部门信息表的部门编号中存在。如果存在，可以执行插入操作；否则数据无法正常插入，且系统会返回如下错误提示：

```
1452 - Cannot add or update a child row: a foreign key constraint fails
```

如果删除部门信息表中的一个部门，会检查这个部门的部门编号是否被用户信息表引用。如果没有被引用，可以执行删除操作；如果被引用，有 3 种可能的做法：① 不执行删除操作；② 将用户信息表中对应的部门编号设置为空，再执行删除操作；③ 将用户信息表相应的行也删除。

(1) 创建外键约束

作为表的完整性约束，其基本语法格式如下：

```
[ CONSTRAINT [ symbol ] ] FOREIGN KEY ( column_name [ , ... ] ) reference_
definition
```

其中，"reference_definition"的基本语法格式如下：

```
REFERENCES ref_table ( ref_column [ , ... ] )
    [ ON DELETE { RESTRICT | CASCADE | SET NULL | NO ACTION } ]
    [ ON UPDATE { RESTRICT | CASCADE | SET NULL | NO ACTION } ]
```

语法说明如下：

● column_name：指定外键列名。

● ref_table：指定外键所参照的表名。这个表称作被参照表（或父表），外键所在的表称作参照表（或子表）。

● ref_column：指定被参照的列名。

● ON DELETE | ON UPDATE：指定外键的参照动作分别对应于 DELETE 语句和 UPDATE 语句。

● RESTRICT：表示限制策略，即不允许删除或更新被参照表中被引用了的键值。

● CASCADE：表示级联策略，即从被参照表中删除或更新记录行时，自动删除或更新参照表中匹配的记录行。

● SET NULL：表示置空策略，即从被参照表中删除或更新记录行时，设置参照表中与之对应的外键列的值为 NULL。

● NO ACTION：表示不采取实施策略，不允许删除或更新被参照表中被引用了的键值，其作用与 RESTRICT 一样。

（2）删除外键约束

基本语法格式如下：

```
ALTER TABLE table_name
DROP FOREIGN KEY fk_symbol
```

语法说明如下：

● fk_symbol：指定要删除的外键约束名。

任务实施

数据库 beems 中各个数据表的数据完整性要求见任务 2.3 中的表 2 - 3 - 2～表 2 - 3 - 8。

2.4.1 使用图形化工具创建和管理约束

主键约束、非空约束、默认值约束已在创建数据表时设置过了，本任务不再介绍。

1. 创建和管理唯一约束

例 2 - 4 - 1 给用户信息表 tuserinfo 中的姓名 sUserName 列设置唯一约束，约束名为"uq_username"。

使用 Navicat for MySQL 设置唯一约束的具体操作步骤如下：

步骤 1：打开 Navicat for MySQL，连接到 MySQL 服务器。在导航窗格中，依次展开"beems"→"表"节点。右键单击用户信息表"tuserinfo"，在弹出的快捷菜单中选择"设计表"命令，打开"表"设计器，选择"索引"选项卡，如图 2-4-2 所示。

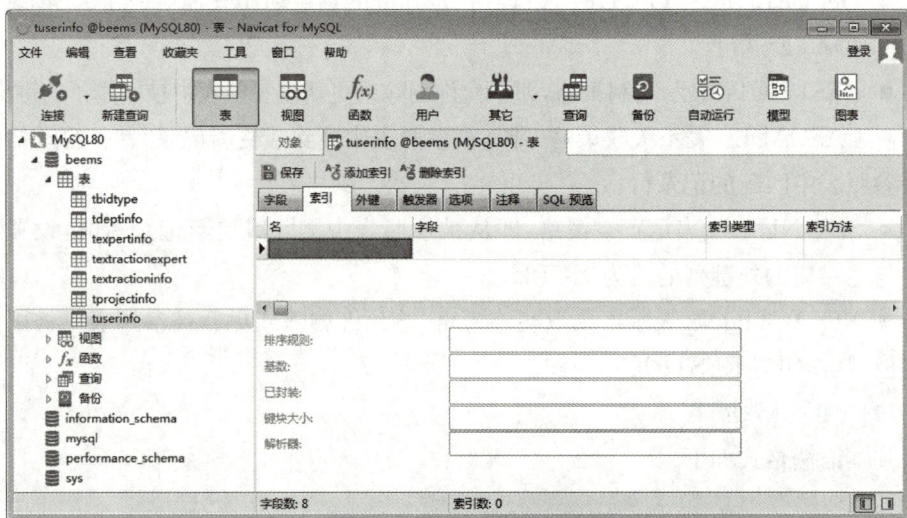

图 2-4-2　选择"索引"选项卡

步骤 2：单击对象工具栏中的"添加索引"按钮，在"名"列中输入约束名称"uq_username"，单击"字段"列中的 ⋯ 按钮，将显示用户信息表中的所有字段，勾选"sUserName"字段，如图 2-4-3 所示。设置完成后，单击"确定"按钮返回。

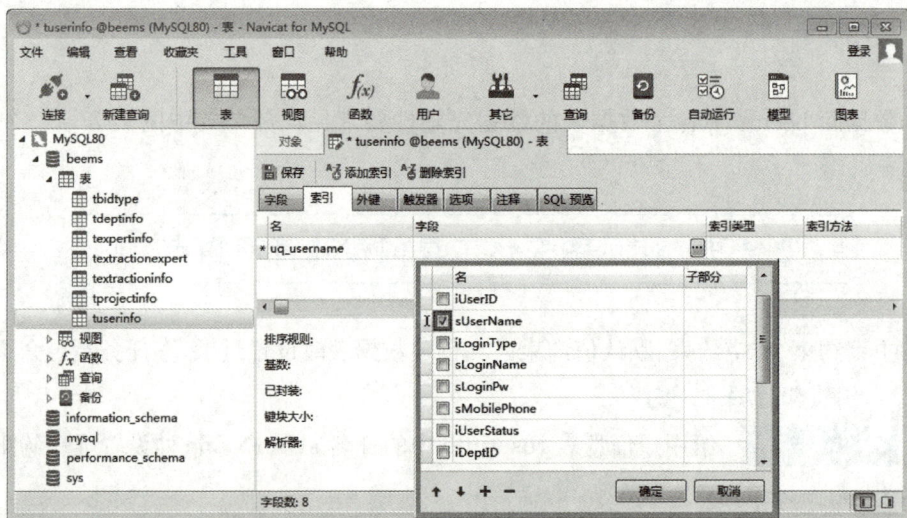

图 2-4-3　添加索引

数据库应用技术(MySQL)

步骤 3： 在"索引类型"列中通过下拉列表选择"UNIQUE"，如图 2-4-4 所示。

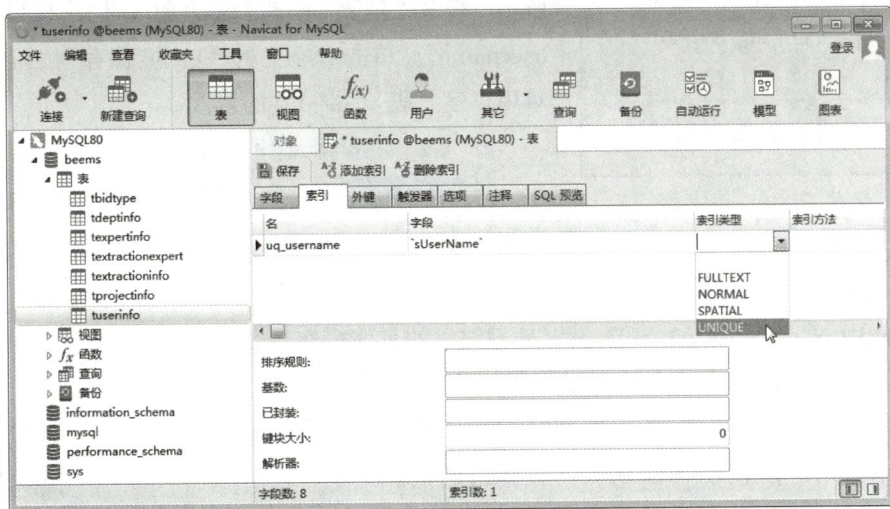

图 2-4-4　选择"索引类型"

步骤 4： 设置完成后，单击对象工具栏中的"保存"按钮，唯一约束就设置完成了。

例 2-4-2　删除用户信息表 tuserinfo 中的唯一约束 uq_username。

使用 Navicat for MySQL 删除唯一约束的具体操作步骤如下：

步骤 1： 打开 Navicat for MySQL，连接到 MySQL 服务器。在导航窗格中，依次展开"beems"→"表"节点。右键单击用户信息表"tuserinfo"，在弹出的快捷菜单中选择"设计表"命令，打开"表"设计器，选择"索引"选项卡，显示"tuserinfo"中已创建的索引。

步骤 2： 右键单击"uq_username"，在弹出的快捷菜单中选择"删除索引"命令，如图 2-4-5 所示。

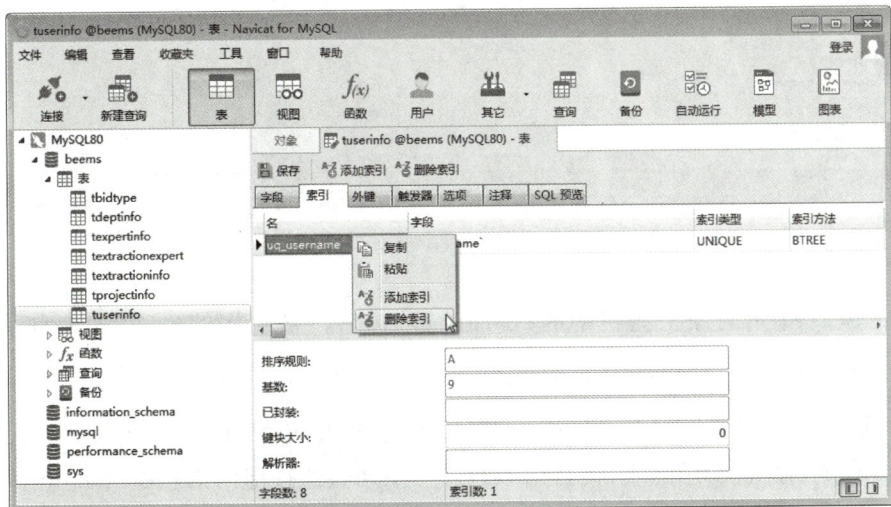

图 2-4-5　选择"删除索引"命令

模块 2　创建数据库

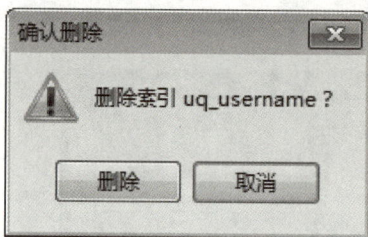

图 2-4-6 "确认删除"对话框

步骤 3：弹出"确认删除"对话框，如图 2-4-6 所示。单击"删除"按钮，成功删除唯一约束"uq_username"。单击对象工具栏中的"保存"按钮，保存对用户信息表 tuserinfo 的修改。

2. 创建和管理外键约束

例 2-4-3 给用户信息表 tuserinfo 中的部门编号 iDeptID 列设置外键约束，使该列的值参照部门信息表 tdeptinfo 的主键 iDeptID。

使用 Navicat for MySQL 设置外键约束的具体操作步骤如下：

步骤 1：打开 Navicat for MySQL，连接到 MySQL 服务器。在导航窗格中，依次展开"beems"→"表"节点。右键单击用户信息表"tuserinfo"，在弹出的快捷菜单中选择"设计表"命令，打开"表"设计器，选择"外键"选项卡，如图 2-4-7 所示。

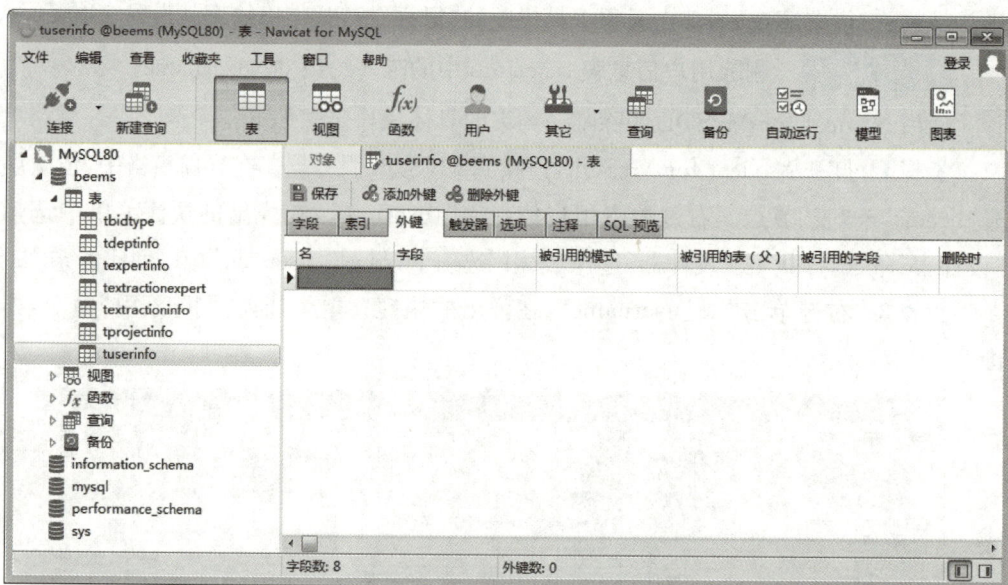

微课讲解：
设置外键约束

图 2-4-7 选择"外键"选项卡

步骤 2：单击对象工具栏中的"添加外键"按钮，"被引用的模式"列中自动填充"beems"。单击"字段"列中的 ⋯ 按钮，将显示用户信息表中的所有字段，勾选"iDeptID"字段，如图 2-4-8 所示。设置完成后，单击"确定"按钮返回。

步骤 3：在"被引用的表（父）"列中通过下拉列表选择部门信息表"tdeptinfo"。单击"被引用的字段"列中的 ⋯ 按钮，将显示部门信息表中的所有字段，勾选被引用的

数据库应用技术（MySQL）

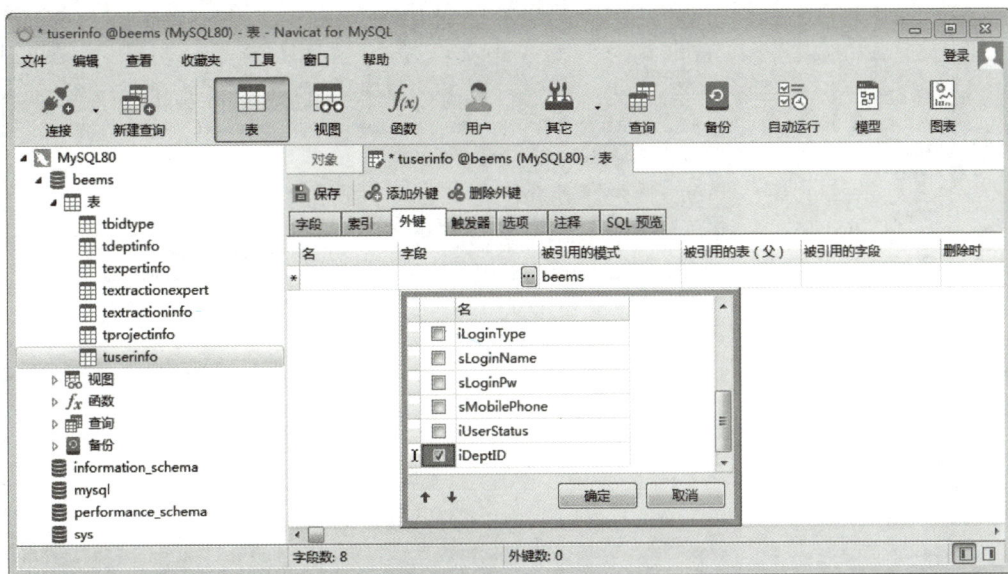

图 2－4－8　勾选"iDeptID"字段

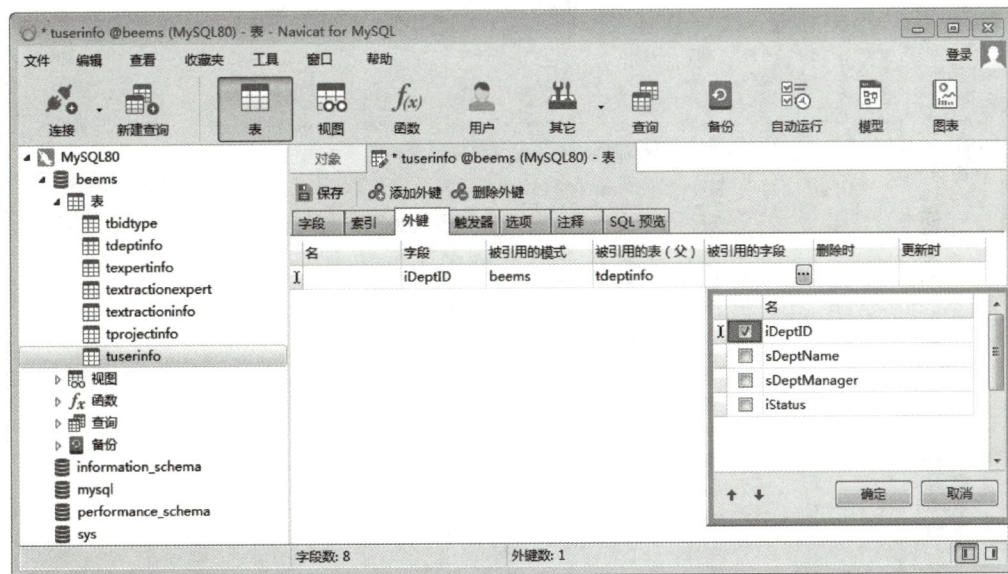

图 2－4－9　勾选被引用的"iDeptID"字段

"iDeptID"字段，如图 2－4－9 所示。设置完成后，单击"确定"按钮返回。

　　步骤 4：单击对象工具栏中的"保存"按钮，外键创建完成，"名"列中显示系统提供的外键名称，如图 2－4－10 所示。"删除时"和"更新时"两列自动填充"RESTRICT"。

　　步骤 5：切换到"索引"选项卡，可以看到在"tuserinfo"中的"iDeptID"列上自动生成了一个普通索引，如图 2－4－11 所示。

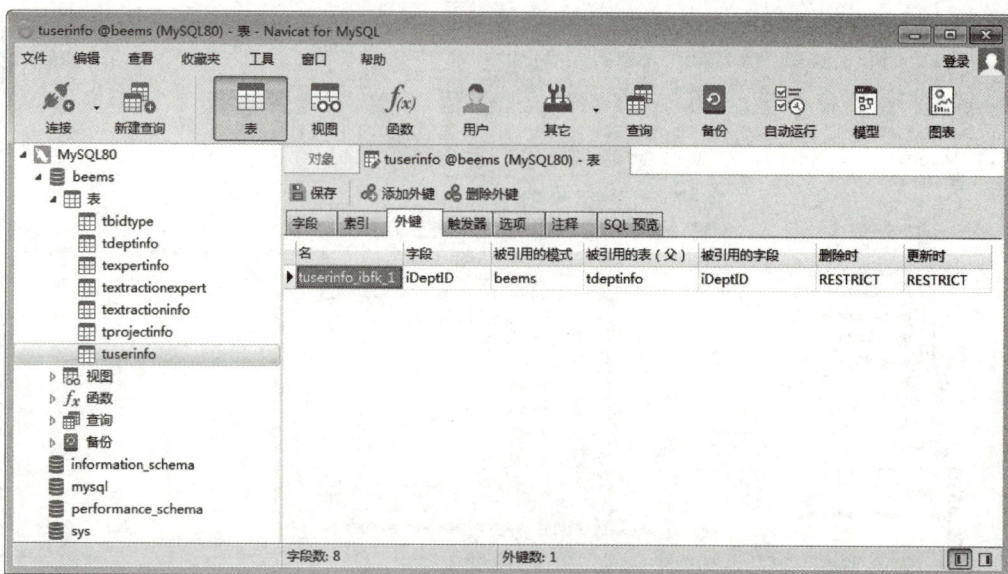

图 2 - 4 - 10 保存外键

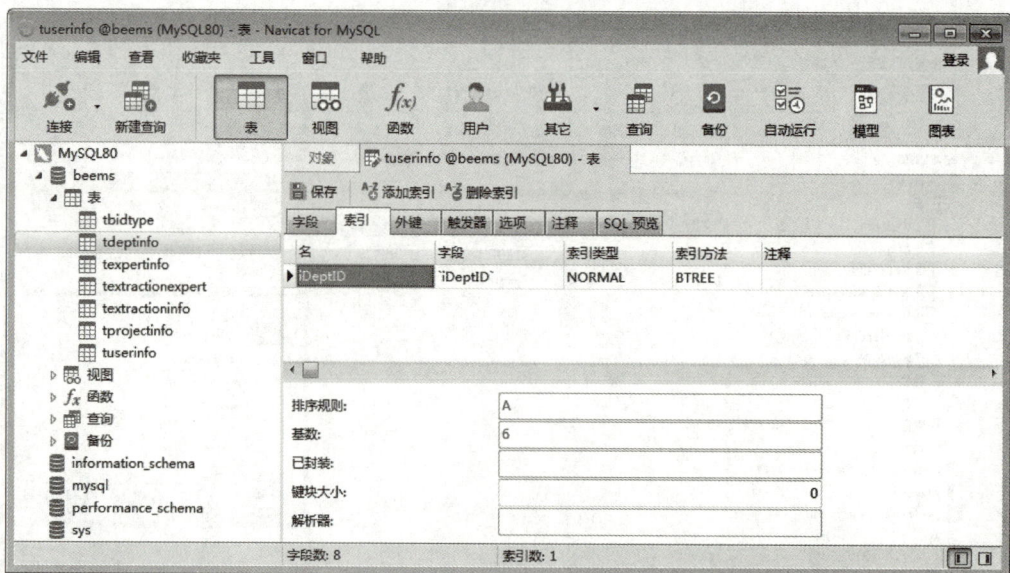

图 2 - 4 - 11 自动生成索引

例 2 - 4 - 4 修改用户信息表 tuserinfo 中外键约束名称为"fk_user_dept"。

使用 Navicat for MySQL 修改外键约束的具体操作步骤如下：

步骤 1：打开 Navicat for MySQL，连接到 MySQL 服务器。在导航窗格中，依次展开"beems"→"表"节点。右键单击用户信息表"tuserinfo"，在弹出的快捷菜单中选择"设计表"命令，打开"表"设计器。

步骤 2：选择"外键"选项卡，在"名"列中输入"fk_user_dept"，如图 2 - 4 - 12 所示。

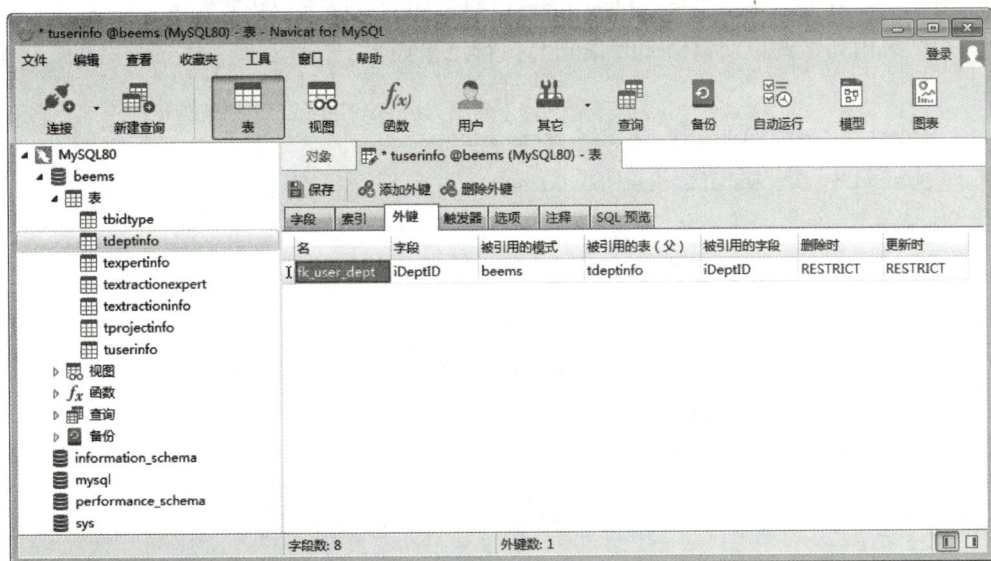

图 2 - 4 - 12　修改外键约束名称

步骤 3：单击对象工具栏中的"保存"按钮，保存对用户信息表 tuserinfo 的修改，外键约束名称修改成功。

例 2 - 4 - 5　删除用户信息表 tuserinfo 中的外键约束 fk_user_dept。

使用 Navicat for MySQL 删除外键约束的具体操作步骤如下：

步骤 1：打开 Navicat for MySQL，连接到 MySQL 服务器。在导航窗格中，依次展开"beems"→"表"节点。右键单击用户信息表"tuserinfo"，在弹出的快捷菜单中选择"设计表"命令，打开"表"设计器。

步骤 2：选择"外键"选项卡，选中外键"fk_user_dept"，单击对象工具栏中的"删除外键"按钮，或者右键单击外键"fk_user_dept"，在弹出的快捷菜单中选择"删除外键"命令，弹出"确认删除"对话框，如图 2 - 4 - 13 所示。单击"删除"按钮，成功删除外键约束。

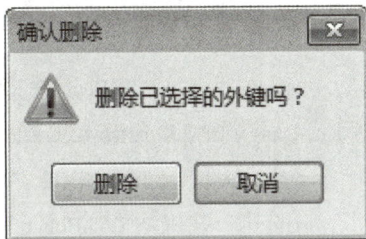

图 2 - 4 - 13　"确认删除"对话框

步骤 3：单击对象工具栏中的"保存"按钮，保存对用户信息表 tuserinfo 的修改。

2.4.2　使用 SQL 语句创建和管理约束

1. 创建和管理主键约束

例 2 - 4 - 6　创建部门信息表 tdeptinfo，表结构参见表 2 - 3 - 2。设置部门编号

iDeptID 为主键,部门状态 iStatus 的默认值为"1"。

分析：设置部门编号 iDeptID 为主键,可以采用列级约束或表级约束。

（1）采用列级约束,具体 SQL 语句与执行结果如下：

```
mysql> DROP TABLE IF EXISTS tdeptinfo;
Query OK, 0 rows affected (0.03 sec)

mysql> CREATE TABLE tdeptinfo
    -> (
    ->     iDeptID int NOT NULL AUTO_INCREMENT PRIMARY KEY,
    ->     sDeptName varchar(50),
    ->     sDeptManager varchar(20),
    ->     iStatus tinyint DEFAULT 1
    -> );
Query OK, 0 rows affected (0.05 sec)
```

提示：

作为列的完整性约束,只须要在 iDeptID 列的属性定义后加上关键字
"PRIMARY KEY"即可。

（2）采用表级约束,具体 SQL 语句与执行结果如下：

```
mysql> DROP TABLE IF EXISTS tdeptinfo;
Query OK, 0 rows affected (0.03 sec)

mysql> CREATE TABLE tdeptinfo
    -> (
    ->     iDeptID int NOT NULL AUTO_INCREMENT,
    ->     sDeptName varchar(50),
    ->     sDeptManager varchar(20),
    ->     iStatus tinyint DEFAULT 1,
    ->     PRIMARY KEY ( iDeptID )
    -> );
Query OK, 0 rows affected (0.03 sec)
```

例 2 - 4 - 7 在专家信息表 texpertinfo 的专家编号 iExpertID 列上添加一个名
称为"pk_texpertinfo"的主键约束，并设置 iExpertID 列自动递增。

分析：为了演示在现有表中添加主键约束的效果，先查看专家信息表 texpertinfo
的 iExpertID 列是否已经设置为主键和自动递增，如果已经设置，就先删除掉。

具体 SQL 语句与执行结果如下：

```
mysql> ALTER TABLE texpertinfo
    -> MODIFY COLUMN iExpertID int AUTO_INCREMENT,
    -> ADD CONSTRAINT pk_texpertinfo PRIMARY KEY ( iExpertID );
Query OK, 0 rows affected (0.10 sec)
Records：0  Duplicates：0  Warnings：0
```

2. 创建和管理唯一约束

例 2 - 4 - 8 创建参评类别信息表 tbidtype，表结构见表 2 - 3 - 4，并在参评类别
名称 sBidTypeName 列上创建唯一约束，设置状态默认值为"1"。

（1）采用列级约束，具体 SQL 语句与执行结果如下：

```
mysql> DROP TABLE IF EXISTS tbidtype;
Query OK, 0 rows affected (0.02 sec)

mysql> CREATE TABLE tbidtype
    -> (
    ->   iBidTypeID int NOT NULL AUTO_INCREMENT PRIMARY KEY,
    ->   sBidTypeName varchar(50) UNIQUE,
    ->   iStatus tinyint DEFAULT 1
    -> );
Query OK, 0 rows affected (0.03 sec)
```

（2）采用表级约束，具体 SQL 语句与执行结果如下：

```
mysql> DROP TABLE IF EXISTS tbidtype;
Query OK, 0 rows affected (0.02 sec)
```

```
mysql> CREATE TABLE tbidtype
    -> (
    ->    iBidTypeID int NOT NULL AUTO_INCREMENT,
    ->    sBidTypeName varchar(50),
    ->    iStatus tinyint DEFAULT 1,
    ->    PRIMARY KEY( iBidTypeID ),
    ->    UNIQUE ( sBidTypeName )
    -> );
Query OK, 0 rows affected (0.03 sec)
```

例 2-4-9　在专家信息表 texpertinfo 中的专家编码 sExpertCode 列上添加唯一约束，约束名为"uq_expertcode"。

具体 SQL 语句与执行结果如下：

```
mysql> ALTER TABLE texpertinfo
    -> ADD CONSTRAINT uq_expertcode UNIQUE ( sExpertCode );
Query OK, 0 rows affected (0.02 sec)
Records：0　Duplicates：0　Warnings：0
```

例 2-4-10　删除专家信息表 texpertinfo 中的唯一约束 uq_expertcode。
具体 SQL 语句与执行结果如下：

```
mysql> ALTER TABLE texpertinfo
    -> DROP INDEX uq_expertcode;
Query OK, 0 rows affected (0.04 sec)
Records：0　Duplicates：0　Warnings：0
```

3. 创建和管理默认值约束

例 2-4-11　修改专家信息表 texpertinfo 中学历 sDiploma 列的默认值为"本科"。

具体 SQL 语句与执行结果如下：

```
mysql> ALTER TABLE texpertinfo
    -> ALTER COLUMN sDiploma SET DEFAULT '本科';
Query OK, 0 rows affected (0.02 sec)
Records：0　Duplicates：0　Warnings：0
```

例 2 - 4 - 12 删除专家信息表 texpertinfo 中学历 sDiploma 列的默认值。

具体 SQL 语句与执行结果如下：

```
mysql> ALTER TABLE texpertinfo
    -> ALTER COLUMN sDiploma DROP DEFAULT;
Query OK, 0 rows affected (0.02 sec)
Records：0  Duplicates：0  Warnings：0
```

4. 创建和管理检查约束

例 2 - 4 - 13 在专家信息表 texpertinfo 中创建检查约束，要求性别 sSex 的值为"男"或"女"。

具体 SQL 语句与执行结果如下：

```
mysql> ALTER TABLE texpertinfo
    -> ADD CONSTRAINT check_sex CHECK ( sSex = '男' or sSex = '女' );
Query OK, 0 rows affected (0.08 sec)
Records：0  Duplicates：0  Warnings：0
```

添加数据进行测试，具体 SQL 语句与执行结果如下：

```
mysql> INSERT INTO texpertinfo( iExpertID, sExpertCode, sName, sSex )
    -> VALUES( NULL, '888888', '李伟', 'M' );
3819 - Check constraint 'check_sex' is violated.
```

在性别 sSex 列中设置了检查约束后，添加数据时，如果 sSex 列中的值不是"男"或"女"，则添加数据失败，并且系统返回错误提示。

例 2 - 4 - 14 删除专家信息表 texpertinfo 的检查约束 check_sex。

具体 SQL 语句与执行结果如下：

```
mysql> ALTER TABLE texpertinfo
    -> DROP CHECK check_sex;
Query OK, 0 rows affected (0.02 sec)
Records：0  Duplicates：0  Warnings：0
```

5. 创建和管理外键约束

例 2 - 4 - 15 创建用户信息表 tuserinfo，表结构参见表 2 - 3 - 3。

分析：根据用户信息表的结构可知，在部门编号 iDeptID 列上有外键约束，使该列的值参照部门信息表 tdeptinfo 的主键 iDeptID。

具体 SQL 语句与执行结果如下：

```
mysql> DROP TABLE IF EXISTS tuserinfo ;
Query OK, 0 rows affected (0.02 sec)

mysql> CREATE TABLE tuserinfo
    -> (
    ->    iUserID int NOT NULL AUTO_INCREMENT PRIMARY KEY ,
    ->    sUserName varchar(50) ,
    ->    iLoginType tinyint ,
    ->    sLoginName varchar(50) ,
    ->    sLoginPw varchar(100) ,
    ->    sMobilePhone varchar(20) ,
    ->    iUserStatus tinyint ,
    ->    iDeptID int ,
    ->    CONSTRAINT fk_user_dept FOREIGN KEY ( iDeptID )
    ->       REFERENCES tdeptinfo ( iDeptID )
    -> );
Query OK, 0 rows affected (0.03 sec)
```

例 2-4-16 创建抽取专家列表 textractionexpert，表结构参见表 2-3-8。

分析： 根据抽取专家列表的结构可知，在编号 iID 列上有主键约束，在项目编号 iProjectID 列、抽取编号 iExtractionID 列、专家编号 iExpertID 列上有外键约束。

具体 SQL 语句与执行结果如下：

```
mysql> DROP TABLE IF EXISTS textractionexpert;
Query OK, 0 rows affected (0.03 sec)

mysql> CREATE TABLE textractionexpert
    -> (
    ->    iID int NOT NULL AUTO_INCREMENT PRIMARY KEY,
    ->    iProjectID int,
    ->    iExtractionID int,
    ->    iExpertID int,
    ->    sExpression varchar(20),
```

```
    ->    sAssess varchar(50),
    ->    CONSTRAINT fk_extraexpert_proj FOREIGN KEY ( iProjectID )
    ->        REFERENCES tprojectinfo ( iProjectID ),
    ->    CONSTRAINT fk_extraexpert_extra FOREIGN KEY ( iExtractionID )
    ->        REFERENCES textractioninfo ( iExtractionID ),
    ->    CONSTRAINT fk_extraexpert_expert FOREIGN KEY ( iExpertID )
    ->        REFERENCES texpertinfo ( iExpertID )
    -> );
Query OK, 0 rows affected (0.07 sec)
```

例 2-4-17　给项目信息表 tprojectinfo 中的用户编号 iUserID 列添加一个名称为"fk_project_user"的外键约束,使该列的值参照用户信息表 tuserinfo 的主键 iUserID。

具体 SQL 语句与执行结果如下:

```
mysql> ALTER TABLE tprojectinfo
    -> ADD CONSTRAINT fk_project_user FOREIGN KEY ( iUserID )
    ->        REFERENCES tuserinfo ( iUserID );
Query OK, 0 rows affected (0.09 sec)
Records: 0  Duplicates: 0  Warnings: 0
```

例 2-4-18　删除项目信息表 tprojectinfo 中的外键约束 fk_project_user。

具体 SQL 语句与执行结果如下:

```
mysql> ALTER TABLE tprojectinfo
    -> DROP FOREIGN kEY fk_project_user;
Query OK, 0 rows affected (0.04 sec)
Records: 0  Duplicates: 0  Warnings: 0
```

经验分享

定义了数据完整性约束后,每次更新数据时,数据库服务器都会检查更新的数据内容是否符合相关的完整性约束,只有符合完整性约束条件的更新才能成功。

不能直接修改完整性约束,如果要修改某个约束,一般先删除该约束,然后再增加一个新约束。

巩固习题

1. 选择题

（1）参照完整性的作用是（　　）。

A. 检查字段数据的输入

B. 记录表中相关字段之间的数据有效性

C. 检查表中数据的完整性

D. 检查相关表之间的数据一致性

（2）数据库中数据的正确性、有效性和相容性称为（　　）。

A. 备份   B. 完整性

C. 安全性   D. 并发性

（3）在关系型数据库中，（　　）。

A. 主键列的各值不允许重复   B. 主键允许为空值

C. 只允许以表中第一字段建立主键   D. 允许有多个主键

（4）下列关于主键约束和唯一约束的描述中，错误的是（　　）。

A. 两者都要求属性值唯一，故两者的作用完全一样

B. 每个表上只能定义一个主键约束

C. 每个表上可以定义多个唯一约束

D. 建立唯一约束的属性列上，允许属性值为空

（5）设有商品库存表，规定表中的库存量值必须大于或等于 0。根据这个规定应建立（　　）。

A. 用户定义完整性约束   B. 实体完整性约束

C. 参照完整性约束   D. 默认值约束

（6）如果要在一张管理职工工资的表中限制工资的输入范围，应使用（　　）约束。

A. 主键   B. 外键

C. 唯一   D. 检查

（7）下面哪一个约束可用来禁止输入重复值？（　　）。

A. UNIQUE   B. NULL

C. DEFAULT   D. FOREIGN KEY

（8）下列关于外键的说法中正确的是（　　）。

A. 外键必须和相应的主键同名

B. 外键值不允许为空

C. 外键和相应的主键可以不同名，只要定义在相同域上即可

D. 外键的取值只允许等于所参照关系中的某个主键值

2. 填空题

(1) 在创建表时不允许某列为空,则可以使用_____约束。

(2) 数据表中字段的唯一性约束是通过关键字_____定义的。

(3) 数据完整性有 3 种类型:_____、_____和_____。

3. 简答题

(1) 简述数据完整性的含义。

(2) 简述主键约束与唯一约束的区别。

技能训练

实训: 使用图形化工具或 SQL 语句在简明门诊管理系统数据库 his 中设置数据完整性约束,各个数据表的数据完整性要求见表 2-4-1～表 2-4-7。

任务工单:
任务 2.4
实训任务工单

表 2-4-1　科室信息表 department

字 段 名 称	数据类型	长度	是否允许为空	约　　束
dep_ID	int		否	主键,自动递增
dep_Name	varchar	50	是	
dep_Address	varchar	200	是	

表 2-4-2　医生信息表 doctor

字 段 名 称	数据类型	长度	是否允许为空	约　　束
d_ID	int		否	主键,自动递增
d_Name	varchar	50	是	
d_Sex	char	1	是	男或女
d_Profession	varchar	50	是	
d_LoginName	varchar	50	是	
d_LoginPSW	varchar	50	是	
dep_ID	int		是	外键(参照表 2-4-1)

表 2 - 4 - 3　就诊状态表 patientstatus

字 段 名 称	数据类型	长度	是否允许为空	约　　束
ps_ID	int		否	主键,自动递增
ps_Name	varchar	20	是	唯一
ps_Remark	varchar	100	是	

表 2 - 4 - 4　病人信息表 patient

字 段 名 称	数据类型	长度	是否允许为空	约　　束
p_ID	int		否	主键,自动递增
p_Name	varchar	50	是	
p_Sex	char	1	是	男或女
p_Address	varchar	50	是	
p_Birth	datetime		是	
ps_ID	int		是	外键(参照表 2 - 4 - 3)

表 2 - 4 - 5　诊疗信息表 diagnosis

字 段 名 称	数据类型	长度	是否允许为空	约　　束
dia_ID	int		否	主键,自动递增
d_ID	int		是	外键(参照表 2 - 4 - 2)
p_ID	int		是	外键(参照表 2 - 4 - 4)
dia_Time	datetime		是	
dia_Symptom	varchar	1 000	是	
dia_Diagnosis	varchar	1 000	是	
dia_Dispense	varchar	1 000	是	
dia_Remark	varchar	1 000	是	

表 2-4-6　挂号员信息表 worker

字 段 名 称	数据类型	长度	是否允许为空	约　　　束
w_ID	int		否	主键,自动递增
w_Name	varchar	20	是	
w_LoginName	varchar	50	是	
w_LoginPSW	varchar	50	是	

表 2-4-7　挂号信息表 register

字 段 名 称	数据类型	长度	是否允许为空	约　　　束
reg_ID	int		否	主键,自动递增
dep_ID	int		是	外键(参照表 2-4-1)
p_ID	int		是	外键(参照表 2-4-4)
w_ID	int		是	外键(参照表 2-4-6)
reg_Time	datetime		是	
reg_Fee	int		是	
reg_Order	int		是	
reg_Status	int		是	

模块 3

使用数据库

模块背景

在开发使用评标专家库管理系统之前,项目信息、专家信息等数据是以 Excel 表格的形式保存的,这些数据不必一条一条地输入到数据库 beems 中。首先可以使用数据导入功能将这些基础数据从 Excel 文件中导入到数据库 beems 的相应数据表中,然后完成数据添加、修改和删除操作;接着可以利用 SQL 语句按照用户要求从数据库中检索特定信息,还可以为查询结果排序、分组和统计运算。为了更有效地使用数据库,还须要创建视图、索引、存储过程和触发器等数据库对象。

本模块主要包括以下 5 个学习任务:

任务 3.1　数据操作

任务 3.2　数据简单查询

任务 3.3　数据高级查询

任务 3.4　视图及索引的应用

任务 3.5　存储过程及触发器的应用

使用数据库

任务3.1 数据操作

知识准备

知识点1 INSERT语句
- INSERT ... VALUES语句
- INSERT ... SET语句
- INSERT ... SELECT语句

知识点2 UPDATE语句

知识点3 DELETE语句

任务实施

3.1.1 数据导入/导出

3.1.2 添加数据
- 使用INSERT ... VALUES语句添加数据
- 使用INSERT ... SET语句添加数据
- 使用INSERT ... SELECT语句添加数据

3.1.3 修改数据
- 更新一列
- 更新多列

3.1.4 删除数据

任务3.2 数据简单查询

知识准备

知识点1 SELECT语句

知识点2 WHERE子句

知识点3 LIMIT子句

知识点4 ORDER BY子句

任务实施

3.2.1 使用SELECT语句选择列
- 查询部分列
- 查询全部列
- 更改列标题
- 查询经过计算的列值
- 去掉重复行
- 替换查询结果中的数据

3.2.2 使用WHERE子句过滤数据
- 使用比较运算符构成查询条件
- 使用逻辑运算符构成查询条件
- 使用范围运算符构成查询条件
- 使用列表运算符构成查询条件
- 使用字符匹配符构成查询条件
- 使用空值判断符构成查询条件

3.2.3 使用LIMIT子句限制返回行数

3.2.4 使用ORDER BY子句排序
- 按一列排序
- 按多列排序

使用数据库

任务3.3 数据高级查询

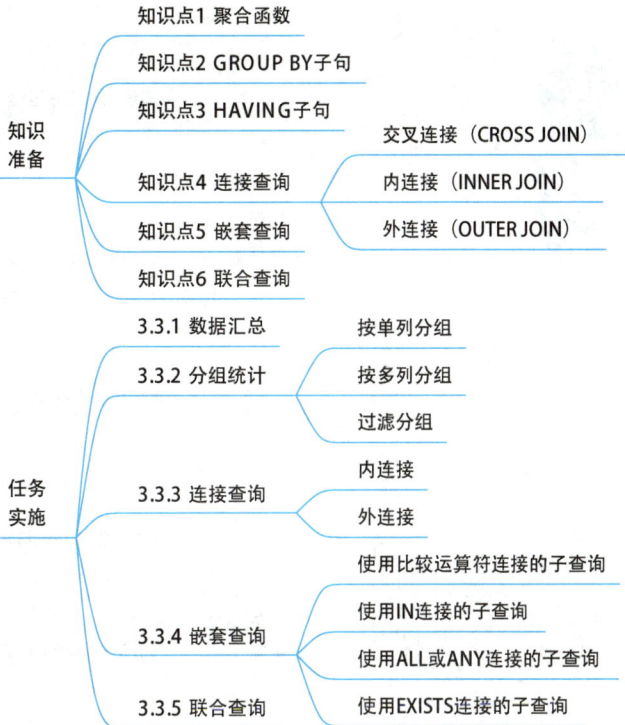

知识准备
- 知识点1 聚合函数
- 知识点2 GROUP BY子句
- 知识点3 HAVING子句
- 知识点4 连接查询
  - 交叉连接（CROSS JOIN）
  - 内连接（INNER JOIN）
  - 外连接（OUTER JOIN）
- 知识点5 嵌套查询
- 知识点6 联合查询

任务实施
- 3.3.1 数据汇总
- 3.3.2 分组统计
  - 按单列分组
  - 按多列分组
  - 过滤分组
- 3.3.3 连接查询
  - 内连接
  - 外连接
- 3.3.4 嵌套查询
  - 使用比较运算符连接的子查询
  - 使用IN连接的子查询
  - 使用ALL或ANY连接的子查询
  - 使用EXISTS连接的子查询
- 3.3.5 联合查询

任务3.4 视图及索引的应用

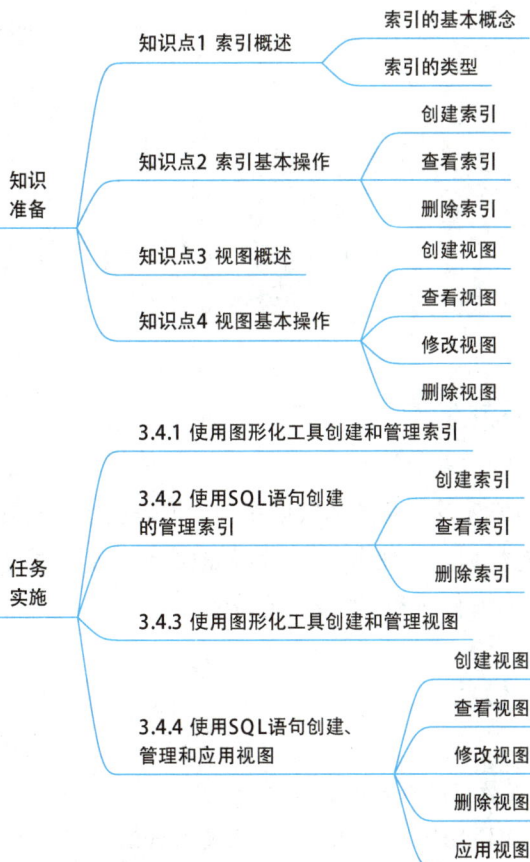

知识准备
- 知识点1 索引概述
  - 索引的基本概念
  - 索引的类型
- 知识点2 索引基本操作
  - 创建索引
  - 查看索引
  - 删除索引
- 知识点3 视图概述
  - 创建视图
- 知识点4 视图基本操作
  - 查看视图
  - 修改视图
  - 删除视图

任务实施
- 3.4.1 使用图形化工具创建和管理索引
- 3.4.2 使用SQL语句创建的管理索引
  - 创建索引
  - 查看索引
  - 删除索引
- 3.4.3 使用图形化工具创建和管理视图
- 3.4.4 使用SQL语句创建、管理和应用视图
  - 创建视图
  - 查看视图
  - 修改视图
  - 删除视图
  - 应用视图

使用数据库

任务3.5 存储过程及触发器的应用

知识准备

知识点1 存储过程
- 创建存储过程
- 调用存储过程
- 查看存储过程
- 删除存储过程

知识点2 存储函数
- 创建存储函数
- 调用存储函数
- 删除存储函数

知识点3 触发器
- 创建触发器
- 查看触发器
- 删除触发器

任务实施

3.5.1 创建和使用存储过程
- 创建和调用存储过程
- 查看存储过程
- 删除存储过程

3.5.2 创建和使用存储函数
- 创建和调用存储函数
- 删除存储函数

3.5.3 创建和使用触发器
- 创建触发器
- 查看触发器
- 删除触发器

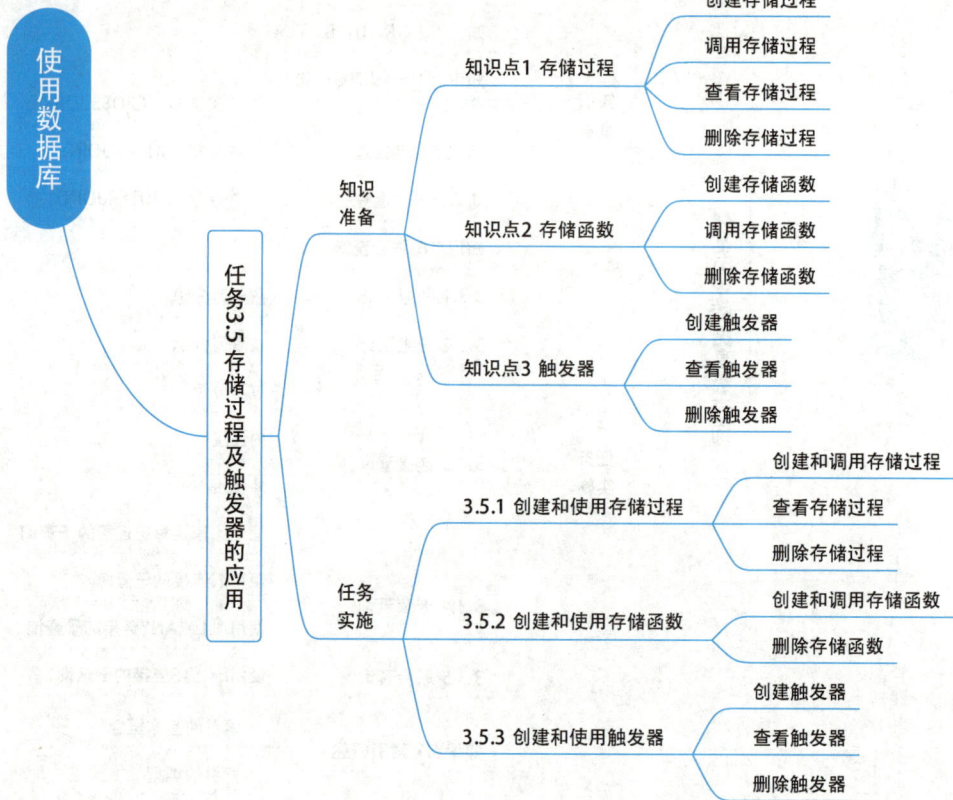

任务 3.1　数 据 操 作

▶ 任务描述

　　评标专家库管理系统的数据库和数据表已经创建好了,但是数据表只是一个空表,表中还没有数据。本任务主要学习如何将基础数据导入数据表中,并学习如何使用SQL语句添加、修改和删除表中的数据。

▶ 任务目标

● 掌握数据导入与导出方法。
● 掌握 INSERT 语句的语法及使用方法。

- 掌握 UPDATE 语句的语法及使用方法。
- 掌握 DELETE 语句的语法及使用方法。

知识准备

知识点 1　INSERT 语句

INSERT 语句用于将一行或多行数据添加到表中。INSERT 语句有 3 种语法形式。

1. INSERT ... VALUES 语句

使用 INSERT ... VALUES 语句添加数据的基本语法格式如下：

```
INSERT [ INTO ] table_name [ ( column_list ) ]
{ VALUES | VALUE } ( { expr | DEFAULT },... ), ( ... ),...
```

语法说明如下：

- INTO：是可选的关键字。
- table_name：指定要添加数据的表名。
- column_list：指定要添加数据的列名列表，必须用圆括号括起来，列名之间用逗号分隔。column_list 是可选项，如果省略，表示向表中的所有列按顺序添加数据。
- VALUES | VALUE：指定要添加的数据值列表，必须用圆括号括起来，并且数值的顺序和数据类型要与 column_list 中的相对应。可以任选一种，通常使用 VALUES。
- expr：指定列值是常量、变量或表达式，也可以是空值(NULL)。
- DEFAULT：指定列值为该列的默认值。

> **提示：**
> (1) SQL 语句语法格式中的"{ | }"表示可任选一项与花括号外的语法成分组成 SQL 语句。
> (2) INSERT 语句只为指定的列添加数据，其他没有被指定的列的取值情况如下：
> - 如果该列是自动递增列，系统会自动分配下一个序列值。
> - 如果该列有默认值，使用列的默认值。
> - 如果该列数据类型为 timestamp，系统自动为其赋值。
> - 如果该列允许为空，使用 NULL 值。

2. INSERT … SET 语句

INSERT … SET 语句可以为表中指定列添加数据,其基本语法格式如下:

```
INSERT [ INTO ] table_name
SET column_name = { expr | DEFAULT }, ...
```

语法说明如下:

- table_name:指定要添加数据的表名。
- column_name:指定要添加数据的列名。

3. INSERT … SELECT 语句

INSERT … SELECT 语句可以将 SELECT 语句查询出的结果集插入到 INSERT 后指定的表中,其基本语法格式如下:

```
INSERT [ INTO ] table_name [ ( column_list ) ]
SELECT ...
```

语法说明如下:

SELECT 语句查询出的结果集的列数、列的数据类型必须与 INSERT 后指定的表一致。

知识点 2 UPDATE 语句

UPDATE 语句用于修改更新表中的数据,其基本语法格式如下:

```
UPDATE table_name
SET column_name1 = { expr1 | DEFAULT } [, column_name2 = { expr2 |
DEFAULT }] ...
[ WHERE where_condition ]
```

语法说明如下:

- table_name:指定要修改数据的表的名称。
- SET:指定表中要修改的列名及其列值,其中列值可以是表达式,也可以是该列对应的默认值。
- column_name:指定要修改的列名。
- expr:指定列值是常量、变量或表达式。
- DEFAULT:指定列值是该列的默认值。
- WHERE 子句:指定条件来限定表中要修改的行。如果没有 WHERE 子句,则会修改表中所有行的指定列。

知识点 3　DELETE 语句

DELETE 语句用于从表中删除一行或多行数据,其基本语法格式如下:

```
DELETE FROM table_name
[ WHERE where_condition ]
```

语法说明如下:

● table_name:指定要删除数据的表的名称。

● WHERE 子句:指定条件来限制表中要删除的行。如果没有 WHERE 子句,则删除表中的所有行。

提示:

DELETE 语句是删除表中的数据,而不是删除表的结构。

任务实施

3.1.1　数据导入/导出

为了确保成功向数据库 beems 中导入数据,在导入数据前,先将数据表中设置的外键约束删除,数据成功导入后,再重新进行设置。

例 3-1-1　将 beems. xlsx 文件中的数据导入数据库 beems 的相应数据表中。

使用 Navicat for MySQL 导入数据的具体操作步骤如下:

步骤 1:打开 Navicat for MySQL,连接到 MySQL 服务器。在导航窗格中,双击展开"beems"节点,右键单击"表"节点,在弹出的快捷菜单中选择"导入向导"命令,如图 3-1-1 所示。

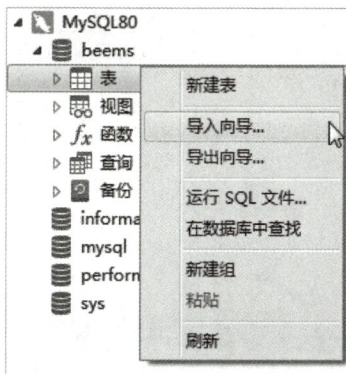

微课讲解:

导入数据

图 3-1-1　选择"导入向导"命令

步骤 2：打开"导入向导"对话框，进入选择导入类型页，如图 3-1-2 所示。列出所有可以导入的文件类型。本例须要将数据从 Excel 文件导入数据库 beems 中，因此这里选择"Excel 文件（＊.xls；＊.xlsx）"单选按钮，然后单击"下一步"按钮。

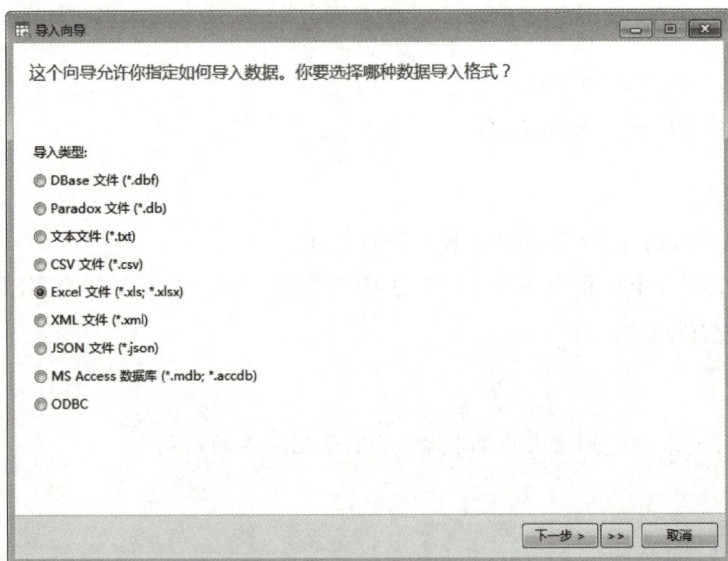

图 3-1-2　选择导入类型页

步骤 3：进入选择数据源页，如图 3-1-3 所示。单击"导入从"文本框右侧的 按钮，在弹出的"打开"对话框中找到"beems.xlsx"文件，再单击"打开"按钮将该文件选作数据源，这时选择数据源页的"表"列表框中显示数据源的所有表名，单击"全选"按钮，选中所有表，然后单击"下一步"按钮。

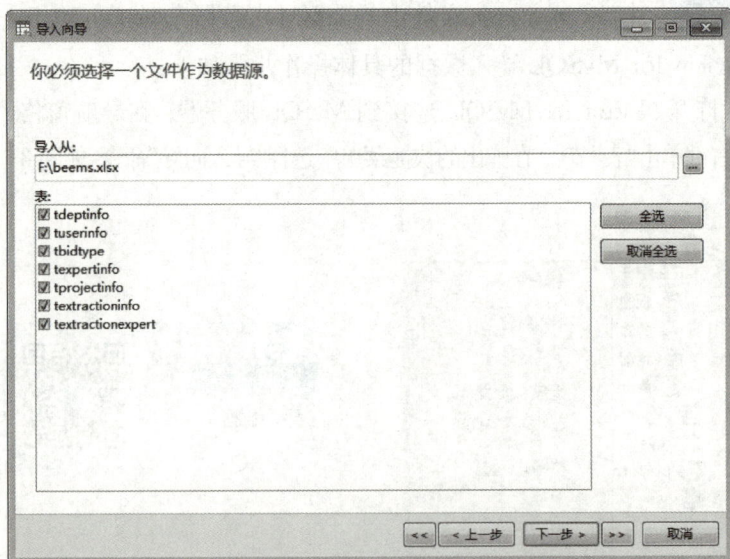

图 3-1-3　选择数据源页

步骤 4：进入定义附加选项页，如图 3－1－4 所示。这里使用默认设置，直接单击"下一步"按钮。

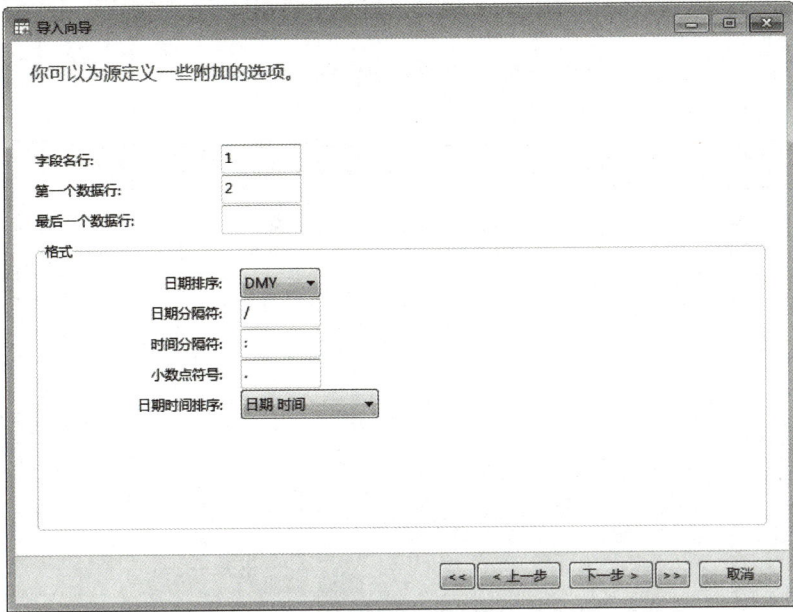

图 3－1－4　定义附加选项页

步骤 5：进入选择目标表页，如图 3－1－5 所示。可以选择现有的表，或输入新的表名，这里选择数据库 beems 中现有的表，然后单击"下一步"按钮。

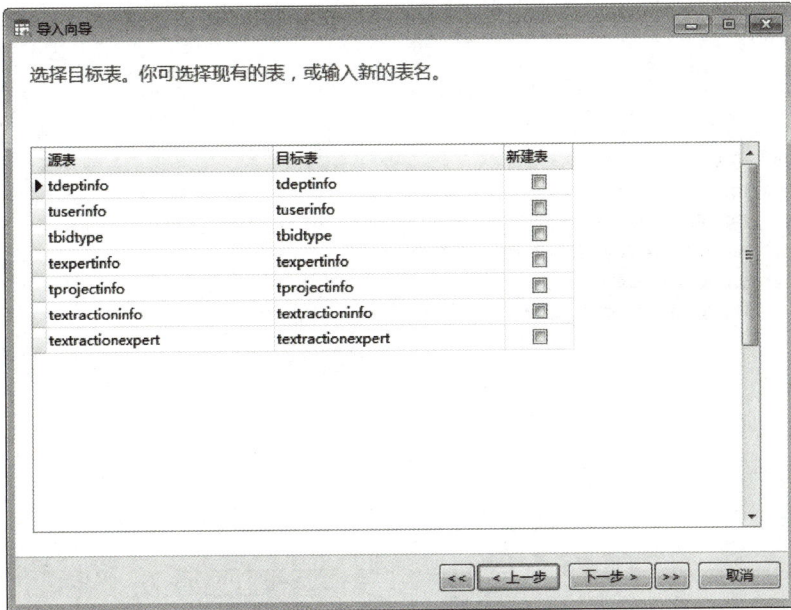

图 3－1－5　选择目标表页

步骤 6： 进入定义字段映射页，如图 3-1-6 所示。在"源表"下拉列表中选择源表，然后指定"源字段"和"目标字段"之间的对应关系，设置完所有表后，单击"下一步"按钮。

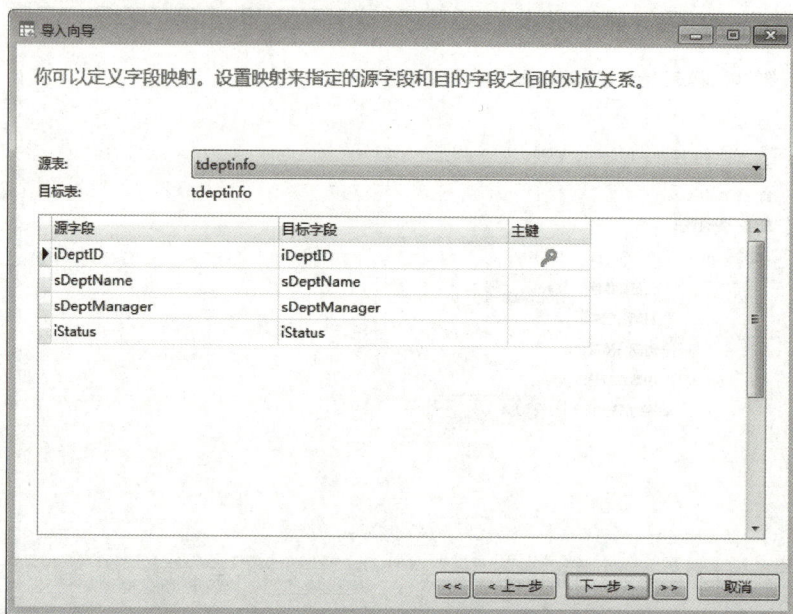

图 3-1-6　定义字段映射页

步骤 7： 进入选择导入模式页，如图 3-1-7 所示。根据需要选择相应的导入模式，这里选择"追加：添加记录到目标表"单选按钮，然后单击"下一步"按钮。

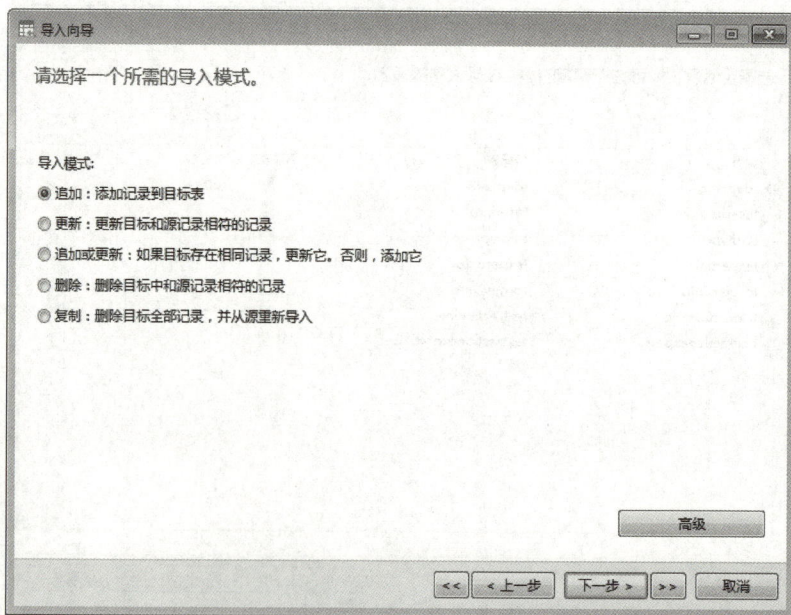

图 3-1-7　选择导入模式页

步骤 8：进入收集信息页，单击"开始"按钮，开始进行数据导入。导入完成后，页面显示导入数据的相关信息，如图 3 - 1 - 8 所示。页面中"Finished successfully"说明数据导入成功。单击"关闭"按钮，关闭"导入向导"对话框，完成数据导入操作。

这时可以打开数据库 beems 的数据表，查看导入的数据是否正确。

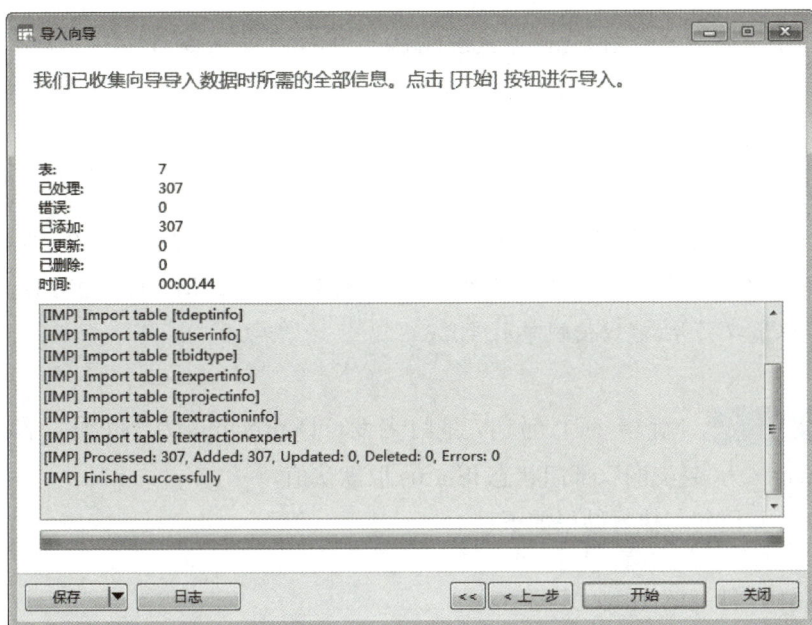

图 3 - 1 - 8　收集信息页

> **提示：**
> 使用图形化工具导出数据的操作步骤和导入数据大致相同，在此不再详细介绍。

3.1.2　添 加 数 据

1. 使用 INSERT ... VALUES 语句添加数据

INSERT ... VALUES 语句的语法比较复杂，可以归纳如下：

```
INSERT ［ INTO ］表名 ［（ 列名 1，列名 2，... ）］VALUES（ 值 1，值 2，... ）
```

语法说明如下：

将"VALUES"后面的值插入到表中新记录的对应列中。其中，"值 1"插入到新记录的"列名 1","值 2"插入到"列名 2"中……"VALUES"后面值的顺序要与表名后面列的顺序一一对应。

例 3-1-2 在部门信息表 tdeptinfo 中,新增一个部门,已知部门名称 sDept-Name 为"工会"。

具体 SQL 语句与执行结果如下:

```
mysql> INSERT tdeptinfo ( sDeptName ) VALUES ( '工会' );
Query OK, 1 row affected ( 0.00 sec )
```

> **提示:**
>
> 本例省略了关键字 INTO。为部门信息表 tdeptinfo 的部分列赋值,不能省略表名后的列名。列值"工会"为字符型,须要用引号括起来(MySQL 中可以用单引号,也可以用双引号,建议使用单引号)。

例 3-1-3 新增一个部门,部门名称 sDeptName 为"团委",部门主管 sDeptManager 为"赵美丽",部门状态 iStatus 取默认值。

具体 SQL 语句与执行结果如下:

```
mysql> INSERT INTO tdeptinfo
    -> VALUES ( NULL, '团委', '赵美丽', DEFAULT );
Query OK, 1 row affected ( 0.01 sec )
```

等同于:

```
INSERT INTO tdeptinfo ( iDeptID, sDeptName, sDeptManager, iStatus )
VALUES ( NULL, '团委', '赵美丽', DEFAULT );
```

> **提示:**
>
> 本例向部门信息表 tdeptinfo 的所有列按顺序添加数据,因此可以省略表名后的列名列表,此时要求给出的值的顺序与数据表的结构相对应。尽管这种方式的语法比较简单,但它高度依赖于表中所有列的定义顺序,在表的结构发生改变时,INSERT 语句就会出错,所以应尽量在表名后给出列名列表,这样即使表的结构发生改变,INSERT 语句仍能正确执行。
>
> 其中,iDeptID 列是自动递增列,可以设置为 NULL,也可以设置为数字 0,推荐

使用 NULL，该列的值是由系统自动生成。iStatus 列设置了默认值为"1"，所以可以用"DEFAULT"表示该列取默认值。

例 3-1-4　在部门信息表 tdeptinfo 中，添加以下部门：马克思主义学院、执纪审查处、海外教育学院。

具体 SQL 语句与执行结果如下：

```
mysql> INSERT INTO tdeptinfo ( sDeptName )
    -> VALUES ('马克思主义学院'),
    ->        ('执纪审查处'),
    ->        ('海外教育学院');
Query OK, 3 rows affected (0.01 sec)
Records：3  Duplicates：0  Warnings：0
```

2. 使用 INSERT ... SET 语句添加数据

例 3-1-5　新增一个部门，部门名称 sDeptName 为"创新创业学院"，部门主管 sDeptManager 为"吴伟"。

具体 SQL 语句与执行结果如下：

```
mysql> INSERT INTO tdeptinfo
    -> SET sDeptName = '创新创业学院', sDeptManager = '吴伟';
Query OK, 1 row affected (0.01 sec)
```

3. 使用 INSERT ... SELECT 语句添加数据

例 3-1-6　将项目信息表 tprojectinfo 中项目状态 iProjectStatus 为"2"的项目信息插入到新建的表 tprojecttemp 中。

具体 SQL 语句与执行结果如下：

```
mysql> CREATE TABLE tprojecttemp
    -> ( sProjectName varchar(100),
    ->   iProjectStatus tinyint,
    ->   sLeaderUser varchar(50)
    -> );
Query OK, 0 rows affected (0.03 sec)
```

```
mysql> INSERT INTO tprojecttemp
    -> SELECT sProjectName, iProjectStatus, sLeaderUser
    -> FROM tprojectinfo
    -> WHERE iProjectStatus = 2;
Query OK, 2 rows affected (0.01 sec)
Records：2  Duplicates：0  Warnings：0
```

提示：

使用 Navicat for MySQL 添加数据的具体操作步骤如下：

步骤1：在导航窗格中，依次双击"beems"→"表"→"texpertinfo"，打开专家信息表"texpertinfo"，单击编辑区左下角的"➕"按钮，增加一个空行，等待用户输入数据，如图 3-1-9 所示。

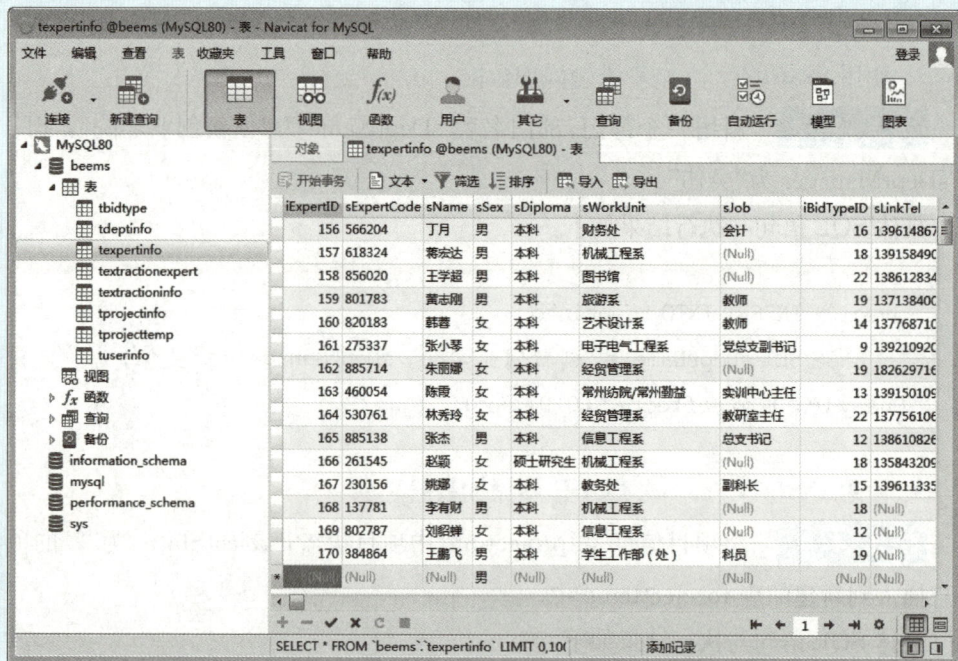

图 3-1-9 增加一个空行

步骤2：将光标定位到要添加数据的列，输入数据，最后单击编辑区左下角的"✔"按钮，即可成功添加一条记录，如图 3-1-10 所示。如果输入的数据不符合约束条件的限制，就会提示错误信息，并且不能成功添加数据。如果要取消添加数据，单击编辑区左下角的"✖"按钮。

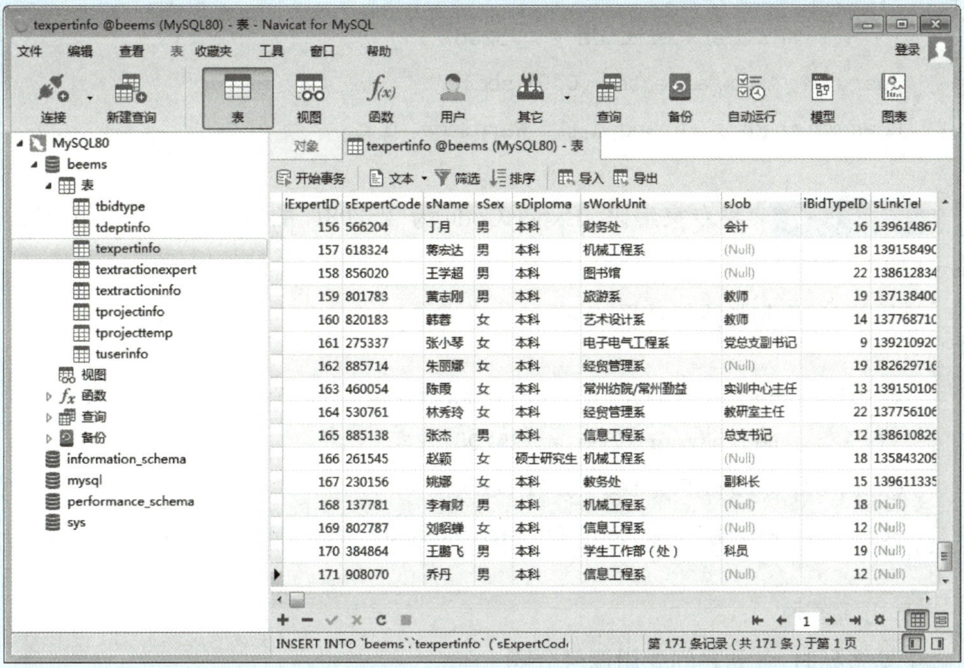

图 3 - 1 - 10　添加数据

3.1.3　修　改　数　据

可以将 UPDATE 语句基本语法格式归纳如下：

UPDATE 表名 SET 列名 1 = 表达式 1［，列名 2 = 表达式 2］...
［WHERE 条件］

语法说明如下：

对表中满足 WHERE 条件的数据行进行修改，由 SET 子句将表达式的值替换相应列的值。如果没有 WHERE 子句，则修改表中所有行的指定列。

1. 更新一列

例 3 - 1 - 7　在专家信息表 texpertinfo 中，将专家编码 sExpertCode 为"252081"的专家的出生日期 dBirthDate 改成当前系统日期。

具体 SQL 语句与执行结果如下：

```
mysql> UPDATE texpertinfo SET dBirthDate = CURDATE()
    -> WHERE sExpertCode = '252081';
Query OK, 1 row affected (0.01 sec)
Rows matched: 1  Changed: 1  Warnings: 0
```

例 3-1-8   将专家编码 sExpertCode 为"252081"的专家的专家星级 iExpert Level 加 1 级。

具体 SQL 语句与执行结果如下：

```
mysql> UPDATE texpertinfo SET iExpertLevel = iExpertLevel + 1
    -> WHERE sExpertCode = '252081';
Query OK, 1 row affected (0.01 sec)
Rows matched: 1  Changed: 1  Warnings: 0
```

2. 更新多列

更新多列时，各列之间要用逗号分隔。

例 3-1-9   将专家编码 sExpertCode 为"252081"的专家的性别 sSex 改成 "女"，学历 sDiploma 改成"硕士研究生"。

具体 SQL 语句与执行结果如下：

```
mysql> UPDATE texpertinfo SET sSex = '女', sDiploma = '硕士研究生'
    -> WHERE sExpertCode = '252081';
Query OK, 1 row affected (0.01 sec)
Rows matched: 1  Changed: 1  Warnings: 0
```

> 提示：
> 使用 Navicat for MySQL 修改数据与添加数据的操作类似，找到要修改的记录，将光标定位到要修改的列，重新输入即可。

3.1.4 删 除 数 据

例 3-1-10   删除专家编码 sExpertCode 为"252081"的专家的记录。

具体 SQL 语句与执行结果如下：

```
mysql> DELETE FROM texpertinfo
    -> WHERE sExpertCode = '252081';
Query OK, 1 row affected (0.01 sec)
```

使用 Navicat for MySQL 删除数据的具体操作步骤如下:

步骤 1: 在导航窗格中,依次双击"beems"→"表"→"texpertinfo",打开专家信息表"texpertinfo",右键单击要删除的记录,在弹出的快捷菜单中选择"删除记录"命令,如图 3-1-11 所示。或者选中要删除的记录,然后单击编辑区左下角的"▬"按钮。

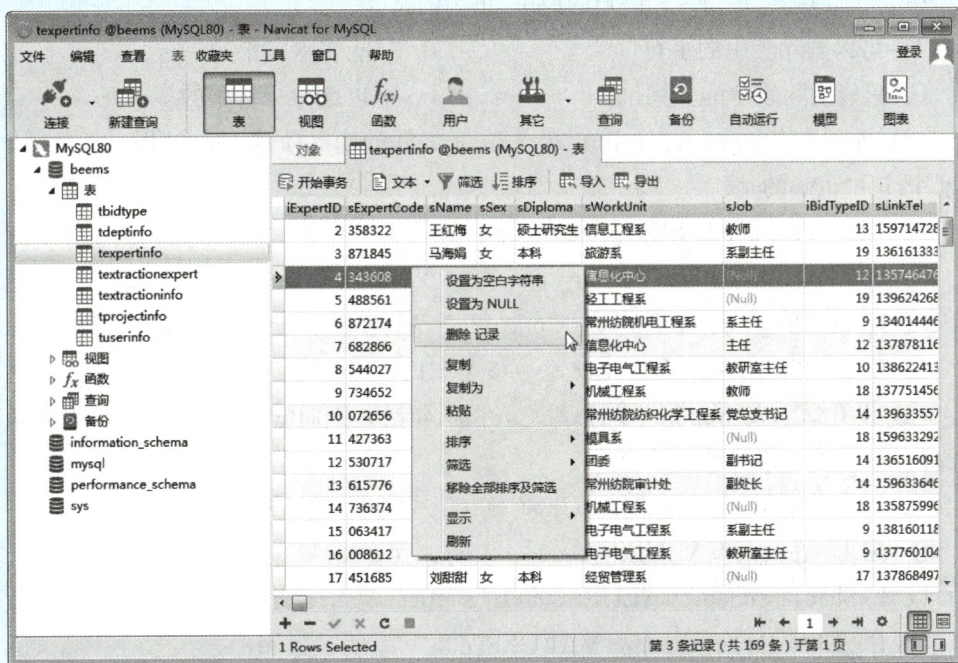

图 3-1-11 选择"删除记录"命令

步骤 2: 系统弹出"确认删除"对话框,如图 3-1-12 所示。

步骤 3: 确定要删除选中的记录,单击"删除一条记录"按钮,就可以完成删除操作。

记录被删除后不能再恢复,所以在删除前一定要先确认。按 Shift 键或 Ctrl 键,选择多条记录,可以一次删除多条记录。

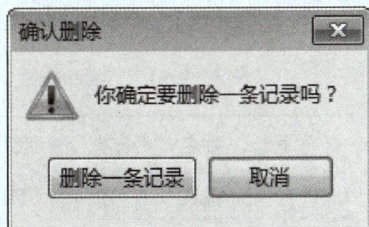

图 3-1-12 "确认删除"对话框

经验分享

本任务主要学习如何管理数据表中的数据，包括导入、添加、修改和删除数据。使用 INSERT 语句添加数据时，要符合数据类型、完整性约束、列与值对应关系的要求。使用 UPDATE 和 DELETE 语句修改和删除数据的操作是不可逆的，应该谨慎使用。

巩固习题

1. 选择题

（1）下面关于 DELETE 语句的说法，正确的是（   ）。

A. 可以删除表中的多行   B. 只能删除表中的一行

C. 只能删除表中的一列   D. 可以删除一行中的多个列

（2）将商品信息表 goods 中在 20～50 元之间的商品价格（price）提高 5 元，以下 SQL 语句中正确的是（   ）。

A. UPDATE goods SET price ＝ price ＋ 5

B. UPDATE goods SET price ＝ price ＋ 5 WHERE price ＞＝ 20 OR price ＜＝ 50

C. UPDATE goods SET price ＝ price ＋ 5 WHERE price BETWEEN 20 AND 50

D. UPDATE goods SET price ＋＝ 5 WHERE price ＞＝ 20 AND price ＜＝ 50

（3）设有学生表 student(学号，姓名，性别，年龄)，则向学生表 student 插入一条新记录的正确 SQL 语句是（   ）。

A. ADD INTO student VALUES(' d001 ', '王明', '女', 18)

B. ADD student VALUES(' d001 ', '王明', '女', 18)

C. INSERT student VALUES(' d001 ', '王明', '女', 18)

D. INSERT INTO student VALUES(d001，王明，女，18)

（4）表 student 和表 dept 分别见表 3-1-1 和表 3-1-2，其中，表 student 中的主键为"学号"，年龄在 18～25 之间，表 dept 的主键为"系号"。向表 student 中插入一行 (507, '王方', 17, ' D4 ')，该操作（   ）。

表 3-1-1　student

学号	姓名	年龄	系号
101	张红	19	D1
102	王刚	21	D1
502	李伟	18	D2
604	刘强	22	D3

表 3-1-2　dept

系号	系　名
D1	计算机系
D2	外语系
D3	数学系

A. 仅违反实体完整性

B. 仅违反参照完整性

C. 仅违反用户定义完整性

D. 违反了参照完整性和用户定义完整性

（5）使用 UPDATE 语句更新数据表中的数据，以下说法中正确的是（　　）。

A. 每次只能更新一行数据

B. 更新数据时，必须带有 WHERE 子句

C. 每次可以更新多行数据

D. 如果没有数据项被更新，将提示错误信息

（6）下面关于"INSERT 表 1 SELECT ＊ FROM 表 2"的说法中正确的是（　　）。

A. 可从表 2 中复制已有的数据到表 1 中

B. 表 1 和表 2 不能是同一个数据表

C. 表 1 和表 2 的表结构可以不同

D. 以上说法全部正确

（7）SQL 语言中，删除表中数据的命令是（　　）。

A. DELETE　　　　　B. DROP　　　　　C. CLEAR　　　　　D. REMOVE

2. 简答题

（1）说明 DROP TABLE 语句和 DELETE 语句的联系和区别。

（2）如果向一个没有默认值而且不允许空值的列中插入一个空值，结果如何？

技能训练

在简明门诊管理系统数据库 his 中完成以下操作：

实训 1： 数据导入和导出：

（1）将 his. xlsx 文件中的数据导入到数据库 his 的相应数据表中。

（2）将数据库 his 中的数据导出为 SQL 脚本文件 his. sql。

实训 2： 使用 INSERT 语句添加数据：

（1）新增一病人，其姓名为"automan"，出生日期为"1980 - 1 - 1"，其他未知。

（2）新增一医生，其姓名为"guaishou"，科室编号为"3"，其他未知。

实训 3： 使用 UPDATE 语句修改数据：

（1）将科室信息表中口腔科的名称改为"耳鼻喉科"。

（2）在医生信息表中将 1 号医生的科室改成"3"，职称改成"中级"。

（3）将病人冯小明的出生日期改成当前系统日期。

（4）将编号为 21 的挂号日期改为明天。

（5）将病人信息表中所有性别未知的病人的性别设置为"男"。

实训 4： 使用 DELETE 语句删除数据：

（1）删除 18 号医生。

（2）删除 4 号科室的女医生。

（3）删除 80 岁以上和 10 岁以下的病人。

任务 3.2 数据简单查询

任务描述

数据表中存储了数据后，根据系统功能需求按照一定条件进行简单的数据查询是最基本、最重要的操作，如查询专家信息、查询项目信息等。本任务主要介绍评标专家库管理系统数据简单查询功能。

任务目标

- 掌握 SELECT 语句的基本语法。
- 掌握使用 SELECT 语句进行简单查询的方法。
- 掌握使用 WHERE 子句进行条件查询的方法。
- 熟练运用 ORDER BY 子句实现数据排序。
- 学会使用 LIMIT 子句限制返回行数。

知识准备

知识点 1 SELECT 语句

SELECT 语句的基本语法格式如下：

```
SELECT [ ALL | DISTINCT | DISTINCTROW ] select_expr [, select_expr ... ]
FROM table_references
[ WHERE where_condition ]
```

```
[ GROUP BY { column_name | expr | position }, ... [ WITH ROLLUP ] ]
[ HAVING where_condition ]
[ ORDER BY { column_name | expr | position } [ ASC | DESC ], ... ]
[ LIMIT { [ offset, ] row_count | row_count OFFSET offset } ]
```

语法说明如下：

● SELECT 子句：用于指定查询返回的列，"select_expr"可以是表中的列名，也可以是根据表中列计算的表达式。

● FROM 子句：用于指定数据的来源。

● WHERE 子句：用于指定数据的查询条件。

● GROUP BY 子句：用于对查询结果进行分组。

● HAVING 子句：用于指定组的选择条件。HAVING 子句通常跟 GROUP BY 子句一起使用。

● ORDER BY 子句：用于对查询结果进行排序。

● LIMIT 子句：用于限制返回的行数。

● ALL | DISTINCT | DISTINCTROW：是可选项，用于指定结果集中是否包含重复行。ALL 是默认值，表示包含重复行。DISTINCT 与 DISTINCTROW 为同义词，表示去掉结果集中的重复行。

SELECT 语句的完整语法比较复杂，其主要子句可归纳如下：

```
SELECT [ ALL | DISTINCT | DISTINCTROW ] 目标列表达式
FROM 表名
[ WHERE 条件表达式 ]
[ GROUP BY 分组依据 ]
[ HAVING 条件表达式 ]
[ ORDER BY 排序依据 [ ASC | DESC ] ]
[ LIMIT 行数 ]
```

语法说明如下：

根据 WHERE 子句中的条件表达式，从 FROM 子句指定的表中选择满足条件的记录，再按 SELECT 子句中指定的目标列形成查询结果。如果有 GROUP BY 子句，则将查询结果按照分组依据进行分组。如果 GROUP BY 子句后有 HAVING 子句，只保留满足 HAVING 子句条件的组。如果有 ORDER BY 子句，则将查询结果按排序依据进行排序。如果有 LIMIT 子句，返回指定行数的记录。

SELECT 语句中，子句的顺序非常重要，可以省略可选子句，但这些子句必须按照语法格式规定的顺序来使用。

知识拓展：

无 FROM 子句的 SELECT 语句

知识点 2　WHERE 子句

WHERE 子句用于指定查询条件，过滤掉不符合条件的数据行。WHERE 子句必须紧跟在 FROM 子句的后面。

查询条件中常用运算符见表 3-2-1。

表 3-2-1　查询条件中常用运算符

运算符分类	运　算　符	作　用
比较运算符	＞(大于)、＞＝(大于等于)、＝(等于)、＜(小于)、＜＝(小于等于)、＜＞(不等于)、!＝(不等于)、＜＝＞(相等或都等于空)	比较大小
逻辑运算符	AND 或 &&(逻辑与)、OR 或 ‖(逻辑或)、NOT 或 !(逻辑非)	用于多条件的逻辑连接
范围运算符	BETWEEN... AND、NOT BETWEEN... AND	判断列值是否在指定范围内
列表运算符	IN、NOT IN	判断列值是否为列表中的值
字符匹配符	LIKE、NOT LIKE	判断列值是否与指定的字符匹配格式相符
空值判断符	IS NULL、IS NOT NULL	判断列值是否为空值

多学一点：

比较运算符"＝"与"＜＝＞"的区别

知识点 3　LIMIT 子句

查询结果集的行数很多时，可以使用 LIMIT 子句来限制返回的行数。LIMIT 子句的基本语法格式如下：

```
LIMIT { [ offset, ] row_count | row_count OFFSET offset }
```

语法说明如下：

● offset：为可选项，默认为"0"，指定要返回的第一行在查询结果集中的偏移量，即指定查询从哪一行开始，必须是非负的整数常量。

● row_count：指定返回的行数，必须是非负的整数常量。若 row_count 大于实际行数，将返回实际行数。

● row_count OFFSET offset：指定从 offset＋1 行开始，返回 row_count 行。

例如，"LIMIT 3"表示返回前 3 行记录，"LIMIT 2，6"表示返回从第 3 行开始的 6 行记录。"LIMIT 2，6"等价于"LIMIT 6 OFFSET 2"。

> **提示：**
>
> 查询结果集中第一行记录的偏移量为 0，而不是 1。

知识点 4　ORDER BY 子句

可以使用 ORDER BY 子句将查询结果按一列或多列进行排序。其基本语法格式如下：

```
ORDER BY { column_name | expr | position } [ ASC | DESC ], ...
```

语法说明如下：

● column_name：指定用于排序的列。

● expr：指定用于排序的表达式。

● position：指定用于排序的列在查询结果集中的位置，通常是一个正整数。例如，"ORDER BY 3"表示对查询结果集的第 3 列进行排序。

● ASC｜DESC：指定排序方式，"ASC"表示按升序排列，"DESC"表示按降序排列。默认值为"ASC"。

使用 ORDER BY 子句时须要注意以下几点：

● ORDER BY 子句中可以包含子查询。

● MySQL 中排序时空值（NULL）被认为是最小值。

● 如果不使用 ORDER BY 子句，查询结果集中数据行的顺序是不可预料的。

3.2.1　使用 SELECT 语句选择列

1. 查询部分列

在很多情况下,用户只对数据表中的部分列感兴趣,通过 SELECT 语句可以"过滤"掉某些列,只显示用户需要的列。

例 3-2-1　在部门信息表 tdeptinfo 中,查询部门名称 sDeptName 和部门主管 sDeptManager。

具体 SQL 语句与执行结果如下:

```
mysql> SELECT sDeptName, sDeptManager
    -> FROM tdeptinfo;
+---------------------------+---------------------------+
| sDeptName                 | sDeptManager              |
+---------------------------+---------------------------+
| 信息工程系                 | 崔晓丹                     |
| 轻工工程系                 | 吴思锋                     |
| 机械工程系                 | 刘勇                       |
| 艺术设计系                 | 方志伟                     |
                        ...
| 创新创业学院               | 吴伟                       |
+---------------------------+---------------------------+
41 rows in set (0.09 sec)
```

提示:

(1) 由于查询结果的数据比较多,这里省略一部分(用"..."表示)。

(2) SELECT 后列名的先后顺序可以与数据表中列的顺序不一致,查询结果集中列的顺序与 SELECT 后列名的顺序相同。

2. 查询全部列

将数据表中所有列都显示出来有两种方法:一种方法是在 SELECT 后面列出所有列名,当列较多时,这种方法比较烦琐;另一种方法是使用通配符"*",采用这种方法列出所有列,查询结果集中列的顺序与数据表中列的顺序完全一致。

例 3 - 2 - 2　　在部门信息表 tdeptinfo 中,查询部门信息。

具体 SQL 语句与执行结果如下:

```
mysql> SELECT *
    -> FROM tdeptinfo;
+-----------+-------------+--------------+---------+
| iDeptID   | sDeptName   | sDeptManager | iStatus |
+-----------+-------------+--------------+---------+
|         1 | 信息工程系   | 崔晓丹        |       1 |
|         2 | 轻工工程系   | 吴思锋        |       1 |
|         3 | 机械工程系   | 刘勇          |       1 |
|         4 | 艺术设计系   | 方志伟        |       1 |
                       ...
|        41 | 创新创业学院 | 吴伟          |       1 |
+-----------+-------------+--------------+---------+
41 rows in set (0.15 sec)
```

等同于:

SELECT iDeptID, sDeptName, sDeptManager, iStatus
FROM tdeptinfo;

提示:

一般而言,除非确实需要数据表中所有的列,否则最好不要使用通配符" * "。虽然使用通配符能省事,不用明确列出所需列,但检索不需要的列通常会降低检索和应用程序的性能。

3. 更改列标题

数据表中列的名称可能只是一个简单的代码,如部门信息表 tdeptinfo 中的部门主管采用 sDeptManager 作为列名,有时用户无法理解这类列名的具体含义。为了增加查询结果的可读性,可以通过指定列别名的方式改变查询结果的列标题。

指定列别名的语法格式如下:

column_name [AS] column_alias

- column_name：指定列名。

- column_alias：指定列别名。这里的列别名 column_alias 可以用引号括起来，也可以不用。列别名改变的只是查询结果的列标题，并没有改变数据表中的列名。

例 3-2-3　在部门信息表 tdeptinfo 中，查询部门名称 sDeptName 和部门主管 sDeptManager，并要求查询结果集中列标题显示为"部门名"和"部门主管"。

具体 SQL 语句与执行结果如下：

```
mysql> SELECT sDeptName AS 部门名，sDeptManager AS 部门主管
    -> FROM tdeptinfo;
+------------------------+----------------+
| 部门名                  | 部门主管         |
+------------------------+----------------+
| 信息工程系              | 崔晓丹          |
| 轻工工程系              | 吴思锋          |
| 机械工程系              | 刘勇            |
| 艺术设计系              | 方志伟          |
                    ...
| 创新创业学院            | 吴伟            |
+------------------------+----------------+
41 rows in set (0.12 sec)
```

等同于：

```
SELECT sDeptName 部门名，sDeptManager 部门主管
FROM tdeptinfo;
```

4. 查询经过计算的列值

SELECT 子句中的 select_expr 不仅可以是数据表中的列，也可以是表达式，包括算术表达式、字符串常量或函数等。

例 3-2-4　在专家信息表 texpertinfo 中，查询专家姓名 sName、性别 sSex 和年龄。

分析：专家信息表 texpertinfo 中存储的是专家的出生日期 dBirthDate，专家的年龄可以通过计算得到，计算专家的年龄用到了两个函数：

- YEAR(date)：用于得到 date 日期中的年份。

- CURDATE( )：用于得到当前系统日期。

使用表达式"YEAR（CURDATE（））－ YEAR（dBirthDate）"，计算当前系统日期中的年份减去专家出生日期中的年份，结果就是专家的年龄。

具体 SQL 语句与执行结果如下：

```
mysql> SELECT sName, sSex, YEAR(CURDATE()) - YEAR(dBirthDate) AS 年龄
    -> FROM texpertinfo;
+----------------+----------+----------+
| sName          | sSex     | 年龄     |
+----------------+----------+----------+
| 王红梅         | 女       | 44       |
| 马海娟         | 女       | 49       |
| 李东海         | 男       | 54       |
| 朱小燕         | 女       | 45       |
| 徐丹           | 女       | 53       |
                     ...
| 乔丹           | 男       | 36       |
+----------------+----------+----------+
169 rows in set (0.23 sec)
```

5. 去掉重复行

例 3 - 2 - 5　在专家信息表 texpertinfo 中，查询专家的学历 sDiploma。

具体 SQL 语句与执行结果如下：

```
mysql> SELECT sDiploma
    -> FROM texpertinfo;
+--------------------+
| sDiploma           |
+--------------------+
| 硕士研究生         |
| 本科               |
| 本科               |
| 本科               |
| 本科               |
| 本科               |
| 本科               |
```

```
| 本科                  |
| 本科                  |
| 硕士研究生            |
| 硕士研究生            |
              ...
| 本科                  |
| 本科                  |
+---------------------+
169 rows in set (0.18 sec)
```

以上执行结果包含重复的学历,如果想去掉查询结果中的重复行,必须添加 DISTINCT 选项,具体 SQL 语句与执行结果如下:

```
mysql> SELECT DISTINCT sDiploma
    -> FROM texpertinfo;
+---------------------+
| sDiploma            |
+---------------------+
| 硕士研究生          |
| 本科                |
| 博士研究生          |
+---------------------+
3 rows in set (0.01 sec)
```

以上执行结果只有 3 行记录,不再包含重复的行。

提示:

在一个 SELECT 语句中,DISTINCT 只能出现一次,并且 DISTINCT 必须在所有的列名之前,否则会发生语法错误。

对于 DISTINCT 选项来说,空值(NULL)被认为是相等的,不论有多少个空值(NULL),结果只返回一个。

6. 替换查询结果中的数据

查询时,如果希望得到某些列的查询分析结果,而不是原始数据,例如,专家信息表中专家状态 iExpertStatus 列中保存的是"1"或"0",如果想知道专家状态是"启用"还是"停用",就可以在 SELECT 语句中替换 iExpertStatus 列中的数据。

替换查询结果中的数据,可以使用 CASE 表达式,其语法格式如下:

```
CASE
    WHEN search_condition THEN statement_list
    [ WHEN search_condition THEN statement_list ]...
    [ ELSE statement_list ]
END [ AS ] column_alias
```

语法说明如下:

- search_condition:指定判断条件。
- statement_list:指定不同条件的执行语句。
- column_alias:指定列别名。

逐条执行 WHEN 语句,如果 search_condition 条件成立,则执行相应的 THEN 后的 statement_list 语句。如果条件都不成立,则执行 ELSE 后的 statement_list 语句。

例 3 - 2 - 6　在专家信息表 texpertinfo 中,查询专家姓名 sName 和专家状态 iExpertStatus,要求判断查询结果中专家状态的值,如果专家状态的值为"1",则替换为"启用",否则替换为"停用",同时结果集中列标题显示为"姓名"和"专家状态"。

具体 SQL 语句与执行结果如下:

```
mysql> SELECT sName AS 姓名,
    -> CASE
    ->    WHEN iExpertStatus = 1 THEN'启用'
    ->    ELSE'停用'
    -> END AS 专家状态
    -> FROM texpertinfo;
+---------------+---------------+
| 姓名          | 专家状态       |
+---------------+---------------+
| 王红梅        | 启用          |
| 马海娟        | 启用          |
| 李东海        | 启用          |
| 朱小燕        | 启用          |
| 徐丹          | 启用          |
           ...
| 乔丹          | 启用          |
```

```
+-----------------+-----------------+
```

169 rows in set (0.23 sec)

3.2.2 使用 WHERE 子句过滤数据

1. 使用比较运算符构成查询条件

例 3-2-7 在专家信息表 texpertinfo 中,查询专家刘貂蝉的专家编码 sExpertCode、姓名 sName 和技术职称 sTechnicalTitle。

具体 SQL 语句与执行结果如下:

```
mysql> SELECT sExpertCode, sName, sTechnicalTitle
    -> FROM texpertinfo
    -> WHERE sName = '刘貂蝉';
+--------------------+--------------+-----------------+
| sExpertCode        | sName        | sTechnicalTitle |
+--------------------+--------------+-----------------+
| 802787             | 刘貂蝉       | 助教            |
+--------------------+--------------+-----------------+
1 row in set (0.02 sec)
```

例 3-2-8 在专家信息表 texpertinfo 中,查询年龄超过 58 岁的专家的专家编码 sExpertCode 和姓名 sName。

具体 SQL 语句与执行结果如下:

```
mysql> SELECT sExpertCode, sName
    -> FROM texpertinfo
    -> WHERE YEAR(CURDATE()) - YEAR(dBirthDate) > 58;
+--------------------+--------------+
| sExpertCode        | sName        |
+--------------------+--------------+
| 680458             | 乔建华       |
| 853184             | 沈卫兵       |
| 765305             | 张丽雯       |
| 577675             | 许昆鹏       |
| 275337             | 张小琴       |
```

```
+-------------------------+--------------------+
```

5 rows in set (0.06 sec)

2. 使用逻辑运算符构成查询条件

WHERE 子句中可以使用逻辑运算符把多个查询条件连接起来,从而实现比较复杂的选择查询。

例 3 - 2 - 9 在专家信息表 texpertinfo 中,查询 80 后女专家的姓名 sName 和年龄。

具体 SQL 语句与执行结果如下:

```
mysql> SELECT sName AS 姓名, YEAR(CURDATE()) - YEAR(dBirthDate) AS
年龄
    -> FROM texpertinfo
    -> WHERE (YEAR(dBirthDate) >= 1980 AND YEAR(dBirthDate) < 1990)
AND sSex = '女';
+--------------+-----------+
| 姓名         | 年龄      |
+--------------+-----------+
| 陈红娟       | 39        |
| 储琳琳       | 41        |
| 严灵灵       | 42        |
| 彭菲         | 42        |
| 林秀玲       | 42        |
| 姚娜         | 38        |
| 刘貂蝉       | 42        |
+--------------+-----------+
7 rows in set (0.05 sec)
```

例 3 - 2 - 10 在专家信息表 texpertinfo 中,查询学历 sDiploma 为"硕士研究生"或"博士研究生"的专家的专家编码 sExpertCode 和姓名 sName。

具体 SQL 语句与执行结果如下:

```
mysql> SELECT sExpertCode, sName
    -> FROM texpertinfo
    -> WHERE sDiploma = '硕士研究生' OR sDiploma = '博士研究生';
```

```
+--------------------+--------------------+
| sExpertCode        | sName              |
+--------------------+--------------------+
| 358322             | 王红梅             |
| 530717             | 方毅               |
| 615776             | 张志强             |
| 178601             | 冯永瑞             |
           ...
| 261545             | 赵颖               |
+--------------------+--------------------+
33 rows in set (0.08 sec)
```

> **提示：**
>
> 逻辑运算符 AND 和 OR 可用来连接多个查询条件。如果这两个运算符同时出现在一个 WHERE 子句中，AND 的优先级高于 OR，可以用圆括号改变优先级。

3. 使用范围运算符构成查询条件

如果过滤数据使其列值在某个范围内（包括边界），就可以使用 BETWEEN … AND；如果过滤数据使其列值不在某个范围内，可以在 BETWEEN 前面加 NOT。使用范围运算符构成查询条件的一般形式如下：

```
［NOT］BETWEEN expression1 AND expression2
```

语法说明如下：

表达式"expression1"的值不能大于"expression2"的值。

例 3-2-11　在专家信息表 texpertinfo 中，查询年龄在 30～40 岁之间的专家的专家编码 sExpertCode 和姓名 sName。

具体 SQL 语句与执行结果如下：

```
mysql> SELECT sExpertCode, sName
    -> FROM texpertinfo
    -> WHERE YEAR(CURDATE())-YEAR(dBirthDate) BETWEEN 30 AND 40;
+--------------------+--------------------+
| sExpertCode        | sName              |
+--------------------+--------------------+
| 671146             | 陈红娟             |
```

```
| 355680             | 李国豪            |
| 230156             | 姚娜              |
| 137781             | 李有财            |
| 908070             | 乔丹              |
+--------------------+-----------------+
5 rows in set (0.02 sec)
```

等同于：

```
SELECT sExpertCode, sName
FROM texpertinfo
WHERE YEAR(CURDATE()) - YEAR(dBirthDate) >= 30
AND YEAR(CURDATE()) - YEAR(dBirthDate) <= 40;
```

4. 使用列表运算符构成查询条件

如果过滤数据使其列值在某个集合内，就可以使用 IN；如果过滤数据使其列值不在某个集合中，可在 IN 前面加 NOT。使用列表运算符构成查询条件的一般形式如下：

```
[ NOT ] IN ( expression [, ... n ] )
```

例 3-2-12　查询技术职称 sTechnicalTitle 为"教授"或"副教授"的专家的专家编码 sExpertCode 和姓名 sName。

具体 SQL 语句与执行结果如下：

```
mysql> SELECT sExpertCode, sName
    -> FROM texpertinfo
    -> WHERE sTechnicalTitle IN ('教授','副教授');
+--------------------+-----------------+
| sExpertCode        | sName           |
+--------------------+-----------------+
| 871845             | 马海娟           |
| 872174             | 朱小燕           |
| 682866             | 徐丹             |
| 544027             | 张慧妹           |
            ...
| 384864             | 王鹏飞           |
```

```
+------------------------+------------------------+
```

83 rows in set (0.13 sec)

等同于：

```
SELECT sExpertCode, sName
FROM texpertinfo
WHERE sTechnicalTitle = '教授' OR sTechnicalTitle = '副教授';
```

> 提示：
> IN 运算符的作用类似于"逻辑或"，但比"逻辑或"更加方便灵活。

5. 使用字符匹配符构成查询条件

有时用户对数据表中的数据了解不全面，如不能确定所要查询专家的姓名，只知道他姓"王"，这时须要使用 LIKE 以及通配符来实现模糊匹配查询。使用字符匹配符构成查询条件的一般形式如下：

［NOT］LIKE '＜匹配串＞'［ESCAPE '＜换码字符＞'］

SQL 语言提供的通配符有"％"和"_"。
- ％（百分号）：代表 0 个或任意多个字符。
- _（下画线）：代表任意单个字符。

如果要匹配的字符串本身就含有通配符"％"或"_"，就要使用"ESCAPE '＜换码字符＞'"对通配符进行转义。

例 3-2-13　查询姓"王"的专家的姓名 sName、性别 sSex 和工作单位 sWorkUnit。

具体 SQL 语句与执行结果如下：

```
mysql> SELECT sName, sSex, sWorkUnit
    -> FROM texpertinfo
    -> WHERE sName LIKE '王%';
+----------------+----------+------------------------+
| sName          | sSex     | sWorkUnit              |
+----------------+----------+------------------------+
| 王红梅         | 女       | 信息工程系             |
| 王栋臣         | 男       | 艺术设计系             |
| 王燕           | 女       | 艺术设计系             |
```

```
| 王丽萍          | 女       | 模具系                    |
| 王兴芳          | 女       | 机械工程系                |
| 王跃            | 男       | 信息工程系                |
| 王曙            | 女       | 财务处                    |
| 王蓓            | 女       | 信息工程系                |
| 王丹萍          | 女       | 模具系                    |
| 王俊凯          | 男       | 信息工程系                |
| 王学超          | 男       | 图书馆                    |
| 王鹏飞          | 男       | 学生工作部(处)            |
+---------------+---------+--------------------------+
12 rows in set (0.09 sec)
```

例 **3 - 2 - 14**　查询姓"王"并且姓名只有两个字的专家的姓名 sName、性别 sSex 和工作单位 sWorkUnit。

具体 SQL 语句与执行结果如下:

```
mysql> SELECT sName, sSex, sWorkUnit
    -> FROM texpertinfo
    -> WHERE sName LIKE '王_';
+---------------+---------+--------------------------+
| sName         | sSex    | sWorkUnit                |
+---------------+---------+--------------------------+
| 王燕          | 女       | 艺术设计系                |
| 王跃          | 男       | 信息工程系                |
| 王曙          | 女       | 财务处                    |
| 王蓓          | 女       | 信息工程系                |
+---------------+---------+--------------------------+
4 rows in set (0.05 sec)
```

6. 使用空值判断符构成查询条件

空值判断符"IS NULL"用来判断一个表达式的值是否为空值。使用 IS NULL 构成查询条件的一般形式如下:

```
expression IS [ NOT ] NULL
```

例 **3 - 2 - 15**　查询出生日期未知的专家的姓名 sName、学历 sDiploma 和出生日期 dBirthDate。

具体 SQL 语句与执行结果如下：

```
mysql> SELECT sName, sDiploma, dBirthDate
    -> FROM texpertinfo
    -> WHERE dBirthDate IS NULL;
+----------------+----------------+----------------+
| sName          | sDiploma       | dBirthDate     |
+----------------+----------------+----------------+
| 葛晓琴          | 硕士研究生      | NULL           |
+----------------+----------------+----------------+
1 row in set (0.05 sec)
```

提示：

这里的"IS"不能用等于号"＝"代替。

3.2.3　使用 LIMIT 子句限制返回行数

例 3-2-16　在专家信息表 texpertinfo 中，查询专家姓名 sName 和性别 sSex，只显示 5 条记录。

具体 SQL 语句与执行结果如下：

```
mysql> SELECT sName AS 姓名，sSex AS 性别
    -> FROM texpertinfo
    -> LIMIT 5；
+----------------+----------+
| 姓名            | 性别      |
+----------------+----------+
| 王红梅          | 女        |
| 马海娟          | 女        |
| 李东海          | 男        |
| 朱小燕          | 女        |
| 徐丹            | 女        |
+----------------+----------+
5 rows in set (0.05 sec)
```

例 **3-2-17** 在专家信息表 texpertinfo 中,查询专家姓名 sName 和性别 sSex,从第 5 条记录开始显示 6 条记录。

具体 SQL 语句与执行结果如下:

```
mysql> SELECT sName AS 姓名,sSex AS 性别
    -> FROM texpertinfo
    -> LIMIT 4, 6;
+---------------+---------+
| 姓名          | 性别    |
+---------------+---------+
| 徐丹          | 女      |
| 张慧妹        | 女      |
| 张峰          | 男      |
| 夏冬          | 男      |
| 宋燕          | 女      |
| 方毅          | 男      |
+---------------+---------+
6 rows in set (0.04 sec)
```

3.2.4 使用 ORDER BY 子句排序

1. 按一列排序

例 **3-2-18** 查询年龄最大的 5 位专家的姓名 sName 和年龄。

具体 SQL 语句与执行结果如下:

```
mysql> SELECT sName AS 姓名, YEAR(CURDATE()) - YEAR(dBirthDate) AS 年龄
    -> FROM texpertinfo
    -> ORDER BY 年龄 DESC
    -> LIMIT 5;
+---------------+---------+
| 姓名          | 年龄    |
+---------------+---------+
| 张丽雯        | 62      |
| 张小琴        | 60      |
```

```
| 乔建华        |        60 |
| 许昆鹏        |        59 |
| 沈卫兵        |        59 |
+--------------+-----------+
5 rows in set (0.05 sec)
```

在以上 SQL 语句中,按照专家的年龄从高到低进行排序,然后再利用 LIMIT 子句限制返回的行数为 5 条,即可查询到年龄最大的 5 位专家信息。

2. 按多列排序

例 3 - 2 - 19　查询年龄最小的 5 位专家的姓名 sName 和年龄,查询结果按照年龄的升序排列,年龄相同者按姓名降序排列。

具体 SQL 语句与执行结果如下:

```
mysql> SELECT sName AS 姓名, YEAR(CURDATE()) - YEAR(dBirthDate) AS
年龄
    -> FROM texpertinfo
    -> ORDER BY 年龄 ASC, CONVERT( sName USING gbk ) DESC
    -> LIMIT 5;
+--------------+-----------+
| 姓名         | 年龄      |
+--------------+-----------+
| 葛晓琴        | NULL      |
| 乔丹          |        36 |
| 姚娜          |        38 |
| 李国豪        |        38 |
| 陈红娟        |        39 |
+--------------+-----------+
5 rows in set (0.06 sec)
```

提示:

由于数据表的字符集是"utf8",当排序的列为中文时,默认不会按照中文拼音顺序排序。可以将列的字符集转换为"gbk":CONVERT(column_name USING gbk),强制让指定的列按中文排序。MySQL 中须要安装了 gbk 字符集,不然会报错。

经验分享

利用 SELECT 语句对数据进行简单查询的方法,是必须熟练掌握的内容。可以通过 SELECT 子句选取列,用 WHERE 子句选取记录并进行简单的条件查询,用 ORDER BY 子句对查询结果进行排序。

SELECT 语句中的子句必须按照规定的顺序书写。要清楚 SELECT 语句的执行顺序,除了 LIMIT 和 ORDER BY 子句在 SELECT 之后执行,其他的子句几乎都在 SELECT 之前执行。

勤加练习,把所有的例子全部自己实现一遍,基本上就能够全部理解透彻了,并且在做题的过程中慢慢地就会自己总结出一些经验。

巩固习题

1. 选择题

(1) 下列表达式中,与"所在部门 NOT IN('财务','后勤')"等价的是( )。

A. 所在部门 != '财务' AND 所在部门 != '后勤'

B. 所在部门 != '财务' OR 所在部门 != '后勤'

C. 所在部门 = '财务' AND 所在部门 = '后勤'

D. 所在部门 = '财务' OR 所在部门 = '后勤'

(2) 在 WHERE 子句中,如果出现了"age BETWEEN 30 AND 40",这个表达式等同于( )。

A. age >= 30 AND age <= 40　　　　B. age >= 30 OR age <= 40

C. age > 30 AND age < 40　　　　　D. age > 30 OR age < 40

(3) SELECT 查询语句的完整语法较复杂,但至少包括的部分是( )。

A. SELECT, INTO　　　　　　　　B. SELECT, FROM

C. SELECT, GROUP BY　　　　　　D. 仅 SELECT

(4) 从学生成绩表 studentgrade 中查询成绩前 10 名的语句是( )。

A. SELECT 10 * FROM studentgrade

B. SELECT * FROM studentgrade WHERE LIMIT 10

C. SELECT * FROM studentgrade ORDER BY grade LIMIT 10

D. SELECT * FROM studentgrade ORDER BY grade DESC LIMIT 10

(5) 若想查询出所有姓"张"且出生日期为空的学生信息,则 WHERE 条件为( )。

A. 姓名 LIKE '张%' AND 出生日期 = NULL

B. 姓名 LIKE '张 ∗' AND 出生日期 ＝ NULL

C. 姓名 LIKE '张％' AND 出生日期 IS NULL

D. 姓名 LIKE '张_' AND 出生日期 IS NULL

(6) 在 SELECT 查询语句中，用于去除重复行的关键字是( )。

A. LIMIT   B. DISTINCT   C. ORDER   D. ALL

(7) 模糊查找 "LIKE '％a_'"，( )是可能匹配到的。

A. abcd   B. bcai   C. bca   D. tea

(8) 在 WHERE 子句的条件表达式中，可以匹配 0 个到多个字符的通配符是

( )。

A. ∗   B. ％   C. _   D. ?

(9) 在 WHERE 子句的条件表达式中，可以匹配单个字符的通配符是( )

A. ∗   B. ％   C. _   D. ?

(10) 执行语句 "SELECT name, sex, Birthdate FROM human"，将返回

( )列。

A. 1   B. 2   C. 3   D. 4

(11) 下列不属于 SELECT 查询语句的子句的是( )。

A. WHERE 子句   B. HAVING 子句

C. FOR 子句   D. GROUP BY 子句

(12) 下列在表 sh_goods 中根据 cat_id 升序排序，并对每个 cat_id 按 price 降序排序的语句是( )。

A. SELECT ∗ FROM sh_goods ORDER BY price DESC, cat_id;

B. SELECT ∗ FROM sh_goods ORDER BY price, cat_id;

C. SELECT ∗ FROM sh_goods ORDER BY cat_id, price DESC;

D. SELECT ∗ FROM sh_goods ORDER BY cat_id DESC, price;

(13) 下列对 "ORDER BY pno, level" 描述正确的是( )。

A. 先按 level 全部升序后，再按 pno 升序

B. 先按 level 升序后，相同的 level 再按 pno 升序

C. 先按 pno 全部升序后，再按 level 升序

D. 先按 pno 升序后，相同的 pno 再按 level 升序

(14) 下列关于 "LIMIT 4" 的描述正确的是( )。

A. 4 表示可获取的最大记录数量   B. 4 表示从 5 条记录开始获取

C. 查询的实际记录数不能小于 4   D. 以上都不正确

(15) 关于 "SELECT ∗ FROM tb_book LIMIT 5, 10" 描述正确的是( )。

A. 获取第 6 条到第 10 条记录   B. 获取第 5 条到第 10 条记录

C. 获取第 6 条到第 15 条记录   D. 获取第 5 条到第 15 条记录

(16) 下列可以在项目开发中实现分页功能的是（　　）。

A. WHERE
B. GROUP BY
C. LIMIT
D. 以上都不正确

(17) 下列与"price $>=$ 599 $\&\&$ price $<=$ 1299"功能相同的选项是（　　）。

A. price BETWEEN 599 AND 1299
B. price IN(599，1299)
C. 599$<=$price$<=$1299
D. 以上都不正确

(18) 下列关于"price BETWEEN 0 AND 59"的描述中错误的是（　　）。

A. 判断的范围包括 0

B. BETWEEN...AND 用于设置比较区间

C. 判断的范围包括 59

D. 以上都不正确

(19)（　　）用于在 SELECT 语句中对查询数据进行排序。

A. WHERE
B. ORDER BY
C. LIMIT
D. GROUP BY

2. 填空题

(1) 查询数据时添加_____关键字可去除重复记录。

(2) MySQL 中 LIMIT 偏移量的默认值为_____。

(3)"LIMIT 0，5"表示从第_____条记录开始，最多获取_____条记录。

(4) MySQL 中数据的默认排序关键字是_____。

3. 简答题

(1) SELECT 查询语句中 WHERE 子句和 ORDER BY 子句的主要功能是什么？

(2) 为什么 WHERE 子句中不能使用列别名，而 ORDER BY 子句中却可以？

技能训练

在简明门诊管理系统数据库 his 中完成以下操作：

任务工单：
任务 3.2
实训任务工单

实训 1： 使用 SELECT 语句选择列：

(1) 查询所有病人的姓名和家庭地址。

(2) 查询所有病人的信息。

(3) 查询所有病人的姓名和家庭地址，并要求查询结果集中列标题显示为"姓名"和"家庭地址"。

(4) 查询病人姓名和年龄。

(5) 查询医生的职称，并去掉重复行。

实训 2： 使用 WHERE 子句过滤数据：

(1) 查询病人刘貂蝉的信息。

(2) 查询年龄超过 50 岁的病人的信息。

（3）查询 70 后男病人的姓名和年龄。

（4）查询 3 号科室男医生和 4 号科室女医生的姓名与职称。

（5）查询年龄在 20～50 之间的病人的姓名和家庭地址。

（6）查询 3 号科室和 4 号科室的医生的信息。

（7）查询姓"王"的医生的信息。

（8）查询姓"王"并且姓名只有两个字的医生的信息。

（9）查询登录名以"m"结尾的医生的信息。

（10）查询登录名以"w"开头的医生的信息。

（11）查询职称未知的医生的信息。

实训 3： 使用 LIMIT 子句限制返回行数：

（1）查询医生的医生编号和姓名，只显示 5 条记录。

（2）查询医生的医生编号和姓名，从第 3 条记录开始显示 10 条记录。

实训 4： 使用 ORDER BY 子句排序：

（1）查询病人的姓名和年龄，查询结果按照年龄降序排列。

（2）请列出 3 号就诊状态中年龄最大的 3 个病人的病人编号、姓名和年龄。

（3）查询病人的姓名和年龄，查询结果按照年龄的升序排列，年龄相同者按姓名降序排列。

任务 3.3　数据高级查询

任务描述

根据评标专家库管理系统业务需求，在对数据进行查询时还常常须要对数据进行汇总统计，如汇总专家总人数、计算专家平均年龄、统计不同技术职称的专家人数等。本任务主要介绍评标专家库管理系统的数据高级查询功能，主要包括汇总数据、分组统计、多表连接查询、嵌套查询及联合查询等。

任务目标

● 掌握聚合函数的用法。

● 掌握 GROUP BY 子句分组统计的用法。

● 学会使用 HAVING 子句筛选分组的方法。

● 掌握多表连接查询的语法。

● 掌握子查询的语法。

● 学会将查询结果合并的方法。

知识准备

知识点 1　聚 合 函 数

聚合函数对数据表中的某一列值或一组值执行计算,并返回单个值。聚合函数经常与 GROUP BY 子句一起使用,进行数据统计分析。除了 COUNT( )函数,聚合函数都忽略空值。

聚合函数只能在以下位置作为表达式使用:

(1) SELECT 子句的目标列表达式。

(2) HAVING 子句。

MySQL 中常用聚合函数及其功能见表 3-3-1。

表 3-3-1　MySQL 中常用聚合函数及其功能

函 数 名	功 能
COUNT(*)	返回检索到的行数
COUNT([ALL ∣ DISTINCT] expression)	返回非空值的数量
SUM([ALL ∣ DISTINCT] expression)	返回表达式中所有值的和,表达式必须是数值类型
AVG([ALL ∣ DISTINCT] expression)	返回表达式中所有值的平均值,表达式必须是数值类型
MAX([ALL ∣ DISTINCT] expression)	返回表达式中的最大值
MIN([ALL ∣ DISTINCT] expression)	返回表达式中的最小值

提示:

　　ALL 是默认选项,表示对所有的值进行聚合函数运算。DISTINCT 表示在计算时去除重复值。

知识点 2　GROUP BY 子句

有时须要先将表中的数据分组,再对每组进行统计计算,例如,统计男女专家人数、各职称专家人数等。GROUP BY 子句按照指定的列对查询结果进行分组统计,每一组返回一条统计记录。其基本语法格式如下:

```
GROUP BY { column_name | expr | position},... [ WITH ROLLUP ]
```

语法说明如下:

- column_name:指定用于分组的列。
- expr:指定用于分组的表达式。
- position:指定用于分组的列在查询结果集中的位置,通常是一个正整数。
- WITH ROLLUP:为可选项,指定在结果集中不仅包含由 GROUP BY 子句分组后的数据行,还包含汇总行。

GROUP BY 子句的使用规则如下:

- GROUP BY 子句中的列不能使用聚合函数。
- 除了聚合函数,SELECT 子句中的目标列都应在 GROUP BY 子句中出现。
- 如果用于分组的列包含空值(NULL),则所有的 NULL 作为一个组。

知识点 3　HAVING 子句

如果数据分组后还要对这些组按条件进行筛选,输出满足条件的组,则要使用筛选子句 HAVING。HAVING 子句一定要放在 GROUP BY 子句后面。HAVING 子句的作用与 WHERE 子句相似,WHERE 子句中可用的通配符、运算符等在 HAVING 子句中也可以使用。

WHERE 子句与 HAVING 子句的区别是:WHERE 子句作用于表(在分组之前对表中的数据先筛选),而 HAVING 子句作用于组(在分组之后对生成的组进行筛选);HAVING 子句中可以使用聚合函数,而 WHERE 子句中不能。当两者同时出现时,先执行 WHERE 子句过滤掉不符合条件的数据,然后用 GROUP BY 子句对余下的数据按照指定列分组,最后再用 HAVING 子句排除一些组。

知识点 4　连 接 查 询

数据库本着精简的设计原则,通常将数据存放于不同的表中,最大限度地减少数据冗余。在实际应用中，经常须要从多个数据表中查询满足一定条件的记录，这时就要用到连接查询。

连接查询分为交叉连接、内连接和外连接。

1. 交叉连接(CROSS JOIN)

交叉连接返回被连接表中所有数据行的笛卡尔积，查询结果集的总行数等于被连接表行数的乘积，总列数是被连接表列数的总和，其基本语法格式如下：

```
SELECT *
FROM 表名1 CROSS JOIN 表名2
```

在 FROM 子句中也可以省略 CROSS JOIN，使用逗号分隔被连接的表，其基本语法格式如下：

```
SELECT *
FROM 表名1,表名2
```

交叉连接产生的结果集一般没有实际应用的意义，所以这种连接很少使用。

2. 内连接(INNER JOIN)

内连接是最常使用的连接查询方式，通过 INNER JOIN 或者 JOIN 连接两个表，结果集中只包含满足连接条件的记录。连接条件通常采用"主键＝外键"的形式。

内连接创建连接关系有以下两种方式：

(1) 在 WHERE 子句中创建连接关系，两个表名出现在 FROM 子句中，其基本语法格式如下：

```
SELECT 列名列表
FROM 表名1,表名2
WHERE 表名1.列名 = 表名2.列名
```

(2) 在 FROM 子句中创建连接关系，其基本语法格式如下：

```
SELECT 列名列表
FROM 表名1[ INNER ]JOIN 表名2 ON 表名1.列名 = 表名2.列名
```

> **提示：**
>
> 在 FROM 子句中创建连接关系，是 ANSI SQL92 的标准语法，有助于将连接条件与 WHERE 子句中的查询条件区分开，推荐大家在实际应用中使用这种方式。

使用内连接进行数据查询时，须要注意以下几点：

● 可以在 FROM 子句指定表的同时定义表的别名，格式为：表名［AS］表别名。

● 如果连接的表中有相同的列名，要求加上表名或表别名作为前缀来限定列名，即用"表名. 列名"或"表别名. 列名"表示，明确列名来自哪个数据表，否则系统将无法执行此查询，并提示错误信息。表别名往往是一个缩短了的表名，如果定义了表别名，则不能使用表名。如果列名不重名，可以不加表名或表别名前缀。

● 当一个表与它自身进行连接时，称为表的自连接。自连接可以理解为一个表的两个副本之间的连接。使用自连接时，必须为表指定别名，且列的引用须要加上表别名前缀。

3. 外连接(OUTER JOIN)

在内连接查询中，结果集中只包括满足连接条件的数据行，但有时用户也希望在结果集中能显示那些不满足连接条件的数据，这就须要使用外连接查询。

外连接操作的类型可分为左外连接和右外连接。

在创建外连接时，表在 SQL 语句中出现的顺序非常重要。出现在 JOIN 左边的表是"左表"，出现在 JOIN 右边的表是"右表"。

(1) 左外连接(LEFT［OUTER］JOIN)

左外连接指定在结果集中除了包括由内连接返回的所有行之外，还包括左表中所有不满足连接条件的行，并将结果集中右表的输出列设置为 NULL。

因此，左外连接可以使得左表中的所有记录都显示在结果集中。

左外连接是对连接条件中左边表不加限制，其基本语法格式如下：

```
SELECT 列名列表
FROM 表名 1 LEFT [OUTER] JOIN 表名 2 ON 表名 1.列名 = 表名 2.列名
```

(2) 右外连接(RIGHT［OUTER］JOIN)

右外连接指定结果集中除了包括由内连接返回的所有行之外，还包括右表中所有不满足连接条件的行，并将结果集中左表的输出列设置为 NULL。

因此，右外连接可以使得右表中的所有记录都显示在结果集中。

右外连接是对连接条件中右边表不加限制，其基本语法格式如下：

```
SELECT 列名列表
FROM 表名 1 RIGHT [OUTER] JOIN 表名 2 ON 表名 1.列名 = 表名 2.列名
```

> **提示：**
>
> 连接查询，须要根据要解决的问题进行分析——结果来自哪几个表(确定连接表)？表之间建立怎样的连接(确定连接类型)？选取怎样的数据？只有将这些问题搞清楚，才可能写出正确的语句。

在 SQL 语言中,一个 SELECT ... FROM ... WHERE 语句称为一个查询块,将一个查询块嵌套在另一个查询块中的查询称为嵌套查询。在嵌套查询中,上层查询块称为外层查询或父查询,下层查询块称为内层查询或子查询。SQL 语言允许多层嵌套查询,即一个子查询中还可以嵌套其他子查询。

嵌套查询一般按照由里向外的顺序处理,即先处理最内层的子查询,然后一层一层向外处理,直到最外层查询块。

须要注意以下几点:

● 子查询语句必须用圆括号括起来。

● 子查询中不能使用 ORDER BY 子句,ORDER BY 子句只能对最终查询结果进行排序。

知 识 点 6 联 合 查 询

联合查询就是使用 UNION 关键字将多个查询的结果集合并为单个结果集,其基本语法格式如下:

```
select_statement
UNION [ ALL | DISTINCT ]
select_statement
[ UNION [ ALL | DISTINCT ] select_statement ... ]
```

语法说明如下:

● select_statement:指定 SELECT 查询语句。

● UNION:指定合并多个结果集并将其作为单个结果集返回。

● ALL:表示将所有行合并到结果集中,包括重复行。

● DISTINCT:默认选项,可以省略,表示去除查询结果集中的重复行。

提示:

在 SELECT 语句中,ALL 是默认选项;而在联合查询中,DISTINCT 是默认选项。

使用联合查询时须要注意以下几点:

● 所有 SELECT 查询语句中的列数必须相同,并且对应列的数据类型必须兼容。

● 结果集的列标题为第一个 SELECT 查询语句的列标题。

任务实施

3.3.1 数据汇总

表中数据经常须要进行统计计算,如统计个数、计算总和、求平均值等。这些统计计算可使用聚合函数来实现。

例3-3-1 统计专家的总人数。

具体 SQL 语句与执行结果如下:

```
mysql> SELECT COUNT( * ) AS 专家总人数
    -> FROM texpertinfo;
+--------------------+
| 专家总人数         |
+--------------------+
|              169   |
+--------------------+
1 row in set (0.04 sec)
```

例3-3-2 统计被抽取专家的人数。

分析:专家被抽取一次,在抽取专家列表 textractionexpert 中就有一条相应的记录。一般情况下,一个专家会多次被抽取到。为了避免重复计算专家的人数,须要在 COUNT( )函数中加入 DISTINCT。

具体 SQL 语句与执行结果如下:

```
mysql> SELECT COUNT(DISTINCT iExpertID) AS 被抽取专家的人数
    -> FROM textractionexpert;
+--------------------------------+
| 被抽取专家的人数               |
+--------------------------------+
|                     24         |
+--------------------------------+
1 row in set (0.04 sec)
```

例 3 - 3 - 3　查询专家的平均年龄、最大年龄和最小年龄。

具体 SQL 语句与执行结果如下：

```
mysql> SELECT AVG(YEAR(CURDATE()) - YEAR(dBirthDate)) AS 平均年龄,
    -> MAX(YEAR(CURDATE()) - YEAR(dBirthDate)) AS 最大年龄,
    -> MIN(YEAR(CURDATE()) - YEAR(dBirthDate)) AS 最小年龄
    -> FROM texpertinfo;
+--------------+--------------+--------------+
| 平均年龄     | 最大年龄     | 最小年龄     |
+--------------+--------------+--------------+
| 49.2262      |      62      |      36      |
+--------------+--------------+--------------+
1 row in set (0.05 sec)
```

3.3.2　分　组　统　计

1. 按单列分组

例 3 - 3 - 4　统计男、女专家人数。

分析：本例要求按性别统计专家人数，所以须要对专家按性别进行分组，然后计算各组的人数。

具体 SQL 语句与执行结果如下：

```
mysql> SELECT sSex AS 性别, COUNT(iExpertID) AS 专家人数
    -> FROM texpertinfo
    -> GROUP BY sSex;
+----------+--------------+
| 性别     | 专家人数     |
+----------+--------------+
| 女       |      63      |
| 男       |     106      |
+----------+--------------+
2 rows in set (0.05 sec)
```

模块 3　使用数据库

例 3 - 3 - 5 统计不同学历的专家人数，并按照人数降序排序。

分析： 本例要求按学历统计专家人数，所以须要对专家按学历进行分组，然后计算各组的人数，最后再按人数降序排序。

具体 SQL 语句与执行结果如下：

```
mysql> SELECT sDiploma AS 学历, COUNT(iExpertID) AS 专家人数
    -> FROM texpertinfo
    -> GROUP BY sDiploma
    -> ORDER BY 专家人数 DESC;
+--------------------+----------------+
| 学历               | 专家人数       |
+--------------------+----------------+
| 本科               |      136       |
| 硕士研究生         |       31       |
| 博士研究生         |        2       |
+--------------------+----------------+
3 rows in set (0.00 sec)
```

2. 按多列分组

例 3 - 3 - 6 统计各学历男、女专家人数。

分析： 本例要求统计各学历男、女专家人数，须要对专家先按照学历 sDiploma 进行分组，如果学历 sDiploma 相同，但性别 sSex 不同，再按照性别 sSex 进行分组。

具体 SQL 语句与执行结果如下：

```
mysql> SELECT sDiploma, sSex, COUNT(iExpertID) AS 人数
    -> FROM texpertinfo
    -> GROUP BY sDiploma, sSex;
+--------------------+----------+----------+
| sDiploma           | sSex     | 人数     |
+--------------------+----------+----------+
| 本科               | 女       |    49    |
| 本科               | 男       |    87    |
```

```
| 硕士研究生          | 女     | 14      |
| 硕士研究生          | 男     | 17      |
| 博士研究生          | 男     | 2       |
+--------------------+--------+---------+
```
5 rows in set (0.06 sec)

例 3 - 3 - 7　　查询各技术职称的男、女专家人数，并显示汇总行。

分析：GROUP BY 子句中使用 WITH ROLLUP 后，会显示各分组的汇总行，以及所有分组的整体汇总行。

具体 SQL 语句与执行结果如下：

mysql＞ SELECT sTechnicalTitle AS 技术职称，sSex AS 性别，COUNT (iExpertID) AS 人数

　　－＞ FROM texpertinfo

　　－＞ GROUP BY sTechnicalTitle, sSex

　　－＞ WITH ROLLUP;

技术职称	性别	人数
副教授	女	25
副教授	男	40
副教授	NULL	65
助教	女	5
助教	男	10
助教	NULL	15
教授	女	7
教授	男	11
教授	NULL	18
讲师	女	26
讲师	男	45
讲师	NULL	71
NULL	NULL	169

13 rows in set (0.05 sec)

3. 过滤分组

例 3 - 3 - 8　查询女专家人数不少于 5 人的出生年份。

分析: 本例要求查询女专家人数不少于 5 人的出生年份,首先要知道各出生年份的女专家人数,所以先按出生年份 YEAR(dBirthDate)对专家信息表 texpertinfo 进行分组。分组后统计人数,再筛选出满足人数不少于 5 人的出生年份。

具体 SQL 语句与执行结果如下:

```
mysql> SELECT YEAR(dBirthDate) AS 年份, COUNT(iExpertID) AS 女专家
人数
    -> FROM texpertinfo
    -> WHERE sSex = '女'
    -> GROUP BY YEAR(dBirthDate)
    -> HAVING COUNT(iExpertID) >= 5;
+--------+--------------------+
| 年份   | 女专家人数         |
+--------+--------------------+
| 1978   |         8          |
| 1977   |         5          |
| 1979   |         5          |
| 1965   |         7          |
| 1970   |         8          |
+--------+--------------------+
5 rows in set (0.05 sec)
```

3.3.3　连　接　查　询

1. 内连接

例 3 - 3 - 9　查询启用状态的用户的用户编号 iUserID、姓名 sUserName 和所在部门的部门名称 sDeptName。

分析: 用户编号、姓名和用户状态存放在用户信息表 tuserinfo 中,用户所在部门的部门名称存放在部门信息表 tdeptinfo 中,所以本例查询涉及用户信息表 tuserinfo 和部门信息表 tdeptinfo 两个表。这两个表之间的连接是通过部门编号 iDeptID 来实现的。

具体 SQL 语句与执行结果如下:

```
mysql> SELECT iUserID, sUserName, sDeptName
    -> FROM tuserinfo t1
    -> INNER JOIN tdeptinfo t2 ON t1.iDeptID = t2.iDeptID
    -> WHERE iUserStatus = 1;
+-----------+-----------+-----------------+
| iUserID   | sUserName | sDeptName       |
+-----------+-----------+-----------------+
|        1  | 陆毅      | 信息工程系      |
|        2  | 崔晓丹    | 信息工程系      |
|        3  | 袁明辉    | 保卫部（处）    |
|        6  | 王海燕    | 后勤产业管理处  |
|        7  | 吴越      | 教务处          |
|        8  | 袁文军    | 后勤产业管理处  |
|        9  | dd        | 后勤产业管理处  |
+-----------+-----------+-----------------+
7 rows in set (0.07 sec)
```

等同于：

```
SELECT iUserID, sUserName, sDeptName
FROM tuserinfo t1, tdeptinfo t2
WHERE iUserStatus = 1 and t1.iDeptID = t2.iDeptID;
```

提示：

　　本例查询语句中 t1 为用户信息表 tuserinfo 的别名，t2 为部门信息表 tdeptinfo 的别名。iDeptID 在两个表中重名，须要加上表别名前缀。iUserID、sUserName、sDeptName 和 iUserStatus 在两个表中不重名，可以不加前缀。

2. 外连接

（1）左外连接

例 3-3-10　查询技术职称 sTechnicalTitle 为"助教"的专家的被抽取情况。要求显示专家编码 sExpertCode、专家姓名 sName 和项目编号 iProjectID。

　　分析：抽取专家列表 textractionexpert 中存放被抽取的专家编号和项目编号，专家编码、专家姓名、技术职称存放在专家信息表 texpertinfo 中，所以本例查询涉及抽取专家列表 textractionexpert 和专家信息表 texpertinfo 两个表。这两个表之间的连接是通过专家编号 iExpertID 来实现的。

由于不是所有专家都被抽取过,为了让没有被抽取的专家的信息也显示在结果集中,本例采用左外连接方式进行查询。

具体 SQL 语句与执行结果如下:

```
mysql> SELECT sExpertCode, sName, iProjectID
    -> FROM texpertinfo t1
    -> LEFT JOIN textractionexpert t2 ON t1.iExpertID = t2.iExpertID
    -> WHERE sTechnicalTitle = '助教';
```

sExpertCode	sName	iProjectID
488561	李东海	NULL
530717	方毅	NULL
736374	白绍辉	NULL
008612	张秋生	NULL
848636	刘伟	1
355680	李国豪	9
567500	许秀建	3
765305	张丽雯	NULL
837788	汪芳	NULL
281806	张珊珊	NULL
877712	郑小伟	12
246573	黄翔	NULL
230156	姚娜	9
137781	李有财	NULL
802787	刘貂蝉	NULL

15 rows in set (0.08 sec)

提示:

本例查询结果列出了左表(texpertinfo)中所有满足条件(sTechnicalTitle = '助教')的记录。如果左表(texpertinfo)中的记录不满足连接条件,将查询结果中来自右表(textractionexpert)的项目编号 iProjectID 列设置为 NULL。

（2）右外连接

右外连接和左外连接是对称的，因此"表名 1 LEFT JOIN 表名 2"和"表名 2 RIGHT JOIN 表名 1"的结果相同。

例 **3 - 3 - 11**　以右外连接方式查询技术职称 sTechnicalTitle 为"助教"的专家的抽取情况。

具体 SQL 语句与执行结果如下：

```
mysql> SELECT sExpertCode, sName, iProjectID
    -> FROM textractionexpert t1
    -> RIGHT JOIN texpertinfo t2 ON t1.iExpertID = t2.iExpertID
    -> WHERE sTechnicalTitle = '助教';
+--------------------+---------------+---------------+
| sExpertCode        | sName         | iProjectID    |
+--------------------+---------------+---------------+
| 488561             | 李东海         | NULL          |
| 530717             | 方毅           | NULL          |
| 736374             | 白绍辉         | NULL          |
| 008612             | 张秋生         | NULL          |
| 848636             | 刘伟           | 1             |
| 355680             | 李国豪         | 9             |
| 567500             | 许秀建         | 3             |
| 765305             | 张丽雯         | NULL          |
| 837788             | 汪芳           | NULL          |
| 281806             | 张珊珊         | NULL          |
| 877712             | 郑小伟         | 12            |
| 246573             | 黄翔           | NULL          |
| 230156             | 姚娜           | 9             |
| 137781             | 李有财         | NULL          |
| 802787             | 刘貂蝉         | NULL          |
+--------------------+---------------+---------------+
15 rows in set (0.13 sec)
```

💡 **提示：**

在连接查询时，若数据表连接的字段同名，则连接时的匹配条件可以使用 USING 代替 ON，其基本语法格式如下：

```
SELECT 列名列表
FROM 表名 1 [ INNER | LEFT | RIGHT ] JOIN 表名 2
USING(列名)
```

例 3 - 3 - 12   使用 USING 关键字实现查询启用状态的用户的用户编号 iUserID、姓名 sUserName 和所在部门的部门名称 SDeptName。

具体 SQL 语句与执行结果如下：

```
mysql> SELECT iUserID, sUserName, sDeptName
    -> FROM tuserinfo t1
    -> INNER JOIN tdeptinfo t2 USING(iDeptID)
    -> WHERE iUserStatus = 1;
+-------------+-------------+-------------------+
| iUserID     | sUserName   | sDeptName         |
+-------------+-------------+-------------------+
|     1       | 陆毅        | 信息工程系        |
|     2       | 崔晓丹      | 信息工程系        |
|     3       | 袁明辉      | 保卫部(处)        |
|     6       | 王海燕      | 后勤产业管理处    |
|     7       | 吴越        | 教务处            |
|     8       | 袁文军      | 后勤产业管理处    |
|     9       | dd          | 后勤产业管理处    |
+-------------+-------------+-------------------+
7 rows in set (0.15 sec)
```

3.3.4 嵌套查询

1. 使用比较运算符连接的子查询

使用比较运算符连接子查询，就是将列或列表达式的值与子查询的结果进行比较，如果比较结果为真则返回该行，否则无返回值。子查询的结果集只能是单列、单值，否则会报错。

例 3 - 3 - 13   使用子查询列出所在部门为"信息工程系"的用户的姓名 sUserName 和手机号码 sMobilePhone。

分析：用户信息表 tuserinfo 中只保存了部门编号 iDeptID，部门名称保存在部门信息表 tdeptinfo 中,要查询所在部门为"信息工程系"的用户信息,首先要查询部门"信息工程系"的部门编号,再把部门编号作为条件,在用户信息表中查询用户的姓名和手机号码。

下面先分步完成查询,然后再构造嵌套查询。

步骤 1: 在部门信息表 tdeptinfo 中查询部门"信息工程系"的部门编号 iDeptID。具体 SQL 语句与执行结果如下:

```
mysql> SELECT iDeptID FROM tdeptinfo
    -> WHERE sDeptName = '信息工程系';
+-------------+
| iDeptID     |
+-------------+
|     1       |
+-------------+
1 row in set (0.02 sec)
```

从以上执行结果可知"信息工程系"的部门编号为"1"。

步骤 2: 在用户信息表 tuserinfo 中查询部门编号为"1"的用户的姓名和手机号码。具体 SQL 语句与执行结果如下:

```
mysql> SELECT sUserName, sMobilePhone
    -> FROM tuserinfo
    -> WHERE iDeptID = 1;
+------------------+--------------------+
| sUserName        | sMobilePhone       |
+------------------+--------------------+
| 陆毅             | 13861145119        |
| 崔晓丹           | 13813792557        |
+------------------+--------------------+
2 rows in set (0.03 sec)
```

步骤 3: 将步骤 1 嵌入到步骤 2 的查询条件中,构造嵌套查询。具体 SQL 语句与执行结果如下:

```
mysql> SELECT sUserName, sMobilePhone
    -> FROM tuserinfo
```

```
    -> WHERE iDeptID = ( SELECT iDeptID FROM tdeptinfo
    ->                        WHERE sDeptName = '信息工程系');
+--------------------+--------------------+
| sUserName          | sMobilePhone       |
+--------------------+--------------------+
| 陆毅               | 13861145119        |
| 崔晓丹             | 13813792557        |
+--------------------+--------------------+
2 rows in set (0.04 sec)
```

例 3-3-14 使用子查询列出年龄大于平均年龄的专家的专家编码 sExpertCode、专家姓名 sName 和联系电话 sLinkTel。

分析：要查询年龄大于平均年龄的专家的信息，首先要查询专家的平均年龄，然后将平均年龄作为条件再查询出专家的编码、姓名和联系电话。

具体 SQL 语句与执行结果如下：

```
mysql> SELECT sExpertCode, sName, sLinkTel
    -> FROM texpertinfo
    -> WHERE YEAR(CURDATE()) - YEAR(dBirthDate) >
    -> (SELECT AVG(YEAR(CURDATE()) - YEAR(dBirthDate)) FROM texpertinfo);
+--------------------+----------------+--------------------+
| sExpertCode        | sName          | sLinkTel           |
+--------------------+----------------+--------------------+
| 488561             | 李东海         | 13962426818        |
| 682866             | 徐丹           | 13787811629        |
| 544027             | 张慧妹         | 13862241378        |
| 530717             | 方毅           | 13651609178        |
|                    ...                                   |
| 885138             | 张杰           | 13861082669        |
+--------------------+----------------+--------------------+
84 rows in set (0.17 sec)
```

2. 使用 IN 连接的子查询

对于结果集为单列、单值的子查询，可以使用比较运算符进行连接。但是对结果集为单列、多值的子查询，则不能使用比较运算符，可以使用 IN 或 NOT IN 进行连接。

IN 用于子查询，用来确定指定的值是否与子查询结果集中的值相匹配。

例 3 - 3 - 15 使用子查询列出 2 号项目抽取到的专家的专家编码 sExpertCode 和专家姓名 sName。

分析：可以分两步来构造子查询。

第一步：从抽取专家列表 textractionexpert 中查询出 2 号项目抽取到的专家编号。

第二步：从专家信息表 texpertinfo 中查询抽取到的专家的信息。

具体 SQL 语句与执行结果如下：

```
mysql> SELECT sExpertCode, sName
    -> FROM texpertinfo
    -> WHERE iExpertID IN
    -> ( SELECT iExpertID FROM tExtractionExpert WHERE iProjectID = 2 );
+--------------------+----------------+
| sExpertCode        | sName          |
+--------------------+----------------+
| 271127             | 杨文田         |
| 721753             | 余正成         |
| 643453             | 刘国伟         |
| 425612             | 陈嘉宁         |
+--------------------+----------------+
4 rows in set (0.07 sec)
```

提示：

本例执行的顺序是：首先执行圆括号里的子查询，返回的结果集是 2 号项目抽取到的专家编号的集合；然后对专家信息表 texpertinfo 从第一行起逐行扫描，每一行的专家编号 iExpertID 列都与集合中的值进行比较，判断是否属于这个集合，如果是就返回该行，否则无返回值。

3. 使用 ALL 或 ANY 连接的子查询

使用比较运算符连接子查询时，通常要用到操作符 ALL、ANY、SOME，其基本语法格式如下：

```
expression {> | >= | = | < | <= | <> | != | <=> } { ALL | ANY
| SOME } ( subquery )
```

语法说明如下：

- expression：指定任何有效的表达式。

- subquery：指定返回单列结果集的子查询。

- ALL：指定 expression 须要与子查询结果集中的每个值进行比较，当 expression 与每个值都满足比较条件时，才返回 TRUE。

- ANY：指定 expression 只要与子查询结果集中的某个值满足比较条件时，就返回 TRUE。

- SOME：和 ANY 是等效的。

例 3-3-16 使用子查询列出比博士研究生专家年龄都小的专家的专家编码 sExpertCode 和专家姓名 sName。

具体 SQL 语句与执行结果如下：

```
mysql> SELECT sExpertCode, sName
    -> FROM texpertinfo
    -> WHERE YEAR(CURDATE()) - YEAR(dBirthDate) < ALL
    -> ( SELECT YEAR(CURDATE()) - YEAR(dBirthDate)
    ->    FROM texpertinfo
    ->    WHERE sDiploma = '博士研究生'
    -> );

+--------------------+----------------+
| sExpertCode        | sName          |
+--------------------+----------------+
| 358322             | 王红梅         |
| 871845             | 马海娟         |
| 872174             | 朱小燕         |
| 734652             | 张峰           |
              ...
| 908070             | 乔丹           |
+--------------------+----------------+
95 rows in set (0.16 sec)
```

也可以先使用聚合函数 MIN() 查询博士研究生专家的最小年龄，然后将最小年龄作为条件再查询出专家的编码和姓名。具体 SQL 语句与执行结果如下：

```
mysql> SELECT sExpertCode, sName
    -> FROM texpertinfo
```

```
    -> WHERE YEAR(CURDATE()) - YEAR(dBirthDate) <
    -> ( SELECT MIN(YEAR(CURDATE()) - YEAR(dBirthDate))
    ->    FROM texpertinfo
    ->    WHERE sDiploma = '博士研究生'
    -> );
+---------------------+----------------+
| sExpertCode         | sName          |
+---------------------+----------------+
| 358322              | 王红梅         |
| 871845              | 马海娟         |
| 872174              | 朱小燕         |
| 734652              | 张峰           |
                 ...
| 908070              | 乔丹           |
+---------------------+----------------+
95 rows in set (0.06 sec)
```

提示:

用聚合函数实现子查询通常比用 ALL 或 ANY 的查询效率高。

4. 使用 EXISTS 连接的子查询

EXISTS 和 NOT EXISTS 关键字用来确定数据是否在子查询结果集中存在。EXISTS 表示子查询至少返回一行时条件成立,NOT EXISTS 表示子查询中没有任何记录返回时条件成立。

使用 EXISTS 连接子查询时,相当于对外部查询的数据行进行了一次存在测试。外部查询的 WHERE 子句测试满足子查询的行是否存在。带有 EXISTS 的子查询不返回任何数据行,它只返回 TRUE 或 FALSE。

例 3-3-17 使用子查询列出被抽取到的专家信息。

具体 SQL 语句与执行结果如下:

```
mysql> SELECT sExpertCode, sName, sSex, sLinkTel
    -> FROM texpertinfo t1
    -> WHERE EXISTS ( SELECT * FROM textractionexpert t2
    ->                WHERE t1.iExpertID = t2.iExpertID );
```

```
+------------------+--------------+--------+-------------------+
| sExpertCode      | sName        | sSex   | sLinkTel          |
+------------------+--------------+--------+-------------------+
| 848636           | 刘伟         | 男     | 13925097578       |
| 510527           | 刘龙飞       | 男     | 13757066861       |
| 283205           | 张铁梅       | 女     | 13776717125       |
| 805684           | 袁丹         | 女     | 13961272603       |
                                ...
| 680304           | 袁文军       | 男     | 13951332345       |
+------------------+--------------+--------+-------------------+
```
23 rows in set (0.10 sec)

提示:

　　查询被抽取到的专家的信息时,子查询检索满足条件的数据是否存在,如果抽取专家列表 textractionexpert 中的专家编号 iExpertID 与专家信息表 texpertinfo 中任意行的 iExpertID 匹配,外部查询中 WHERE 子句的 EXISTS 关键字将返回 TRUE,即结果集中存在该行。

3.3.5 联 合 查 询

例 3-3-18　　查询各学历专家的平均年龄及全部专家的平均年龄。

具体 SQL 语句与执行结果如下:

```
mysql> SELECT sDiploma, AVG(YEAR(CURDATE()) - YEAR(dBirthDate)) AS 平均年龄
    -> FROM texpertinfo
    -> GROUP BY sDiploma
    -> UNION
    -> SELECT '全部专家', AVG(YEAR(CURDATE()) - YEAR(dBirthDate)) AS 平均年龄
    -> FROM texpertinfo;
+----------------------+--------------+
| sDiploma             | 平均年龄     |
```

```
+--------------------+----------------+
| 硕士研究生          | 50.6667        |
| 本科               | 48.8456        |
| 博士研究生          | 53.5000        |
| 全部专家           | 49.2262        |
+--------------------+----------------+
```

4 rows in set (0.07 sec)

例 3 - 3 - 19　查询各学历专家的人数及被抽取专家人数，并按人数降序排序。
具体 SQL 语句与执行结果如下：

```
mysql> SELECT sDiploma, COUNT(iExpertID) AS 人数
    -> FROM texpertinfo
    -> GROUP BY sDiploma
    -> UNION
    -> SELECT '抽取人数', COUNT(distinct iExpertID) AS 人数
    -> FROM tExtractionExpert
    -> ORDER BY 人数 DESC;
+--------------------+----------+
| sDiploma           | 人数      |
+--------------------+----------+
| 本科               | 136      |
| 硕士研究生          | 31       |
| 抽取人数           | 24       |
| 博士研究生          | 2        |
+--------------------+----------+
```

4 rows in set (0.06 sec)

经验分享

实施查询任务，可按照以下步骤进行分析，并逐步实现。

步骤 1：分析查询涉及的表，包括查询条件和查询结果涉及的表，确定是单表查询，还是多表查询，确定 FROM 子句中的表名。

步骤 2：如果是多表查询，分析确定表与表之间的连接条件，即确定 FROM 子句中

ON 后面的连接条件。

步骤 3：分析查询是针对所有行，还是选择部分行。如果是选择部分行，使用 WHERE 子句，确定 WHERE 子句中的行条件表达式。

步骤 4：分析查询是否要进行分组统计计算。如果须要分组统计，则使用 GROUP BY 子句，确定分组的列名。然后分析分组后是否要对组进行筛选，如果须要，则使用 HAVING 子句，确定组筛选条件。

步骤 5：确定查询目标列表达式，即确定查询结果包含的列名或列表达式，确定 SELECT 子句后的目标列表达式。

步骤 6：分析是否要对查询结果进行排序，如果须要排序，则使用 ORDER BY 子句，确定排序的列名和排序方式。

巩固习题

1. 选择题

（1）能对某列进行平均值运算的函数是（　　）。

A. SUM( )　　　　　　B. AVERAGE( )　　C. COUNT( )　　　　D. AVG( )

（2）假如有两个表的连接是这样的：table1 INNER JOIN table2，其中，table1 和 table2 是两个具有公共属性的表，这种连接会生成哪种结果集？（　　）。

A. 包括 table1 中的所有行，不包括 table2 的不匹配行

B. 包括 table2 中的所有行，不包括 table1 的不匹配行

C. 包括两个表的所有行

D. 只包括 table1 和 table2 满足连接条件的行

（3）（　　）是外部连接。

A. CROSS JOIN　　B. INNER JOIN　　C. JOIN　　　　　　D. LEFT JOIN

（4）SELECT 查询语句中与 HAVING 子句同时使用的是（　　）子句。

A. ORDER BY　　　B. WHERE　　　　　C. GROUP BY　　　D. 均不需要

（5）（　　）运算符将两个或多个查询结果组合为单个结果集，该结果集包含所有查询的全部行。

A. JOIN　　　　　　　B. UNION　　　　　　C. INTO　　　　　　D. ＋

（6）下列聚合函数中，不忽略空值的是（　　）。

A. SUM(列名)　　　B. MAX(列名)　　　C. COUNT(*)　　D. AVG(列名)

（7）关于分组查询，下列描述错误的是（　　）。

A. 使用 GROUP BY 进行分组查询

B. 筛选出满足条件的组，要使用 HAVING 子句

C. HAVING 子句可以与 WHERE 子句同时出现在一个 SELECT 语句中

D. 使用分组查询时,在 SELECT 列表中只能出现被分组的列

(8) 多表查询中定义表别名的关键字是(　　　)。

A. JOIN　　　　　　B. ON　　　　　　C. AS　　　　　　D. WHERE

(9) "SELECT COUNT(＊) FROM employee"语句得到的结果是(　　　)。

A. 某个记录的信息　　　　　　　　B. 全部记录的详细信息

C. 所有记录的条数　　　　　　　　D. 得到 3 条记录

(10) 订单表 order 中包含用户编号 uid 和商品编号 gid,以下(　　　)语句能够返回至少被购买两次的商品的商品编号 gid。

A. SELECT gid FROM order WHERE COUNT(gid) ＞ 1;

B. SELECT gid FROM order WHERE MAX(gid) ＞ 1;

C. SELECT gid FROM order GROUP BY gid HAVING COUNT(gid) ＞ 1;

D. SELECT gid FROM order WHERE HAVING COUNT(gid)＞1 GROUP BY gid;

2. 填空题

(1) MySQL 中外连接分为_____和_____。

(2) 左外部连接返回连接中左表的_____数据行,而只返回右表中符合连接条件的数据行。

(3) 如果要计算表中的行数,可以使用聚合函数_____。

(4) 关键字_____用于判断子查询语句是否有返回的结果。

(5) _____返回的结果是被连接的两个表中所有数据行的笛卡尔积。

(6) 实现联合查询的关键字是_____。

(7) 表 1(4 条记录)与表 2(6 条记录)交叉连接后,记录数等于_____。

3. 简答题

(1) 请简述 WHERE 子句和 HAVING 子句的区别。

(2) SELECT 查询语句中各子句的主要功能是什么?

技能训练

在简明门诊管理系统数据库 his 中完成以下操作:

实训 1： 数据查询统计：

(1) 统计 80 后病人中男、女病人的平均年龄、最大年龄、最小年龄,结果按照平均年龄降序排列。

(2) 统计各楼层科室数,结果按照科室数降序排列,结果包含地址、科室数。

(3) 统计编号为"1"的挂号员挂号的各科室的平均费用、最高费用、最低费用,结果包含科室编号、平均费用、最高费用、最低费用,并按平均费用降序排列。

任务工单：

任务 3.3
实训任务工单

（4）统计全院各科室的医生人数。

（5）统计男、女病人人数。

（6）统计男主任医师人数大于 1 的科室的科室编号、主任医师人数，结果按人数降序排列。

（7）统计诊疗信息表中 2011 年 11 月诊断信息超过 1 条记录的医生的医生编号。

（8）统计各年份出生的男病人数，筛选出男病人数不小于 2 的年份，结果按人数降序排列。

（9）统计各姓氏的女病人数，筛选出女病人数不小于 2 的姓氏，结果按人数降序排列。

实训 2： 连接查询：

（1）查询在门诊楼一楼工作的主任医师的信息。

（2）查询吕正太医生的诊疗记录。

实训 3： 嵌套查询：

（1）查询在门诊楼一楼上班的医生的信息。

（2）查询就诊状态为"挂号完毕，待诊"的病人的信息。

（3）查询比所有女病人年龄都大的男病人的信息。

实训 4： 联合查询：

（1）查询各科室的总挂号费用及所有科室的总挂号费用。

（2）查询男、女病人的平均年龄及全部病人的平均年龄。

任务 3.4　视图及索引的应用

任务描述

数据表中存储了数据后，为了提高数据的查询速度，可以为数据表创建索引。为了提高数据的存取性能，保障数据库中数据的安全性，可以结合实际需求灵活地运用视图。本任务主要介绍索引和视图的相关概念及基本操作。

任务目标

● 理解索引的概念以及索引的作用。

- 掌握使用图形化工具和 SQL 语句创建和管理索引的方法。
- 理解视图的概念以及视图的作用。
- 掌握使用图形化工具和 SQL 语句创建和管理视图的方法。
- 学会通过视图操作基本表中的数据。

知识准备

知识点 1　索 引 概 述

1. 索引的基本概念

索引是对数据表中一列或多列的值进行排序后的一种结构。当执行"SELECT ∗ FROM table1 WHERE id = 10000;"语句时，如果没有索引，必须从第 1 行开始遍历，直到 id 等于 10 000 的这一行被找到为止，这样的查询效率非常低。如果在 id 这一列上创建索引，就可以快速地找到了。数据库索引的作用相当于图书的目录，通过索引可以迅速找到表中指定的数据。

2. 索引的类型

MySQL 中的索引主要有以下几种类型：

普通索引：是 MySQL 中的基本索引类型，没有任何限制条件，通常使用关键字 INDEX 或 KEY 来定义。

唯一索引：与普通索引基本相同，所不同的是，唯一索引所在列的值不能重复，即必须是唯一的，通常使用关键字 UNIQUE 来定义。

主键：也是一种唯一索引，一个表只能有一个主键。主键一般是在创建表时指定，也可以通过修改表来设置主键，使用关键字 PRIMARY KEY 来定义。

全文索引：只能在 CHAR、VARCHAR 或 TEXT 类型的列上创建全文索引，并且现在只有 MyISAM 和 InnoDB 存储引擎支持全文索引，使用关键字 FULLTEXT 来定义。

空间索引：只能创建在空间数据类型的列上，目前只有 MyISAM 存储引擎支持空间索引，使用关键字 SPATIAL 来定义。对于初学者来说，空间索引很少用到。

多学一点：
使用索引注意事项

知识点 2　索引基本操作

1. 创建索引

可以在创建数据表的同时创建索引，也可以在已有的数据表上添加索引。使用

SQL 语句创建索引主要有以下几种方法：

(1) 使用 CREATE INDEX 语句创建索引

基本语法格式如下：

```
CREATE [ UNIQUE | FULLTEXT | SPATIAL ] INDEX index_name
ON table_name ( column_name[ ( length ) ] [ ASC | DESC ], ... )
```

语法说明如下：

● UNIQUE｜FULLTEXT｜SPATIAL：是可选项，UNIQUE 指定创建唯一索引，FULLTEXT 指定创建全文索引，SPATIAL 指定创建空间索引。

   ● index_name：指定要创建的索引名称，一个表中索引名必须是唯一的。

   ● table_name：指定要创建索引的表名。

   ● column_name：指定要创建索引的列名。

   ● length：是可选项，指定使用列的前 length 个字符来创建索引。

   ● ASC｜DESC：是可选项，指定索引按升序（ASC）还是降序（DESC）排列，默认为 ASC。

> **提示：**
>
> 使用 CREATE INDEX 语句不能创建主键。

(2) 使用 ALTER TABLE 语句创建索引

基本语法格式如下：

```
ALTER TABLE table_name
ADD [ UNIQUE | FULLTEXT | SPATIAL ] INDEX
index_name ( column_name [ ( length ) ] [ ASC | DESC ], ... )
```

语法说明如下：

参数与 CREATE INDEX 语句中的相同，不再重复说明。

(3) 使用 CREATE TABLE 语句创建索引

基本语法格式如下：

```
CREATE TABLE table_name
(
    column_name data_type [ column_constraint ],
    ...
    [ UNIQUE | FULLTEXT | SPATIAL ] INDEX | KEY
```

```
[ index_name ] ( column_name [ ( length ) ] [ ASC | DESC ], ... )
)
```

语法说明如下：

关键字 KEY 与 INDEX 是同义词，参数与 CREATE INDEX 语句中的相同，不再重复说明。

2. 查看索引

可以使用 SHOW INDEX 语句查看表中创建的索引，其基本语法格式如下：

```
SHOW INDEX FROM table_name [ FROM database_name ]
```

语法说明如下：

- table_name：指定须要查看索引的表名。
- database_name：指定须要查看索引的数据表所在的数据库，可省略。

3. 删除索引

为了避免影响数据库性能，应及时删除不再使用的索引。删除索引的方式有两种：

(1) 使用 DROP INDEX 语句删除索引

基本语法格式如下：

```
DROP INDEX index_name ON table_name
```

语法说明如下：

- index_name：指定要删除的索引名。
- table_name：指定索引所在的表的名称。

(2) 使用 ALTER TABLE 语句删除索引

删除表中的索引，其基本语法格式如下：

```
ALTER TABLE table_name DROP INDEX index_name
```

删除表中的主键索引，其基本语法格式如下：

```
ALTER TABLE table_name DROP PRIMARY KEY
```

知识点 3 视 图 概 述

视图是从一个或多个基本表（或视图）导出的表，是一个虚表。数据库中只存储视图的定义，并不存放视图对应的数据，这些数据仍然存放在原来的基本表中。基本表中的数据发生变化时,从视图中查询出的数据也会发生变化。

与直接操作基本表相比,使用视图具有以下优点:

(1) 简化操作:视图不仅可以简化用户对数据的理解,也可以简化对数据的操作。用户不用详细了解数据库中复杂的表结构和表连接,将经常使用的查询定义为视图,可以有效地避免大量重复的操作。

(2) 保护数据安全:用户通过视图只能查询和修改他们所能见到的数据,数据库中的其他数据既看不见也不可以访问,从而提高数据库中数据的安全性。

(3) 数据独立:创建视图后,应用程序通过视图访问数据表,如果数据表有变化,只须要调整视图的定义,不用修改应用程序代码,使应用程序和数据表在一定程度上独立。

知识点 4　视图基本操作

1. 创建视图

CREATE VIEW 语句用于创建视图,其基本语法格式如下:

```
CREATE VIEW view_name [ ( column_list ) ]
AS select_statement
[ WITH [ CASCADED | LOCAL ] CHECK OPTION ]
```

语法说明如下:

● view_name:指定要创建的视图名称,该名称在数据库中必须是唯一的,不能与其他表或视图同名。

● column_list:是可选项,指定视图的列名列表,列名之间用逗号隔开。默认情况下,与 SELECT 语句中的列名相同。

● AS:指定视图要执行的操作。

● select_statement:定义视图的 SELECT 语句,该语句可以使用多个表和其他视图。

● WITH CHECK OPTION:是可选项,指定在可更新视图上进行修改时要满足所指定的限制条件。有两种方式:CASCADED 为默认方式,表示要满足与该视图有关的所有视图和表定义的条件;LOCAL 表示只要满足该视图本身定义的条件。

> **提示:**
>
> "WITH CHECK OPTION"只能和可更新视图一起使用。虽然它是可选项,为了保证数据的安全性,建议创建视图时加上。

数据库应用技术(MySQL)

2. 查看视图

(1) 用 DESCRIBE 语句查看视图

DESCRIBE 语句不仅可以查看数据表的列信息，还可以查看视图的列信息，其基本语法格式如下：

```
{ DESCRIBE | DESC } view_name [ column_name ]
```

语法说明如下：

- DESCRIBE | DESC：DESC 是 DESCRIBE 的简写，二者用法相同。
- view_name：指定要查看的视图名。
- column_name：指定要查看的列名。

(2) 用 SHOW TABLE STATUS 语句查看视图

使用 SHOW TABLE STATUS 语句不仅可以查看数据表的状态信息，还可以查看视图的状态信息，其基本语法格式如下：

```
SHOW TABLE STATUS LIKE 'pattern'
```

语法说明如下：

- LIKE 'pattern'：指定要匹配的视图名。

(3) 用 SHOW CREATE VIEW 语句查看视图

可以使用 SHOW CREATE VIEW 语句来查看已有视图的定义，其基本语法格式如下：

```
SHOW CREATE VIEW view_name
```

语法说明如下：

- view_name：指定要查看的视图名。

3. 修改视图

可以使用 ALTER VIEW 语句对已有视图的定义进行修改，其基本语法格式如下：

```
ALTER VIEW view_name [ ( column_list ) ]
AS select_statement
[ WITH [ CASCADED | LOCAL ] CHECK OPTION ]
```

语法说明如下：

ALTER VIEW 语句的各项参数与 CREATE VIEW 语句中的含义相同。

4. 删除视图

可以使用 DROP VIEW 语句删除视图，其基本语法格式如下：

```
DROP VIEW［IF EXISTS］view_name1［, view_name2 ...］
```

语法说明如下：

● view_name：指定要删除的视图名。可以一次删除多个视图。

任务实施

3.4.1 使用图形化工具创建和管理索引

例 3-4-1 在专家信息表 texpertinfo 中的专家姓名 sName 列上创建一个唯一索引"index_expert_name"。

分析：在专家信息表 texpertinfo 中，经常以专家姓名作为查询条件，因此可以在专家姓名 sName 列上创建索引，以提高查询速度。

微课讲解：
创建唯一索引

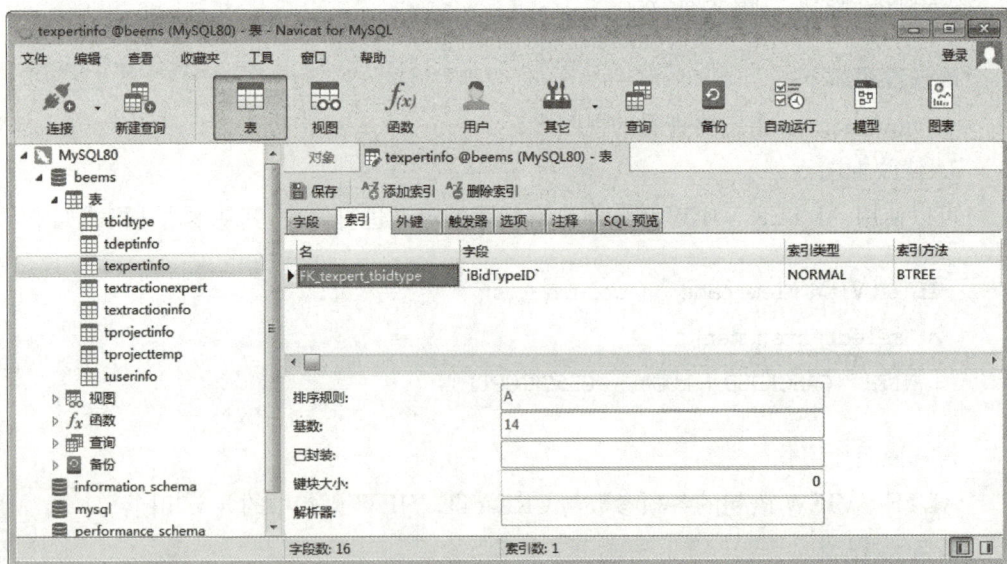

使用 Navicat for MySQL 创建索引的具体操作步骤如下：

步骤 1：打开 Navicat for MySQL，连接到 MySQL 服务器。在导航窗格中，依次展开"beems"→"表"节点。右键单击专家信息表"texpertinfo"，在弹出的快捷菜单中选择"设计表"命令，打开"表"设计器，选择"索引"选项卡，显示"texpertinfo"中已创建的索引，如图 3-4-1 所示。

图 3-4-1 "索引"选项卡

步骤 2：单击对象工具栏中的"添加索引"按钮，在"名"列中输入索引名称"index_expert_name"，单击"字段"列中的 ⋯ 按钮，将显示专家信息表中的所有字段，勾选"sName"字段，如图 3－4－2 所示。设置完成后，单击"确定"按钮返回。

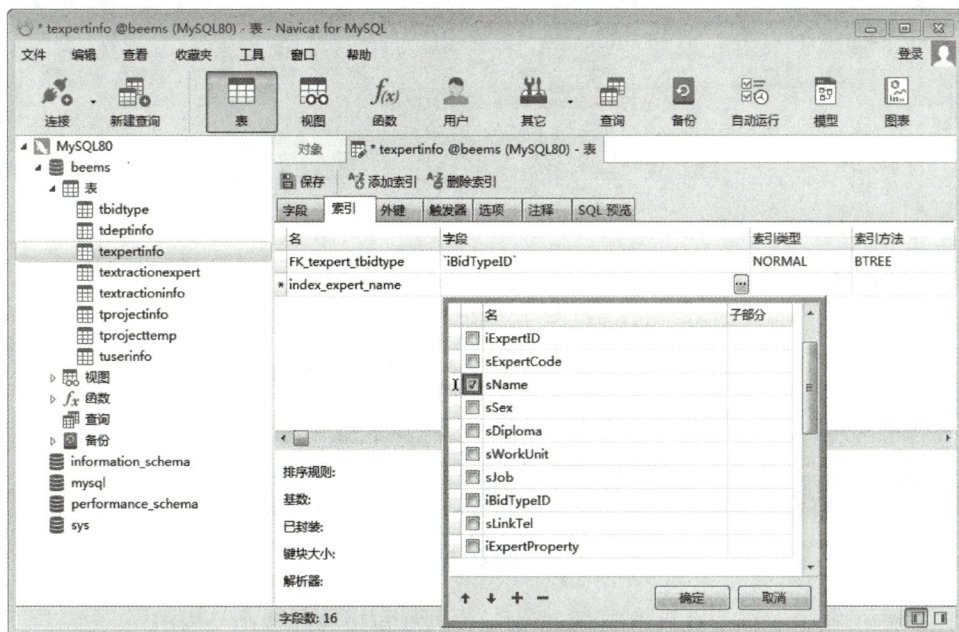

图 3－4－2　选择字段

步骤 3：在"索引类型"列中通过下拉列表选择"UNIQUE"，"索引方法"列中通过下拉列表选择"BTREE"，如图 3－4－3 所示。

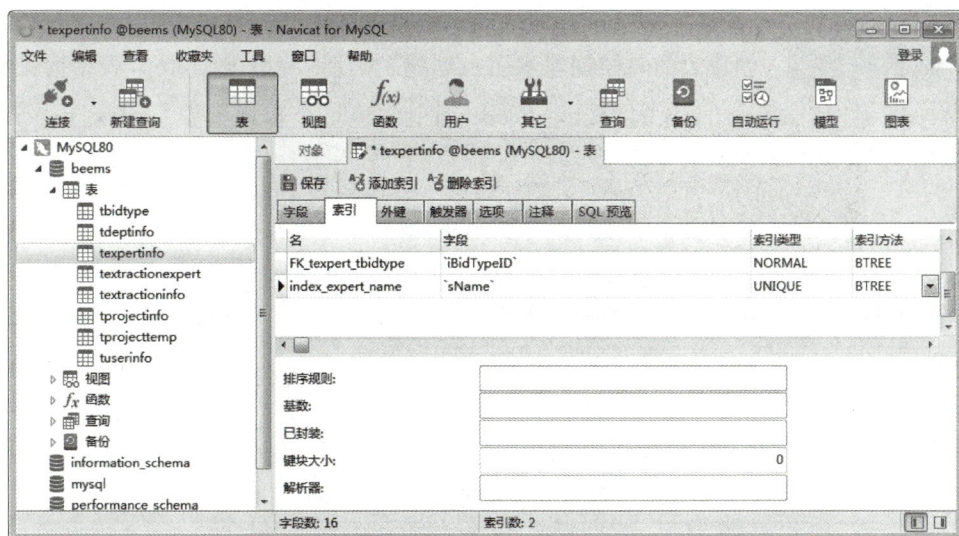

图 3－4－3　创建索引

步骤4：选择"SQL 预览"选项卡，可以看到创建该索引的 SQL 语句，如图 3-4-4 所示。设置完成后，单击对象工具栏中的"保存"按钮，唯一索引就创建完成了。

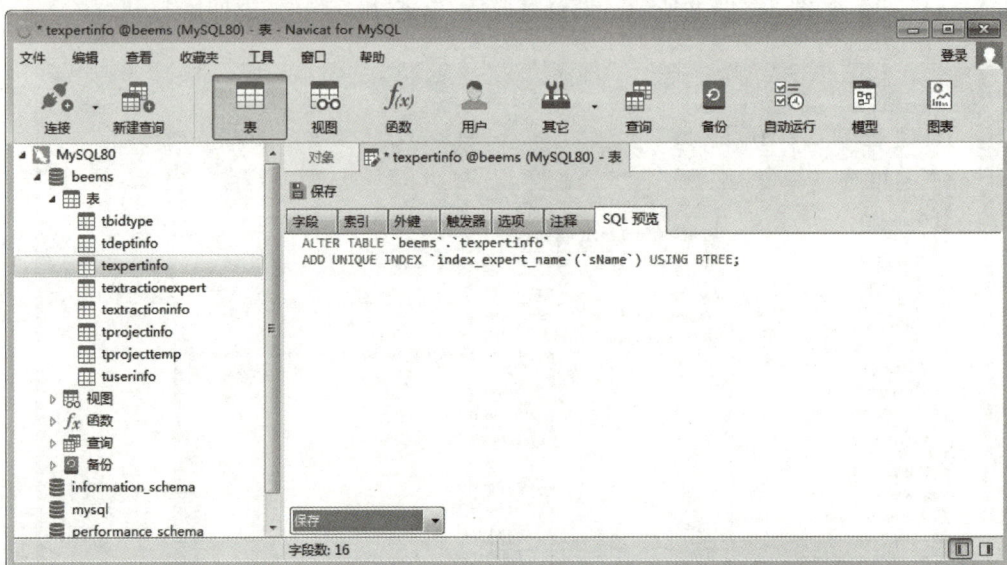

图 3-4-4 "SQL 预览"选项卡

步骤5：单击对象工具栏中的"删除索引"按钮，可以删除选中的索引。

> **提示：**
>
> 如果表中已有数据，在创建唯一索引时，MySQL 将自动检验索引列是否存在重复的值，若存在重复的值，则创建唯一索引失败。

例 3-4-2 创建表的时候创建索引。创建一个新表 texperttemp，表结构见表 3-4-1。在表 texperttemp 的 sExpertCode 列上创建一个普通索引"index_expert_code"。

表 3-4-1 texperttemp

字 段 名 称	数据类型	长度	是否允许为空	说　　明
iExpertID	int		否	专家编号（主键，自动递增）
sExpertCode	char	6	是	专家编码
sName	varchar	50	是	专家姓名

使用 Navicat for MySQL 创建索引的具体操作步骤如下：

步骤 1： 打开 Navicat for MySQL，连接到 MySQL 服务器。在导航窗格中，双击数据库"beems"节点，然后右键单击"表"节点，在弹出的快捷菜单中选择"新建表"命令，打开"表"设计器，在"字段"选项卡中，按照表 texperttemp 的结构要求添加字段，如图 3-4-5 所示。

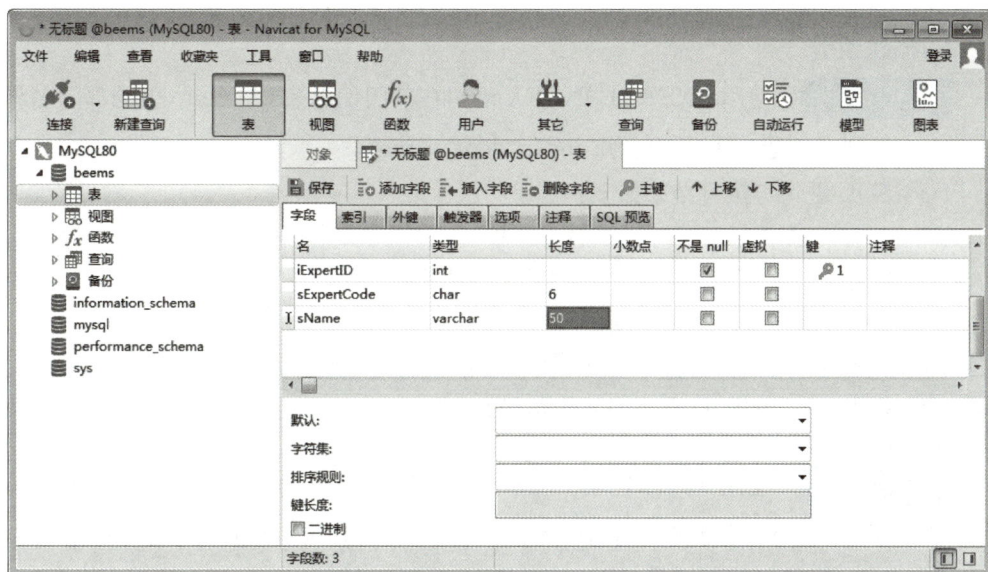

图 3-4-5　新建表 texperttemp

步骤 2： 切换到"索引"选项卡，单击对象工具栏中的"添加索引"按钮，在"名"列中输入索引名称"index_expert_code"，"字段"列中选择"sExpertCode"，如图 3-4-6 所

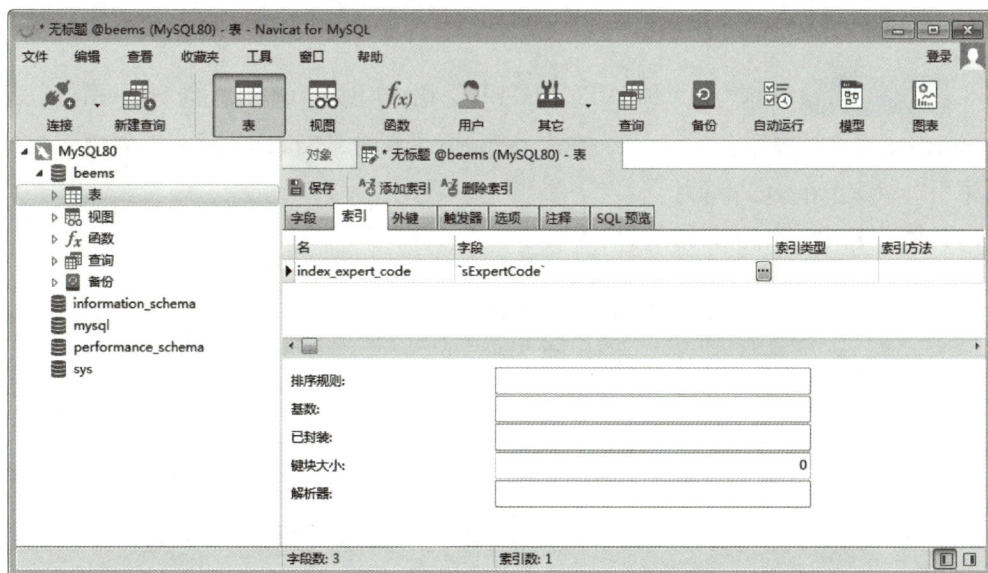

图 3-4-6　新表中创建索引

模块 3　使用数据库

示。最后单击对象工具栏中的"保存"按钮,在弹出的"表名"对话框中,输入表名"texperttemp",并单击"确定"按钮,完成在新表中创建索引。

3.4.2　使用 SQL 语句创建和管理索引

1. 创建索引

例 3 - 4 - 3　　使用 CREATE INDEX 语句在部门信息表 tdeptinfo 中的部门名称 sDeptName 列上创建一个唯一索引"index_dept_name"。

具体 SQL 语句与执行结果如下:

```
mysql> CREATE UNIQUE INDEX index_dept_name
    -> ON tdeptinfo(sDeptName ASC);
Query OK, 0 rows affected (0.07 sec)
Records: 0  Duplicates: 0  Warnings: 0
```

例 3 - 4 - 4　　使用 ALTER TABLE 语句在项目信息表 tprojectinfo 上,根据项目名称 sProjectName 列的前 20 个字符创建一个普通索引"index_project_name"。

具体 SQL 语句与执行结果如下:

```
mysql> ALTER TABLE tprojectinfo
    -> ADD INDEX index_project_name(sProjectName(20));
Query OK, 0 rows affected (0.05 sec)
Records: 0  Duplicates: 0  Warnings: 0
```

例 3 - 4 - 5　　使用 CREATE TABEL 语句创建索引。创建一个新表 texperttemp,表结构见表 3 - 4 - 1。在表 texperttemp 的 sExpertCode 列上创建一个普通索引"index_expert_code"。

具体 SQL 语句与执行结果如下:

```
mysql> DROP TABLE IF EXISTS texperttemp;
Query OK, 0 rows affected (0.04 sec)

mysql> CREATE TABLE texperttemp
    -> (
    ->     iExpertID int NOT NULL AUTO_INCREMENT PRIMARY KEY,
    ->     sExpertCode char(6),
```

```
    -> 	   sName varchar(50),
    -> 	   INDEX index_expert_code(sExpertCode)
    -> );
Query OK, 0 rows affected (0.05 sec)
```

为了演示使用 CREATE TABLE 语句创建索引的方法，先使用 DROP TABLE 语句删除表 texperttemp。

2. 查看索引

例 3 - 4 - 6　查看部门信息表 tdeptinfo 中的索引。

具体 SQL 语句与执行结果如下：

```
mysql> SHOW INDEX FROM tdeptinfo FROM beems \G
***************************** 1. row *****************************
        Table: tdeptinfo
   Non_unique: 0
     Key_name: PRIMARY
 Seq_in_index: 1
  Column_name: iDeptID
    Collation: A
  Cardinality: 37
     Sub_part: NULL
       Packed: NULL
         Null:
   Index_type: BTREE
      Comment:
Index_comment:
      Visible: YES
   Expression: NULL
***************************** 2. row *****************************
        Table: tdeptinfo
   Non_unique: 0
     Key_name: index_dept_name
```

```
        Seq_in_index: 1
      Column_name: sDeptName
        Collation: A
      Cardinality: 37
        Sub_part: NULL
          Packed: NULL
            Null: YES
      Index_type: BTREE
          Comment:
    Index_comment:
          Visible: YES
      Expression: NULL
2 rows in set (0.01 sec)
```

从以上执行结果可知,部门信息表 tdeptinfo 中有两个索引,一个是 iDeptID 列上的主键"PRIMARY",一个是 sDeptName 列上的唯一索引"index_dept_name"。执行结果中,"Non_unique:0"表示该索引是唯一索引。

3. 删除索引

例 3 - 4 - 7　　使用 DROP INDEX 语句删除部门信息表 tdeptinfo 中的索引"index_dept_name"。

具体 SQL 语句与执行结果如下:

```
mysql> DROP INDEX index_dept_name ON tdeptinfo;
Query OK, 0 rows affected (0.03 sec)
Records: 0  Duplicates: 0  Warnings: 0
```

例 3 - 4 - 8　　使用 ALTER TABLE 语句删除项目信息表 tprojectinfo 中的索引"index_project_name"。

具体 SQL 语句与执行结果如下:

```
mysql> ALTER TABLE tprojectinfo
    -> DROP INDEX index_project_name;
Query OK, 0 rows affected (0.03 sec)
Records: 0  Duplicates: 0  Warnings: 0
```

3.4.3　使用图形化工具创建和管理视图

例3-4-9　创建视图"view_user_department"，要求显示部门为"信息工程系"的用户。

使用 Navicat for MySQL 创建视图的具体操作步骤如下：

步骤1：打开 Navicat for MySQL，连接到 MySQL 服务器。在导航窗格中，双击数据库"beems"节点，然后右键单击"视图"节点，在弹出的快捷菜单中选择"新建视图"命令，如图3-4-7所示。

图3-4-7　选择"新建视图"命令

步骤2：打开"视图"设计器，在对象工具栏中单击"视图创建工具"按钮，打开"视图创建工具"窗口。在左侧依次选择表"tdeptinfo"和"tuserinfo"，将它们拖到关系区，然后在表中勾选要在视图中显示的列"sDeptName""sDeptManger""sUserName"，如图3-4-8所示。

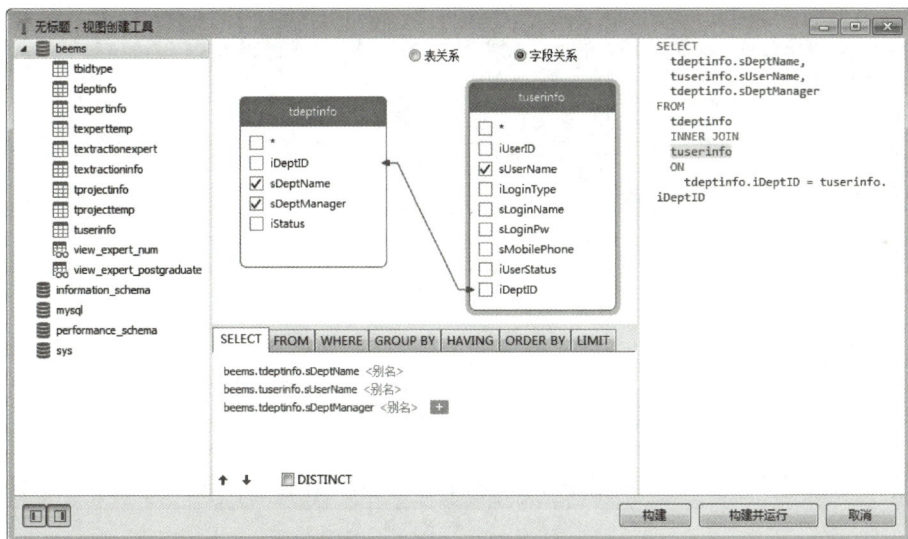

图3-4-8　"视图创建工具"窗口

步骤 3：在下方选择"WHERE"选项卡，单击 ➕ 按钮，添加条件"tdeptinfo. sDeptName = '信息工程系'"，如图 3 - 4 - 9 所示。

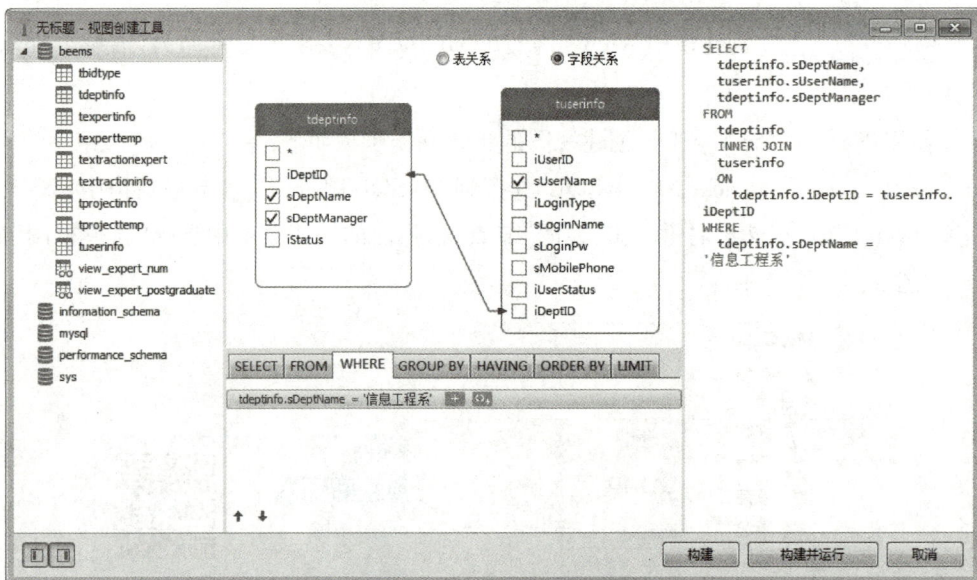

图 3 - 4 - 9　添加条件

步骤 4：设置完成后，单击"构建"按钮，关闭"视图创建工具"窗口，返回"视图"设计器，在对象工具栏中单击"保存"按钮，在弹出的"视图名"对话框中，输入视图名"view_user_department"，并单击"确定"按钮，视图创建完成。

步骤 5：在对象工具栏中单击"预览"按钮，就可以在下方的结果区看到视图的运行结果，如图 3 - 4 - 10 所示。

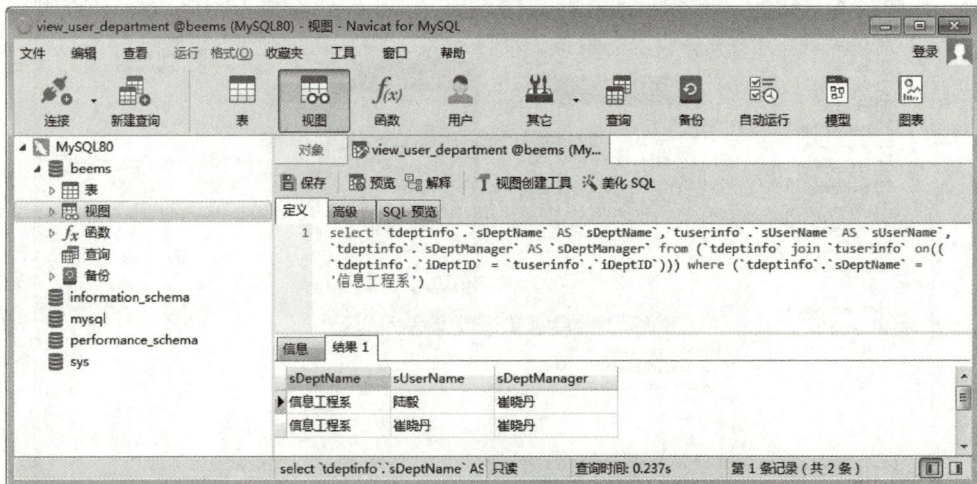

图 3 - 4 - 10　查看视图运行结果

步骤 6： 右键单击要修改的视图，在弹出的快捷菜单中选择"设计视图"命令，就可以打开"视图"设计器，进行视图的修改。

3.4.4 使用 SQL 语句创建、管理和应用视图

1. 创建视图

例 3 - 4 - 10 使用 SQL 语句创建视图"view_expert_postgraduate"，要求显示学历为"硕士研究生"或"博士研究生"的专家信息。

具体 SQL 语句与执行结果如下：

```
mysql> CREATE VIEW view_expert_postgraduate
    -> AS
    -> SELECT sExpertCode, sName, sDiploma, sWorkUnit FROM texpertinfo
    -> WHERE sDiploma = '硕士研究生' OR sDiploma = '博士研究生'
    -> WITH CHECK OPTION;
Query OK, 0 rows affected (0.01 sec)
```

提示：

创建视图时没有指定视图的列名，因此视图的列名与 SELECT 语句中的列名相同。

例 3 - 4 - 11 使用 SQL 语句创建一个统计各学历专家人数的视图"view_expert_num"，要求显示学历和各学历专家人数。

具体 SQL 语句与执行结果如下：

```
mysql> CREATE VIEW view_expert_num( sDiploma, expertNum )
    -> AS
    -> SELECT sDiploma, COUNT(iExpertID) FROM texpertinfo
    -> GROUP BY sDiploma;
Query OK, 0 rows affected (0.01 sec)
```

提示：

视图"view_expert_num"的"expertNum"列来自聚合函数 COUNT( )，则该视图不允许更新，不能加"WITH CHECK OPTION"。

2. 查看视图

例 3-4-12　使用 DESCRIBE 语句查看视图"view_expert_num"。

具体 SQL 语句与执行结果如下：

```
mysql> DESCRIBE view_expert_num;
+-------------+-------------+------+-----+---------+-------+
| Field       | Type        | Null | Key | Default | Extra |
+-------------+-------------+------+-----+---------+-------+
| sDiploma    | varchar(20) | YES  |     | NULL    |       |
| expertNum   | bigint      | NO   |     | 0       |       |
+-------------+-------------+------+-----+---------+-------+
2 rows in set (0.08 sec)
```

例 3-4-13　使用 SHOW TABEL STATUS 语句查看视图"view_expert_num"。

具体 SQL 语句与执行结果如下：

```
mysql> SHOW TABLE STATUS LIKE 'view_expert_num' \G
*************************** 1. row ***************************
           Name: view_expert_num
         Engine: NULL
        Version: NULL
     Row_format: NULL
           Rows: NULL
 Avg_row_length: NULL
    Data_length: NULL
Max_data_length: NULL
   Index_length: NULL
      Data_free: NULL
 Auto_increment: NULL
    Create_time: 2022-06-18 17:21:29
    Update_time: NULL
     Check_time: NULL
      Collation: NULL
       Checksum: NULL
 Create_options: NULL
```

Comment：VIEW

1 row in set (0.00 sec)

例 **3 - 4 - 14** 使用 SHOW CREATE VIEW 语句查看视图"view _ expert _ postgraduate"。

具体 SQL 语句与执行结果如下：

```
mysql> SHOW CREATE VIEW view_expert_postgraduate \G
*************************** 1. row ***************************
                View：view_expert_postgraduate
         Create View：CREATE ALGORITHM = UNDEFINED DEFINER = 'root'@
'localhost' SQL
    SECURITY DEFINER VIEW 'view_expert_postgraduate' AS select 'texpertinfo
'.'sExper
    tCode' AS 'sExpertCode','texpertinfo'.'sName' AS 'sName','texpertinfo
'.'sDiploma
    ' AS 'sDiploma','texpertinfo'.'sWorkUnit' AS 'sWorkUnit' from '
texpertinfo' where (('texpertinfo'.'sDiploma' = '硕士研究生') or
('texpertinfo'.'sDiploma' = '博士研究生')) WITH CASCADED CHECK OPTION
    character_set_client：utf8mb4
    collation_connection：utf8mb4_0900_ai_ci
    1 row in set (0.00 sec)
```

3. 修改视图

例 **3 - 4 - 15** 使用 SQL 语句修改视图"view_expert_postgraduate"，增加一个新条件，要求只显示男专家，视图列名为专家编码、专家姓名、学历、工作单位。

具体 SQL 语句与执行结果如下：

```
mysql> ALTER VIEW view_expert_postgraduate(专家编码,专家姓名,学历,
工作单位)
    -> AS
    -> SELECT sExpertCode, sName, sDiploma, sWorkUnit FROM texpertinfo
    -> WHERE sDiploma = '硕士研究生' OR sDiploma = '博士研究生' AND
sSex = '男'
    -> WITH CHECK OPTION;
Query OK, 0 rows affected (0.02 sec)
```

4. 删除视图

例 3 - 4 - 16　使用 SQL 语句删除视图"view_expert_postgraduate"。

具体 SQL 语句与执行结果如下：

```
mysql> DROP VIEW view_expert_postgraduate;
Query OK, 0 rows affected (0.01 sec)
```

5. 应用视图

使用视图不仅可以方便地查询所需要的数据信息，还可以更新基本表的数据，其方式与使用 UPDATE、INSERT 和 DELETE 语句在数据表中更新数据一样。并非所有的视图都可以进行更新操作，使用视图更新数据时，须要注意以下几点：

- 使用视图更新数据时，视图必须只能引用一个基本表的列。
- 如果视图的列是通过聚合函数或表达式计算出来的，则此视图不允许更新。
- 包含 GROUP BY、HAVING、DISTINCT 子句的视图无法进行修改。
- 对视图进行的修改直接影响基本表。

提示：

为了能正常完成下面的操作，请按照例 3 - 4 - 10 的要求重新创建"view_expert_postgraduate"视图。

（1）应用视图查询数据

例 3 - 4 - 17　通过视图"view_expert_postgraduate"，查询学历为"硕士研究生"的专家。

具体 SQL 语句与执行结果如下：

```
mysql> SELECT *
    -> FROM view_expert_postgraduate
    -> WHERE sDiploma = '硕士研究生';
```

sExpertCode	sName	sDiploma	sWorkUnit
358322	王红梅	硕士研究生	信息工程系
530717	方毅	硕士研究生	团委
615776	张志强	硕士研究生	常州纺院审计处
151606	马胜利	硕士研究生	经贸管理系

...

| 261545 | 赵颖 | 硕士研究生 | 机械工程系 |
+----------------+----------+----------------+------------------+

31 rows in set (0.12 sec)

（2）应用视图添加数据

例 3 - 4 - 18   通过视图"view_expert_postgraduate"，添加一条专家信息。

具体 SQL 语句与执行结果如下：

mysql> INSERT INTO view_expert_postgraduate
    -> VALUES('666888','殷明','博士研究生','信息工程系');
Query OK, 1 row affected (0.02 sec)

成功执行以上 SQL 语句后，专家信息表 texpertinfo 中添加一条记录，如图 3 - 4 -
11 所示。

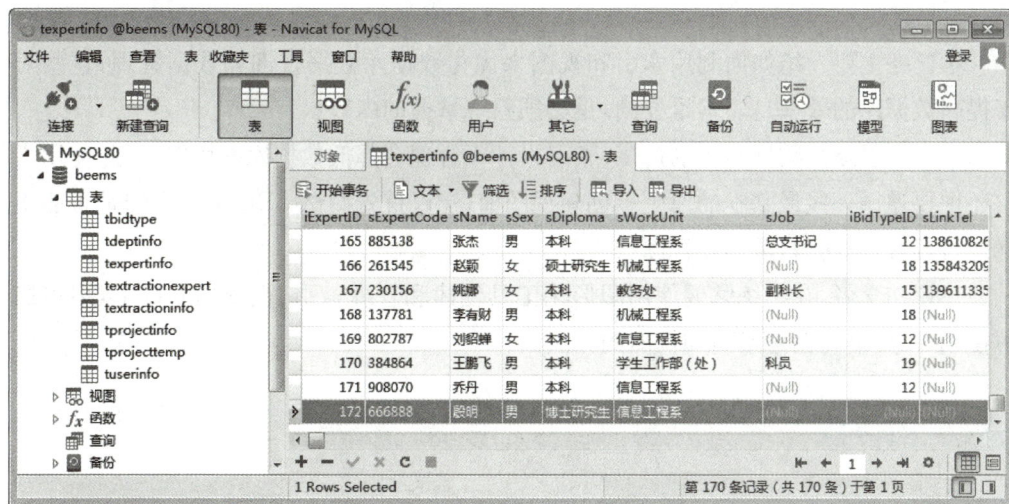

图 3 - 4 - 11　应用视图成功添加数据

（3）应用视图更新数据

例 3 - 4 - 19   通过视图"view_expert_postgraduate"，将专家"殷明"的工作单位
改为"模具系"。

具体 SQL 语句与执行结果如下：

mysql> UPDATE view_expert_postgraduate
    -> SET sWorkUnit = '模具系'
    -> WHERE sName = '殷明';

```
Query OK, 1 row affected (0.00 sec)
Rows matched: 1  Changed: 1  Warnings: 0
```

(4) 应用视图删除数据

例 3-4-20　通过视图"view_expert_postgraduate"，删除姓名为"殷明"的专家的信息。

具体 SQL 语句与执行结果如下：

```
mysql> DELETE FROM view_expert_postgraduate
    -> WHERE sName = '殷明';
Query OK, 1 row affected (0.01 sec)
```

经验分享

本任务主要介绍如何利用索引和视图来优化数据库数据查询和数据管理，这些对于提高数据库的效率是非常重要的，是必须熟练掌握的内容。

索引可以提高数据查询的速度，索引设计不合理会降低数据库的性能，因此使用索引还须要遵循一些最基本的原则。创建视图前，建议首先测试 SELECT 语句是否能正确执行，测试成功后，再创建视图。

建议初学者，在熟练掌握使用图形化工具创建和管理索引、视图的基础上，多多练习使用 SQL 语句创建索引和视图的方法。

巩固习题

1. 选择题

(1) 关于视图的描述错误的是(　　)。

A. 视图是一张虚拟的表

B. 在存储视图时存储的是视图的定义

C. 可以像查询表一样来查询视图

D. 在存储视图时存储的是视图中的数据

(2) 视图是从(　　)中导出的。

A. 基本表　　　　B. 视图　　　　　　C. 基本表或视图　　D. 数据库

(3) 在视图上不能完成的操作是(　　)。

A. 更新视图数据　　　　　　　　　　B. 查询

C. 在视图上定义新的基本表　　　　　D. 在视图上定义新视图

(4) 视图的优点不包括(　　)。

A. 简化用户的数据查询和处理　　　　B. 屏蔽数据库复杂性

C. 提高查询效率　　　　　　　　　　D. 简化用户权限管理

(5) 下列对索引描述不正确的是(　　)。

A. 建立索引可以加快对表中数据的检索

B. 索引建得越多越好

C. 每个索引都会占用一定的物理空间

D. 一个索引可以由一个或多个字段组成

(6) 为数据表创建索引的目的是(　　)。

A. 提高查询的检索性能　　　　　　　B. 创建唯一索引

C. 创建主键　　　　　　　　　　　　D. 提高插入数据的速度

(7) 下列适合创建索引的列是(　　)。

A. 只包含很少值的列　　　　　　　　B. 不经常使用的列

C. 没有查询任务的列　　　　　　　　D. 主键

(8) 建立唯一索引的 SQL 语句是(　　)。

A. CREATE INDEX 索引名 ON 基本表名(列名)

B. CREATE INDEX UNIQUE 索引名 ON 基本表名(列名)

C. CREATE UNIQUE INDEX 索引名 ON 基本表名(列名)

D. CREATE DISTINCT INDEX 索引名 ON 基本表名(列名)

(9) 在 MySQL 中,建立数据库视图的命令是(　　)。

A. CREATE DATABASE　　　　　　　B. CREATE TABLE

C. CREATE VIEW　　　　　　　　　　D. CREATE INDEX

2. 填空题

(1) 创建视图时,关键字＿＿＿＿＿＿＿表示视图要执行的操作。

(2) MySQL 提供的＿＿＿＿＿＿＿语句用于删除视图。

3. 简答题

(1) 简述视图和基本表的区别。

(2) 使用视图的优点有哪些?

(3) 所有的视图都可以更新吗? 为什么?

(4) 什么是索引? 定义索引的目的是什么?

▶ 技能训练

使用图形化工具或 SQL 语句在简明门诊管理系统数据库 his 中完成以下操作:

实训 1： 创建和管理索引：

（1）为挂号信息表 register 在 dep_ID 字段上创建名为"index_depid"的升序索引。

（2）为科室信息表 department 在 dep_Address 字段上创建名为"index_address"的降序索引。

（3）给挂号信息表 register 在 p_ID 字段上创建升序索引，名为"index_pid"。

（4）删除挂号信息表 register 上的"index_depid"索引。

实训 2： 创建和管理视图：

（1）基于医生信息表 doctor 创建职称为"主治医师"的视图"view_主治医师信息"。

（2）基于科室信息表 department 创建地址为"门诊楼一楼"的视图"view_一楼科室"。

（3）创建视图"view_呼吸科医生"，要求显示呼吸科的医生信息。

（4）创建视图"view_80patientAgeName"，要求显示 80 后病人的姓名和年龄。

（5）创建视图"view_呼吸科男医生"，要求显示医生编号、姓名和职称。

（6）使用视图"view_呼吸科男医生"查询呼吸科的男主治医师信息。

（7）使用视图"view_80patientAgeName"查询年龄大于 40 岁的 80 后病人的姓名。

（8）删除视图"view_一楼科室"。

任务工单：

任务 3.4
实训任务工单

任务 3.5　存储过程及触发器的应用

任务描述

前面系统功能都是使用单条 SQL 语句实现的，在数据库的实际操作中，经常会遇到比较复杂的操作，需要多条 SQL 语句才能完成，还经常遇到重复使用某一功能的情况。因此 MySQL 中引入了存储过程、存储函数还有触发器。本任务主要介绍使用 SQL 语句实现存储过程、存储函数和触发器的方法。

任务目标

● 了解存储过程和存储函数的概念和作用。

● 掌握创建存储过程和存储函数的方法。

● 掌握调用存储过程和存储函数的方法。

- 了解触发器的概念。
- 掌握创建、查看、删除触发器的方法。
- 理解触发器的触发机制。

知识准备

知识点1 存储过程

存储过程是一组为了完成特定功能的 SQL 语句集合，经编译后存储在数据库中，可随时被调用。

多学一点：
使用存储过程的优点

知识拓展：
SQL 语言编程基础

1. 创建存储过程

MySQL 中使用 CREATE PROCEDURE 语句创建存储过程，其基本语法格式如下：

```
CREATE PROCEDURE proc_name ( [ proc_parameter [, ... ] ] )
    routine_body
```

语法说明如下：

- proc_name：指定存储过程的名称。
- proc_parameter：指定存储过程的参数。存储过程可以没有参数，也可以有一个或多个参数。其形式如下：

```
[ IN | OUT | INOUT ] param_name type
```

其中，IN 表示输入参数；OUT 表示输出参数；INOUT 表示既可以是输入参数，也可以是输出参数；param_name 表示参数名称；type 表示参数的数据类型，可以是 MySQL 支持的任意数据类型。

- routine_body：指定存储过程的主体部分，包含须要执行的 SQL 语句，可以用 BEGIN ... END 来标志 SQL 语句的开始和结束。

2. 调用存储过程

存储过程创建成功后，可以使用 CALL 语句来调用它，其基本语法格式如下：

```
CALL proc_name ( [ parameter [ , ... ] ] )
```

语法说明如下：

- proc_name：指定被调用的存储过程的名称。
- parameter：指定调用存储过程所要使用的参数，参数个数必须等于存储过程的参数个数。

> **提示：**
>
> 当调用没有参数的存储过程时，使用 CALL proc_name() 与使用 CALL proc_name 是相同的。

3. 查看存储过程

成功创建存储过程后，可以使用 SHOW STATUS 语句或 SHOW CREATE 语句来查看存储过程，还可以直接从系统数据库 information_schema 的 routines 表中查询。

(1) 使用 SHOW STATUS 语句

使用 SHOW STATUS 语句可以查看存储过程和存储函数的状态，其基本语法格式如下：

```
SHOW { PROCEDURE | FUNCTION } STATUS [ LIKE 'pattern' ]
```

语法说明如下：

- PROCEDURE：表示要查看存储过程。
- FUNCTION：表示要查看存储函数。
- LIKE 'pattern'：用来匹配存储过程或存储函数的名称。

(2) 使用 SHOW CREATE 语句

使用 SHOW CREATE 语句可以查看存储过程和存储函数的详细定义，其基本语法格式如下：

```
SHOW CREATE { PROCEDURE | FUNCTION } sp_name
```

语法说明如下：

- sp_name：指定要查询的存储过程或存储函数的名称。

(3) 使用 information_schema. routines 表

routines 表中存储了所有存储过程和存储函数的信息，查询语句如下：

```
SELECT * FROM information_schema.routines
WHERE ROUTINE_NAME = 'sp_name'
```

● sp_name：指定要查询的存储过程或存储函数的名称。如果不使用 WHERE 子句,将查询出所有的存储过程或存储函数。

4. 删除存储过程

可以使用 DROP PROCEDURE 语句删除存储过程,其基本语法格式如下：

```
DROP PROCEDURE [ IF EXISTS ] proc_name
```

语法说明如下：

● proc_name：指定要删除的存储过程的名称,须要注意,它后面没有参数列表, 也没有括号。

知识点 2　存　储　函　数

存储函数与存储过程一样,都是经过编译并保存在数据库中的 SQL 语句的集合, 可以随时被调用。它们之间有如下几点区别：

(1) 存储函数必须包含 RETURN 语句,存储过程不允许包含 RETURN 语句。

(2) 存储函数没有输出参数,存储过程可以有输出参数。

(3) 可以直接调用存储函数,调用存储过程要使用 CALL 语句。

1. 创建存储函数

在 MySQL 中,可以使用 CREATE FUNCTION 语句创建存储函数,其基本语法 格式如下：

```
CREATE FUNCTION func_name ( [ func_parameter [, ... ] ] )
    RETURNS type
    routine_body
```

语法说明如下：

● func_name：指定存储函数的名称。

● func_parameter：指定存储函数的参数,其格式为：

```
param_name type
```

其中,param_name 为参数名称；type 为数据类型,可以为 MySQL 支持的任意数 据类型。

● RETURNS type：指定存储函数返回值的数据类型。

● routine_body：指定存储函数的主体部分,必须包含一个 RETURN value 语句,其中，value 用于指定存储函数的返回值。

2. 调用存储函数

在 MySQL 中，用户自定义的存储函数与系统函数的使用方法基本相同，其基本语法格式如下：

```
SELECT func_name ( [ func_parameter [, ... ] ] )
```

语法说明如下：

- func_name：指定存储函数的名称。
- func_parameter：指定存储函数的参数。

3. 删除存储函数

删除存储函数的方法跟删除存储过程的方法基本一样，其基本语法格式如下：

```
DROP FUNCTION [ IF EXISTS ] func_name
```

语法说明如下：

- func_name：指定要删除的存储函数的名称，须要注意，它后面没有参数列表，也没有括号。

知识点 3　触　发　器

触发器是用户定义在数据表上的由事件驱动的数据库对象，也是一种保证数据完整性的方法。触发器可以看作是一种特殊的存储过程，区别在于存储过程要使用 CALL 语句调用，而触发器是在预先定义好的事件发生时，被 MySQL 自动调用的。

1. 创建触发器

可以使用 CREATE TRIGGER 语句创建触发器，其基本语法格式如下：

```
CREATE TRIGGER trigger_name trigger_time trigger_event
ON table_name FOR EACH ROW
trigger_body
```

语法说明如下：

- trigger_name：指定触发器的名称。
- trigger_time：指定触发器被触发的时间，可以取 BEFORE 和 AFTER，表示在触发事件的操作执行之前或之后激活触发器。
- trigger_event：指定触发事件，可以是 INSERT、UPDATE 或 DELETE。INSERT 表示将新的数据行插入表中时激活触发器；UPDATE 表示更改表中一行数据时激活触发器;DELETE 表示从表中删除一行数据时激活触发器。

● table_name：指定建立触发器的表名。

● FOR EACH ROW：指定对于受触发事件影响的每一行都要激活触发器的动作。

● trigger_body：指定触发器激活时将要执行的 SQL 语句。如果要执行多条 SQL 语句,要将多条语句放在 BEGIN ... END 中。

2. 查看触发器

在 MySQL 中,可以使用 SHOW TRIGGERS 语句或 SHOW CREATE 语句来查看触发器,还可以直接从系统数据库 information_schema 的 triggers 表中查看。

(1) 使用 SHOW TRIGGERS 语句

SHOW TRIGGERS 语句的基本语法格式如下:

```
SHOW TRIGGERS [ FROM database_name ] [ LIKE 'pattern' ]
```

语法说明如下:

● FROM database_name：指定要查看的触发器的数据库名,如果省略,查看当前数据库中的触发器。

● LIKE 'pattern'：用来匹配触发器的名称。

(2) 使用 SHOW CREATE 语句

SHOW CREATE 语句的基本语法格式如下:

```
SHOW CREATE TRIGGER trigger_name
```

语法说明如下:

● trigger_name：指定要查看的触发器的名称。

(3) 使用 information_schema. triggers 表

triggers 表中存储了所有触发器的信息,查询语句如下:

```
SELECT * FROM information_schema.triggers
WHERE TRIGGER_NAME = 'trigger_name'
```

语法说明如下:

● trigger_name：指定要查询的触发器的名称。如果不使用 WHERE 子句,将查询出所有的触发器。

3. 删除触发器

可以使用 DROP TRIGGE 语句将触发器从数据库中删除,其基本语法格式如下:

```
DROP TRIGGER [ IF EXISTS ] trigger_name [, ... n ]
```

语法说明如下：

● trigger_name：指定要删除的触发器名称。

任务实施

3.5.1　创建和使用存储过程

1. 创建和调用存储过程

例 3-5-1　　创建一个不带参数的存储过程，要求查询出最高学历为"硕士研究生"、技术职称为"副教授"的专家信息。

步骤 1：创建存储过程。具体 SQL 语句与执行结果如下：

```
mysql> USE beems;
Database changed
mysql> DELIMITER $$
mysql> CREATE PROCEDURE proc_expert()
    -> BEGIN
    ->   SELECT sName, sSex, sDiploma, sWorkUnit, sTechnicalTitle
    ->   FROM texpertinfo
    ->   WHERE sDiploma = '硕士研究生' AND sTechnicalTitle = '副教授';
    -> END $$
Query OK, 0 rows affected (0.02 sec)

mysql> DELIMITER ;
```

提示：

"DELIMITER $$"语句的作用是将 MySQL 的语句结束符设置为"$$"。

MySQL 默认的语句结束符为分号";"，创建存储过程时，存储过程体中的 SQL 语句也要使用分号";"作为语句结束符。为了避免冲突，须要使用 DELIMITER 语句，将 MySQL 的语句结束符临时设置为其他符号，比如"$$""!!"等。

创建完存储过程后，再使用"DELIMITER ;"将语句结束符恢复成分号";"。

步骤 2：调用存储过程。具体 SQL 语句与执行结果如下：

```
mysql> CALL proc_expert();
+-----------+-------+-------------+-------------+----------------+
| sName     | sSex  | sDiploma    | sWorkUnit   | sTechnicalTitle |
+-----------+-------+-------------+-------------+----------------+
| 马胜利     | 男    | 硕士研究生   | 经贸管理系   | 副教授          |
| 瞿新忠     | 男    | 硕士研究生   | 艺术设计系   | 副教授          |
| 朱瑞平     | 男    | 硕士研究生   | 机械工程系   | 副教授          |
| 张铁梅     | 女    | 硕士研究生   | 旅游系      | 副教授          |
| 沈小平     | 男    | 硕士研究生   | 旅游系      | 副教授          |
| 王俊凯     | 男    | 硕士研究生   | 信息工程系   | 副教授          |
| 徐铮       | 男    | 硕士研究生   | 模具系      | 副教授          |
+-----------+-------+-------------+-------------+----------------+
7 rows in set (0.07 sec)

Query OK, 0 rows affected (0.03 sec)
```

例 3 - 5 - 2 创建一个带输入参数的存储过程，要求根据指定的学历，获取具有该学历的专家姓名、性别和工作单位。

步骤 1：创建存储过程。具体 SQL 语句与执行结果如下：

```
mysql> DELIMITER $$
mysql> CREATE PROCEDURE proc_expert_diploma (IN diploma varchar(20))
    -> BEGIN
    ->    SELECT sName, sSex, sWorkUnit
    ->    FROM texpertinfo
    ->    WHERE sDiploma = diploma;
    -> END $$
Query OK, 0 rows affected (0.01 sec)

mysql> DELIMITER ;
```

步骤 2：调用存储过程。具体 SQL 语句与执行结果如下：

```
mysql> CALL proc_expert_diploma('博士研究生');
+-------------+----------+---------------------------+
```

```
| sName        | sSex     | sWorkUnit                |
+--------------+----------+--------------------------+
| 冯永瑞        | 男       | 电子电气工程系             |
| 丁浩          | 男       | 电子电气工程系             |
+--------------+----------+--------------------------+
2 rows in set (0.07 sec)


Query OK, 0 rows affected (0.00 sec)
```

例 3-5-3　创建一个带输出参数的存储过程,实现统计指定学历的专家人数。

步骤 1:创建存储过程。具体 SQL 语句与执行结果如下:

```
mysql> DELIMITER $$
mysql> CREATE PROCEDURE proc_expert_count(IN diploma varchar(20), OUT
num int)
    -> BEGIN
    ->    SELECT count( * ) INTO num
    ->    FROM texpertinfo
    ->    WHERE sDiploma = diploma;
    -> END $$
Query OK, 0 rows affected (0.01 sec)


mysql> DELIMITER ;
```

提示:

在 MySQL 中,可以使用 SELECT ... INTO 语句把选定列的值存储到局部变量中。

步骤 2:调用存储过程。具体 SQL 语句与执行结果如下:

```
mysql> CALL proc_expert_count('本科', @num );
Query OK, 1 row affected (0.00 sec)
```

步骤 3:查看返回结果。具体 SQL 语句与执行结果如下:

```
mysql> SELECT @num;
+---------+
| @num    |
+---------+
|   136   |
+---------+
1 row in set (0.00 sec)
```

2. 查看存储过程

例 3 - 5 - 4   使用 SHOW PROCEDURE 语句查看存储过程"proc_expert"。具体 SQL 语句与执行结果如下：

```
mysql> SHOW PROCEDURE STATUS LIKE 'proc_expert' \G
****************************** 1. row ******************************
                     Db：beems
                   Name：proc_expert
                   Type：PROCEDURE
                Definer：root@localhost
               Modified：2022 - 05 - 11 08:36:55
                Created：2022 - 05 - 11 08:36:55
          Security_type：DEFINER
                Comment：
   character_set_client：utf8mb4
   collation_connection：utf8mb4_0900_ai_ci
     Database Collation：utf8mb4_0900_ai_ci
1 row in set (0.01 sec)
```

例 3 - 5 - 5   使用 SHOW CREATE 语句查看存储过程"proc_expert"。具体 SQL 语句与执行结果如下：

```
mysql> SHOW CREATE PROCEDURE proc_expert \G
****************************** 1. row ******************************
              Procedure：proc_expert
               sql_mode：
STRICT_TRANS_TABLES,NO_ENGINE_SUBSTITUTION
       Create Procedure：CREATE DEFINER = 'root'@'localhost' PROCEDURE
'proc_expert'( )
```

```
BEGIN
        SELECT sName, sSex, sDiploma, sWorkUnit, sTechnicalTitle
        FROM texpertinfo
        WHERE sDiploma = '硕士研究生' AND sTechnicalTitle = '副教授';
END
character_set_client: utf8mb4
collation_connection: utf8mb4_0900_ai_ci
  Database Collation: utf8mb4_0900_ai_ci
1 row in set (0.01 sec)
```

例 3-5-6　从 routines 表中查询名为"proc_expert"的存储过程的信息。具体 SQL 语句与执行结果如下：

```
mysql> SELECT * FROM information_schema.routines
    -> WHERE ROUTINE_NAME = 'proc_expert'\G
*************************** 1. row ***************************
            SPECIFIC_NAME: proc_expert
          ROUTINE_CATALOG: def
           ROUTINE_SCHEMA: beems
             ROUTINE_NAME: proc_expert
             ROUTINE_TYPE: PROCEDURE
                DATA_TYPE:
  CHARACTER_MAXIMUM_LENGTH: NULL
    CHARACTER_OCTET_LENGTH: NULL
        NUMERIC_PRECISION: NULL
            NUMERIC_SCALE: NULL
        DATETIME_PRECISION: NULL
        CHARACTER_SET_NAME: NULL
           COLLATION_NAME: NULL
           DTD_IDENTIFIER: NULL
             ROUTINE_BODY: SQL
       ROUTINE_DEFINITION: BEGIN
        SELECT sName, sSex, sDiploma, sWorkUnit, sTechnicalTitle
        FROM texpertinfo
        WHERE sDiploma = '硕士研究生' AND sTechnicalTitle = '副教授';
```

```
END
                    EXTERNAL_NAME: NULL
             EXTERNAL_LANGUAGE: SQL
               PARAMETER_STYLE: SQL
               IS_DETERMINISTIC: NO
             SQL_DATA_ACCESS: CONTAINS SQL
                       SQL_PATH: NULL
                SECURITY_TYPE: DEFINER
                        CREATED: 2022-05-11 08:36:55
                  LAST_ALTERED: 2022-05-11 08:36:55
                       SQL_MODE:
STRICT_TRANS_TABLES,NO_ENGINE_SUBSTITUTION
              ROUTINE_COMMENT:
                        DEFINER: root@localhost
         CHARACTER_SET_CLIENT: utf8mb4
     COLLATION_CONNECTION: utf8mb4_0900_ai_ci
       DATABASE_COLLATION: utf8mb4_0900_ai_ci
    1 row in set (0.01 sec)
```

3. 删除存储过程

例 3-5-7　　删除存储过程"proc_expert"。

具体 SQL 语句与执行结果如下：

```
mysql> DROP PROCEDURE proc_expert;
Query OK, 0 rows affected (0.02 sec)
```

3.5.2　创建和使用存储函数

1. 创建和调用存储函数

例 3-5-8　　创建一个根据给定的技术职称查询专家人数的函数，并调用此函数查询技术职称为"副教授"的专家人数。

步骤 1：创建存储函数。具体 SQL 语句与执行结果如下：

```
mysql> DELIMITER $ $
mysql> CREATE FUNCTION func_expert_num( in_title varchar(20))
```

```
    ->    RETURNS int
    ->    DETERMINISTIC
    ->    BEGIN
    ->        DECLARE out_num int;
    ->        SELECT count( * ) INTO out_num FROM texpertinfo
    ->        WHERE sTechnicalTitle = in_title;
    ->        RETURN out_num;
    ->    END $$
Query OK, 0 rows affected (0.02 sec)


mysql> DELIMITER ;
```

步骤 2：调用存储函数。具体 SQL 语句与执行结果如下：

```
mysql> SELECT func_expert_num('副教授') AS 副教授人数;
+--------------+
| 副教授人数   |
+--------------+
|           65 |
+--------------+
1 row in set (0.01 sec)
```

2. 删除存储函数

例 3-5-9   删除存储函数"func_expert_num"。

具体 SQL 语句与执行结果如下：

```
mysql> DROP FUNCTION IF EXISTS func_expert_num;
Query OK, 0 rows affected, 1 warning (0.00 sec)
```

3.5.3 创建和使用触发器

1. 创建触发器

例 3-5-10   在部门信息表 tdeptinfo 中创建一个触发器"tdeptinfo_insert_tri"，用于每次添加部门时，将用户变量 addinfo 的值设置为"您添加了一个新部门!"。

步骤 1：创建触发器。具体 SQL 语句与执行结果如下：

```
mysql> CREATE TRIGGER tdeptinfo_insert_tri AFTER INSERT
    -> ON tdeptinfo FOR EACH ROW
    -> SET @addinfo = '您添加了一个新部门！';
Query OK, 0 rows affected (0.02 sec)
```

步骤 2：触发触发器。在部门信息表 tdeptinfo 中插入一条记录，以触发触发器 tdeptinfo_insert_tri，具体 SQL 语句与执行结果如下：

```
mysql> INSERT tdeptinfo(sDeptName, sDeptManager)
    -> VALUES ('教师发展中心', '张明宇');
Query OK, 1 row affected (0.01 sec)
```

步骤 3：验证触发器。查看变量 addinfo 的值，具体 SQL 语句与执行结果如下：

```
mysql> SELECT @addinfo;
+--------------------------------+
| @addinfo                       |
+--------------------------------+
| 您添加了一个新部门！           |
+--------------------------------+
1 row in set (0.04 sec)
```

2. 查看触发器

例 **3-5-11**　使用 SHOW TRIGGERS 语句查看数据库 beems 中的所有触发器。具体 SQL 语句与执行结果如下：

```
mysql> SHOW TRIGGERS FROM beems \G
*************************** 1. row ***************************
          Trigger: tdeptinfo_insert_tri
            Event: INSERT
            Table: tdeptinfo
        Statement: SET @addinfo = '您添加了一个新部门！'
           Timing: AFTER
          Created: 2022-06-23 14:59:37.98
         sql_mode:
STRICT_TRANS_TABLES,NO_ENGINE_SUBSTITUTION
          Definer: root@localhost
```

```
character_set_client：utf8mb4

collation_connection：utf8mb4_0900_ai_ci

  Database Collation：utf8mb4_0900_ai_ci

1 row in set (0.01 sec)
```

例 3 - 5 - 12　使用 SHOW CREATE 语句查看触发器"tdeptinfo_insert_tri"。
具体 SQL 语句与执行结果如下：

```
mysql> SHOW CREATE TRIGGER tdeptinfo_insert_tri \G
*************************** 1. row ***************************
              Trigger：tdeptinfo_insert_tri
             sql_mode：
STRICT_TRANS_TABLES,NO_ENGINE_SUBSTITUTION
    SQL Original Statement：CREATE DEFINER = 'root'@'localhost' TRIGGER '
tdeptinfo_ insert _ tri ' AFTER INSERT ON 'tdeptinfo' FOR EACH ROW SET @
addinfo = '您添加了一个新部门！'
    character_set_client：utf8mb4
    collation_connection：utf8mb4_0900_ai_ci
      Database Collation：utf8mb4_0900_ai_ci
              Created：2022 - 06 - 23 14:59:37.98
1 row in set (0.01 sec)
```

例 3 - 5 - 13　从 triggers 表中查询名为"tdeptinfo_insert_tri"的触发器的信息。
具体 SQL 语句与执行结果如下：

```
mysql> SELECT * FROM information_schema.triggers
    -> WHERE trigger_name = 'tdeptinfo_insert_tri'\G
*************************** 1. row ***************************
          TRIGGER_CATALOG：def
           TRIGGER_SCHEMA：beems
             TRIGGER_NAME：tdeptinfo_insert_tri
       EVENT_MANIPULATION：INSERT
      EVENT_OBJECT_CATALOG：def
       EVENT_OBJECT_SCHEMA：beems
        EVENT_OBJECT_TABLE：tdeptinfo
             ACTION_ORDER：1
```

```
              ACTION_CONDITION: NULL
              ACTION_STATEMENT: SET @addinfo = '您添加了一个新部门！'
            ACTION_ORIENTATION: ROW
               ACTION_TIMING: AFTER
   ACTION_REFERENCE_OLD_TABLE: NULL
   ACTION_REFERENCE_NEW_TABLE: NULL
     ACTION_REFERENCE_OLD_ROW: OLD
     ACTION_REFERENCE_NEW_ROW: NEW
                    CREATED: 2022 - 06 - 23 14:59:37.98
                   SQL_MODE:
STRICT_TRANS_TABLES,NO_ENGINE_SUBSTITUTION
                    DEFINER: root@localhost
        CHARACTER_SET_CLIENT: utf8mb4
        COLLATION_CONNECTION: utf8mb4_0900_ai_ci
          DATABASE_COLLATION: utf8mb4_0900_ai_ci
1 row in set (0.00 sec)
```

3. 删除触发器

例 3 - 5 - 14　　删除触发器"tdeptinfo_insert_tri"。

具体 SQL 语句与执行结果如下：

```
mysql> DROP TRIGGER tdeptinfo_insert_tri;
Query OK, 0 rows affected (0.08 sec)
```

经验分享

　　存储过程、存储函数和触发器是 MySQL 的高级应用，可以将一些复杂操作封装起来，以便重复使用，大大减少数据库开发人员的工作量。想要熟练使用存储过程、存储函数和触发器，须要掌握 SQL 语言编程基础。

　　建议在创建存储过程之前，先在"查询"编辑器中执行存储过程体中的 SQL 语句，以得到所需的结果，然后再创建存储过程。

1. 选择题

（1）存储过程的优点不包括（　　）。

A. 提高执行速度　　　　　　　　　B. 降低网络流量

C. 间接实现安全控制　　　　　　　D. 存储在 DB 之外，方便修改

（2）不能激活触发器执行的事件是（　　）。

A. SELECT　　　B. UPDATE　　　C. INSERT　　　D. DELETE

（3）在 MySQL 中，当数据表被修改时，系统自动执行的数据库对象是（　　）。

A. 存储过程　　　　　　　　　　　B. 触发器

C. 视图　　　　　　　　　　　　　D. 其他数据库对象

（4）MySQL 中调用存储过程，须要（　　）调用该存储过程。

A. 直接使用存储过程的名字

B. 在存储过程前加 CALL 关键字

C. 在存储过程前加 EXEC 关键字

D. 在存储过程前加 USE 关键字

（5）（　　）语句用于删除存储过程。

A. CREATE PROCEDURE　　　　　B. CREATE TABLE

C. DROP PROCEDURE　　　　　　D. 其他

（6）创建存储过程的关键字是（　　）。

A. CREATE PROC　　　　　　　　B. CREATE DATABASE

C. CREATE FUNCTION　　　　　　D. CREATE PROCEDURE

（7）下列关于存储函数的说法中正确的是（　　）。

A. 存储函数必须由两条以上的语句组成

B. 在函数体中不可以使用 SELECT 语句

C. 函数的返回值不能省略

D. 存储函数的名称区分大小写

（8）调用存储函数使用（　　）语句。

A. CALL　　　B. LOAD　　　C. CREATE　　　D. SELECT

（9）创建存储函数使用（　　）。

A. CREATE FUNCTION　　　　　　B. CREATE TRIGGER

C. CREATE PROCEDURE　　　　　D. CREATE VIEW

2. 填空题

（1）存储过程是一组预先定义并＿＿＿＿＿＿好的 SQL 语句。

（2）创建存储过程的语句是＿＿＿＿＿＿＿＿＿＿＿＿，调用存储过程的语句是＿＿＿＿＿＿＿＿＿＿，删除存储过程的语句是＿＿＿＿＿＿＿＿＿。

（3）创建触发器的语句是＿＿＿＿＿＿＿＿＿，删除触发器的语句是＿＿＿＿＿＿＿＿＿。

（4）将语句结束符改为"＄＄"使用＿＿＿＿＿＿＿＿。

（5）当存储函数中的代码超过一行时，使用＿＿＿＿＿＿＿＿包裹函数体。

3. 简答题

（1）什么是存储过程？使用存储过程主要有哪些优点？

（2）什么是触发器？它由哪3个部分组成？使用触发器有哪些优点？

（3）简述 MySQL 的触发器有哪些触发时机和触发事件。

（4）触发器与存储过程的主要区别是什么？

技能训练

使用图形化工具或 SQL 语句在简明门诊管理系统数据库 his 中完成以下操作：

任务工单：
任务 3.5
实训任务工单

实训 1： 创建和使用存储过程：

（1）创建存储过程"UP_Find90SPatientInfo"，用于查询 90 后病人信息。

（2）创建存储过程"UP_FindPatientInfoByID"，根据病人编号查询病人信息。调用该存储过程，查询病人编号为"3"的病人的信息。

（3）创建存储过程"UP_FindDoctorInfoByDepName"，要求根据科室名称查询医生信息。调用该存储过程，查询骨伤科医生的信息。

（4）创建存储过程"UP_FindDiaInfoByDoctorName"，要求根据医生姓名查询该医生所有的看病记录。调用该存储过程，查询梅清新医生的诊疗记录。

（5）创建一个带输出参数的存储过程"UP_PatientNum"，实现统计病人的人数。

实训 2： 创建和使用存储函数：

（1）创建存储函数"Fuc_DoctorNum"，要求返回男医生或者女医生的人数。

（2）调用存储函数"Fuc_DoctorNum"，查询女医生的人数。

（3）删除存储函数"Fuc_DoctorNum"。

实训 3： 创建和使用触发器：

（1）在医生信息表 doctor 上创建 DELETE 触发器"tri_nodelete"，不允许一次删除多行数据。

（2）在病人信息表 patient 上创建触发器"tri_noinsert"，要求用户往病人信息表中插入的病人年龄不大于 20 岁。

（3）在挂号信息表 register 上创建触发器，要求修改后的挂号费用必须不小于修改前的费用。

模块 4

管理数据库

模块背景

数据基础制度建设事关国家发展和安全大局,要维护国家数据安全,保护个人信息和商业秘密。

数据库中保存着非常重要的数据和资料,保证数据的安全性对于任何数据库管理系统来说都是极为重要的。数据库安全是指保护数据库,防止因不合法的使用而造成数据泄露、更改或破坏。

为了保证数据库的安全,MySQL 提供了完善的安全管理机制,同时还提供了功能强大的数据库备份和还原工具。定期对数据库进行备份,就可以从多种故障中恢复数据,将损失降到最低。

本模块主要包括以下 2 个学习任务:

任务 4.1 数据库安全管理

任务 4.2 数据库备份与还原

管理数据库

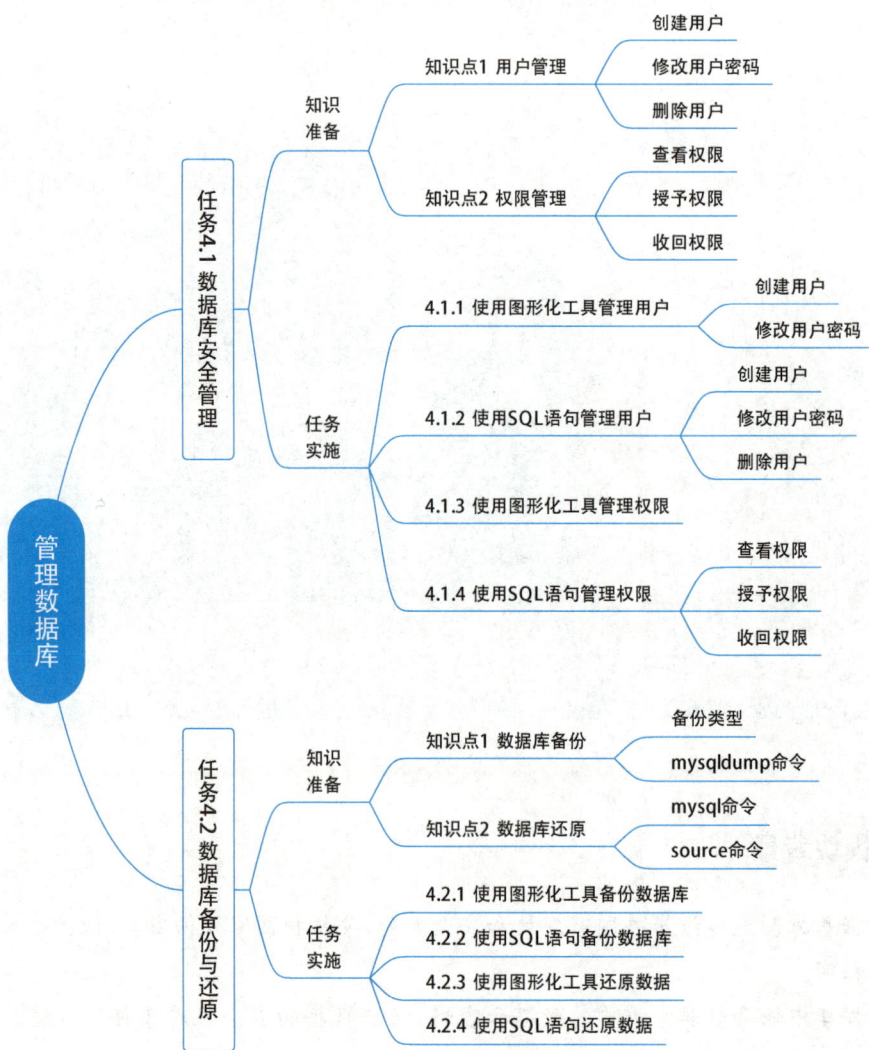

- 任务4.1 数据库安全管理
  - 知识准备
    - 知识点1 用户管理
      - 创建用户
      - 修改用户密码
      - 删除用户
    - 知识点2 权限管理
      - 查看权限
      - 授予权限
      - 收回权限
  - 任务实施
    - 4.1.1 使用图形化工具管理用户
      - 创建用户
      - 修改用户密码
    - 4.1.2 使用SQL语句管理用户
      - 创建用户
      - 修改用户密码
      - 删除用户
    - 4.1.3 使用图形化工具管理权限
    - 4.1.4 使用SQL语句管理权限
      - 查看权限
      - 授予权限
      - 收回权限
- 任务4.2 数据库备份与还原
  - 知识准备
    - 知识点1 数据库备份
      - 备份类型
      - mysqldump命令
    - 知识点2 数据库还原
      - mysql命令
      - source命令
  - 任务实施
    - 4.2.1 使用图形化工具备份数据库
    - 4.2.2 使用SQL语句备份数据库
    - 4.2.3 使用图形化工具还原数据
    - 4.2.4 使用SQL语句还原数据

任务 4.1   数据库安全管理

▶ 任务描述

数据库存储着大量的关键数据与敏感数据，这些数据一旦被泄露或窃取，会对个人、企业甚至国家造成无法估量的损失。数据安全已成为国家安全保障体系的重要组成内容。

　　为了保证数据库的安全，用户要访问 MySQL 数据库，必须拥有登录 MySQL 服务器的用户名和密码。登录服务器后，用户只能在其权限范围内使用数据库资源。

　　数据库安全管理的任务主要是对数据库进行安全性设置，给操作数据库的人员分配用户名、密码以及可操作的权限范围。

任务目标

- 了解 MySQL 权限表。
- 掌握创建和管理用户账户的方法。
- 掌握查看权限的方法。
- 掌握授予和收回权限的方法。

知识准备

知识点 1　用 户 管 理

　　MySQL 用户主要分为 root 用户和普通用户，root 用户是超级管理员，拥有操作和管理 MySQL 的所有权限，普通用户只拥有被赋予的权限。用户账号及相关信息存储在系统数据库 mysql 的 user 表中。MySQL 提供了许多命令用于创建用户、修改用户、删除用户等。

多学一点：

user 表

1. 创建用户

　　可以使用 CREATE USER 语句创建用户，其基本语法格式如下：

```
CREATE USER 'username'@'hostname'[ IDENTIFIED BY 'password']
[, 'username'@'hostname'[ IDENTIFIED BY 'password']]...
```

语法说明如下：

- username：指定创建的用户名。
- hostname：指定用户连接 MySQL 服务器时所用主机的名字，可以是 IP 地址、域名以及"％"。其中，"％"表示任何主机名。
- IDENTIFIED BY：是可选项，用于设置用户的密码。如果用户无密码，可以省略。

● password：指定用户的密码。

2. 修改用户密码

用户密码至关重要，一旦丢失须要及时修改。root 用户既可以修改自己的密码，也可以修改普通用户的密码，普通用户须要拥有相应权限才能修改自己的密码。

MySQL 中可以使用 ALTER USER 语句，也可以使用 SET PASSWORD 语句修改用户密码。

(1) 使用 ALTER USER 语句修改用户密码

基本语法格式如下：

```
ALTER USER user [ IDENTIFIED BY 'newpassword' ]
[, user [ IDENTIFIED BY 'newpassword' ] ] ...
```

语法说明如下：

● user：指定要修改密码的用户账号，由用户名和主机名构成，也可以使用 USER() 函数指定用户，表示修改当前用户的密码。

● newpassword：指定新密码。

(2) 使用 SET PASSWORD 语句修改用户密码

基本语法格式如下：

```
SET PASSWORD [ FOR user ] = 'newpassword'
```

语法说明如下：

● FOR user：指定要修改密码的用户账号，user 由用户名和主机名构成。FOR user 可以省略，表示修改当前用户的密码。

● newpassword：指定新密码。

3. 删除用户

MySQL 中可以使用 DROP USER 语句删除用户，也可以使用 DELETE 语句直接将用户的信息从 mysql. user 表中删除。

DROP USER 语句的基本语法格式如下：

```
DROP USER 'username'@'hostname'[,'username'@'hostname']...
```

语法说明如下：

DROP USER 语句可以同时删除多个用户，并撤销其权限。用户的删除不会影响到他们之前创建的表、索引等数据库对象。

知识点 2　权 限 管 理

在 MySQL 数据库中，为了保证数据的安全性，数据库管理员须要为每个用户分配不同的权限，限制用户只能在其权限范围内操作数据库资源。管理员还可以根据不同的情况为用户增加或收回对数据的操作权限，从而控制数据操作人员的权限。

多学一点：
db 表

多学一点：
MySQL 新特性
——角色

根据权限的作用范围，权限信息分别存储在系统数据库 mysql 的不同数据表中。启动 MySQL 服务时，会自动加载这些权限信息，并将这些权限信息读取到内存中。与权限相关的数据表见表 4-1-1。

表 4-1-1　与权限相关的数据表

数 据 表	说　　明
user	保存用户被授予的全局权限
db	保存用户被授予的数据库权限
tables_priv	保存用户被授予的数据表权限
columns_priv	保存用户被授予的列权限
procs_priv	保存用户被授予的存储过程和函数权限
proxies_priv	保存用户被授予的代理权限

1. 查看权限

可以使用 SHOW GRANTS 语句查看用户的权限信息，其基本语法格式如下：

```
SHOW GRANTS [ FOR user ]
```

语法说明如下:

● FOR user: 指定要查看权限的用户账号,user 由用户名和主机名构成。FOR user 可以省略,表示查看当前用户的权限。

2. 授予权限

合理的授权可以保证数据库的安全,MySQL 中可以使用 GRANT 语句为用户授权,其基本语法格式如下:

```
GRANT priv_type [ (column_list) ] [, priv_type [ (column_list) ] ]...
ON priv_level
TO user [, user ]...
[ WITH GRANT OPTION ]
```

语法说明如下:

● priv_type: 指定权限类型,如 SELECT、UPDATE 等。

● column_list: 是可选项,指定权限授予给表中哪些列。

● priv_level: 指定权限所作用的范围。有这样几类格式:"*"表示当前数据库中的所有表;"*.*"表示所有数据库中的所有表;"db_name.*"表示指定数据库 db_name 中的所有表;"db_name.tbl_name"表示指定数据库 db_name 中的指定表或视图 tbl_name;"tbl_name"表示指定表或视图 tbl_name;"db_name.routine_name"表示指定数据库 db_name 中的指定存储过程或函数 routine_name。

● user: 指定被授予权限的用户账号,由用户名和主机名构成。

● WITH GRANT OPTION: 是可选项,指定用户可以将自己拥有的权限授予给其他用户。

3. 收回权限

在 MySQL 中,为了保证数据库的安全性,须要将用户非必要的权限收回,MySQL 提供 REVOKE 语句收回用户的权限。其基本语法格式如下:

```
REVOKE priv_type [ (column_list) ] [, priv_type [ (column_list) ] ]...
ON priv_level
FROM user [, user ]...
```

语法说明如下:

REVOKE 语句中的参数与 GRANT 语句中的参数意义相同。

任务实施

4.1.1 使用图形化工具管理用户

1. 创建用户

例 4-1-1 创建用户"judy"，主机名为"localhost"，密码为"judy666"。

使用 Navicat for MySQL 创建用户的具体操作步骤如下：

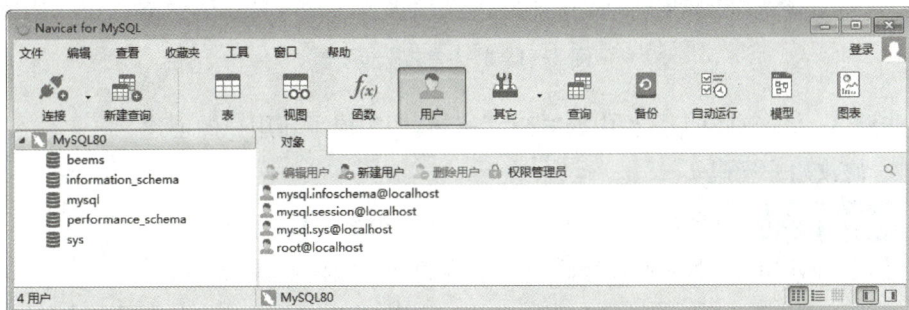

步骤 1：打开 Navicat for MySQL，以 root 用户建立连接。单击工具栏中的"用户"按钮，在对象窗格中，可以看到所有用户，如图 4-1-1 所示。

图 4-1-1 用户对象窗格

步骤 2：单击对象工具栏中的"新建用户"按钮，打开"无标题(MySQL80)-用户"选项卡，如图 4-1-2 所示。

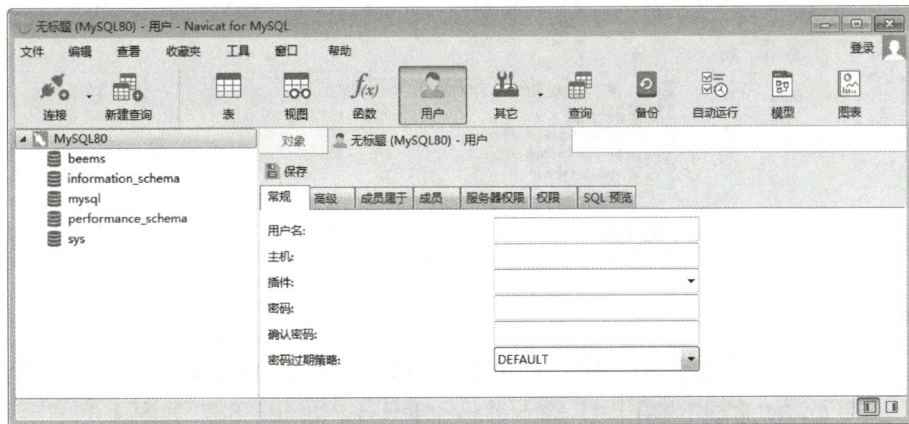

图 4-1-2 "无标题(MySQL80)-用户"选项卡

步骤3：在"常规"选项卡中，输入用户名、主机、密码和确认密码，插件选择 MySQL 8.0 默认的身份验证插件"caching_sha2_password"，密码过期策略选择 "DEFAULT"，如图 4-1-3 所示。

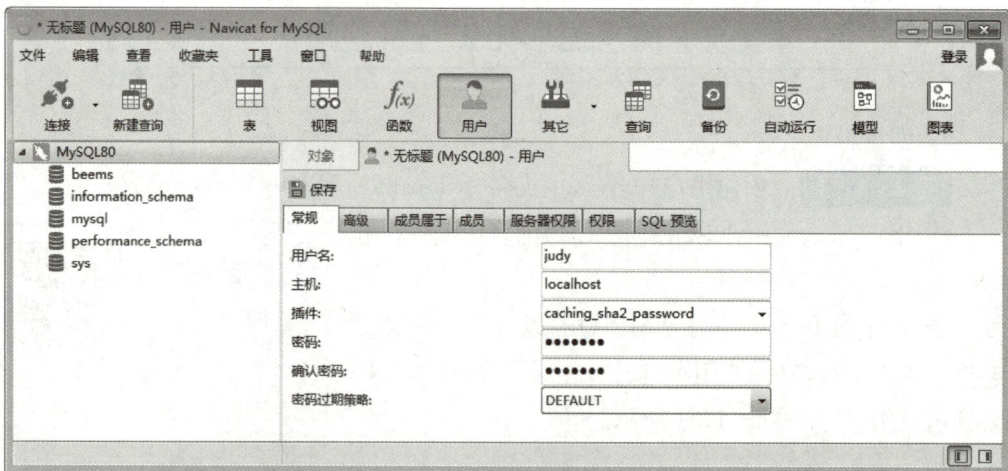

图 4-1-3 "常规"选项卡

步骤4：单击对象工具栏中的"保存"按钮，即完成了新用户的创建。

2. 修改用户密码

例 4-1-2　修改用户"judy"的密码为"judy888"。

使用 Navicat for MySQL 修改用户密码的具体操作步骤如下：

步骤1：打开 Navicat for MySQL，以 root 用户建立连接。单击工具栏中的"用户"按钮，在对象窗格中，选择用户"judy@localhost"，如图 4-1-4 所示。

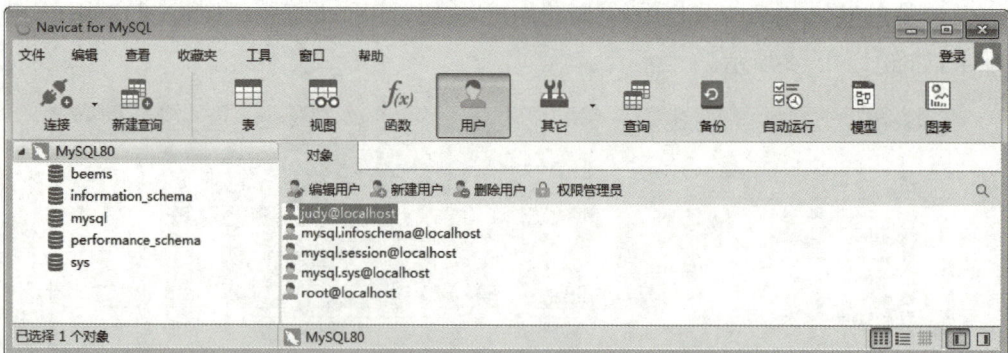

图 4-1-4 选择用户

步骤2：单击对象工具栏中的"编辑用户"按钮，打开"judy@localhost(MySQL80)-用户"选项卡，在"常规"选项卡中，输入密码和确认密码"judy888"，如图 4-1-5 所示。然后单击对象工具栏中的"保存"按钮，即成功地修改了用户密码。

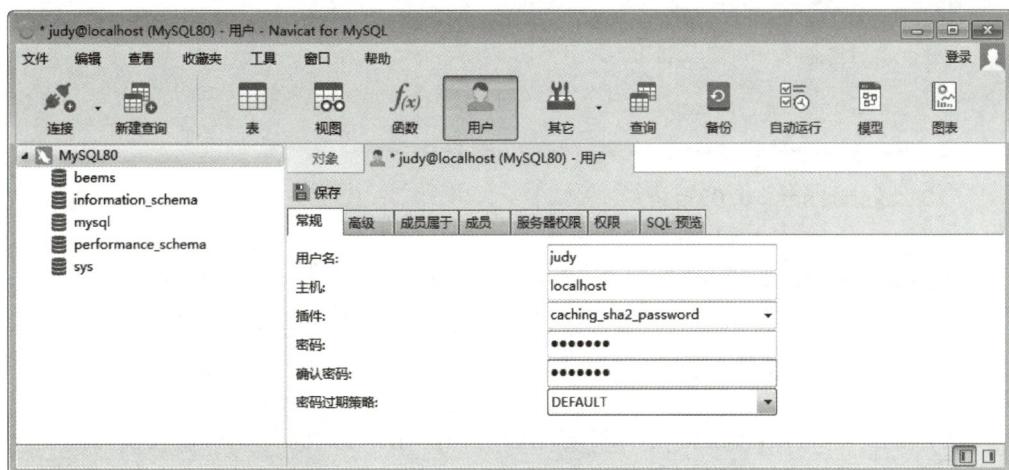

图 4-1-5　修改用户密码

　　在对象窗格中,选择用户,然后单击对象工具栏中的"删除用户"按钮,即可删除用户。

4.1.2　使用 SQL 语句管理用户

1. 创建用户

例 4-1-3　使用 CREATE USER 语句创建一个新用户,用户名为"xqy",主机名为"localhost",密码为"xqy666"。

　　使用 root 用户登录 MySQL 服务器,具体 SQL 语句与执行结果如下:

```
mysql> CREATE USER 'xqy'@'localhost' IDENTIFIED BY 'xqy666';
Query OK, 0 rows affected (0.01 sec)
```

　　CREATE USER 语句执行成功后,可以使用 SELECT 语句查看用户是否已经被添加到 user 表中。具体 SQL 语句与执行结果如下:

```
mysql> SELECT host, user FROM mysql.user;
+---------------+----------------------------+
| host          | user                       |
+---------------+----------------------------+
| localhost     | judy                       |
| localhost     | mysql.infoschema           |
| localhost     | mysql.session              |
```

```
| localhost    | mysql.sys                |
| localhost    | root                     |
| localhost    | xqy                      |
+--------------+--------------------------+
```

6 rows in set (0.03 sec)

例 4-1-4　使用 CREATE USER 语句创建两个用户：用户名为"xx"，主机为任意主机，密码为"xx666"；用户名为"yy"，主机名为"localhost"，密码为"yy666"。

使用 root 用户登录 MySQL 服务器，具体 SQL 语句与执行结果如下：

```
mysql> CREATE USER 'xx'@'%' IDENTIFIED BY 'xx666','yy'@'localhost'
IDENTIFIED BY 'yy666';
```

Query OK, 0 rows affected (0.02 sec)

提示：

主机名为"localhost"表示该用户只能从本地主机连接 MySQL 服务器。主机为任意主机，使用"％"表示该用户可以在任何主机中连接 MySQL 服务器。

2. 修改用户密码

例 4-1-5　使用 ALTER USER 语句将用户"xqy"的密码改为"xqy888"。

使用 root 用户登录 MySQL 服务器，具体 SQL 语句与执行结果如下：

```
mysql> ALTER USER 'xqy'@'localhost' IDENTIFIED BY 'xqy888';
```

Query OK, 0 rows affected (0.02 sec)

例 4-1-6　使用 SET PASSWORD 语句将用户"xqy"的密码改为"xqy999"。

使用 root 用户登录 MySQL 服务器，具体 SQL 语句与执行结果如下：

```
mysql> SET PASSWORD FOR 'xqy'@'localhost' = 'xqy999';
```

Query OK, 0 rows affected (0.02 sec)

3. 删除用户

例 4-1-7　使用 DROP USER 语句删除用户"xx"。

使用 root 用户登录 MySQL 服务器，具体 SQL 语句与执行结果如下：

```
mysql> DROP USER 'xx'@'%';
```

Query OK, 0 rows affected (0.02 sec)

例 **4-1-8** 　使用 DELETE 语句删除用户"yy"。

使用 root 用户登录 MySQL 服务器，具体 SQL 语句与执行结果如下：

```
mysql> DELETE FROM mysql.user WHERE host = 'localhost' AND user = 'yy';
Query OK, 1 row affected (0.01 sec)
```

执行成功后，可以通过 SELECT 语句查看 user 表，以确定用户是否已经被成功地删除。由于 DELETE 语句是直接对 user 表进行操作，执行完 DELETE 语句后须要使用"FLUSH PRIVILEGES;"语句重新加载权限。

> **提示：**
>
> MySQL 还提供了 RENAME USER 语句用于对用户进行重命名，其基本语法格式如下：
>
> ```
> RENAME USER old_user TO new_user [, old_user TO new_user ]...
> ```
>
> **语法说明如下：**
>
> - old_user：指定已经存在的用户账号。
> - new_user：指定新的用户账号。

例 **4-1-9** 　将用户名"xqy"修改为"xjy"。

使用 root 用户登录 MySQL 服务器，具体 SQL 语句与执行结果如下：

```
mysql> RENAME USER 'xqy'@'localhost' TO 'xjy'@'localhost';
Query OK, 0 rows affected (0.01 sec)
```

4.1.3　使用图形化工具管理权限

创建的新用户可以登录 MySQL 服务器，但是没有任何操作权限，可以根据业务需求给用户分配适当的权限。

例 **4-1-10** 　授予用户"judy@localhost"在整个服务器上拥有"Select""Update""Insert"和"Delete"权限。

使用 Navicat for MySQL 授予权限的具体操作步骤如下：

步骤 1：打开 Navicat for MySQL，以 root 用户建立连接。单击工具栏中的"用户"按钮，在对象窗格中，双击用户"judy@localhost"，打开"judy@localhost(MySQL80)-用户"选项卡，如图 4-1-6 所示。

> 微课讲解：
> 授予服务器的权限

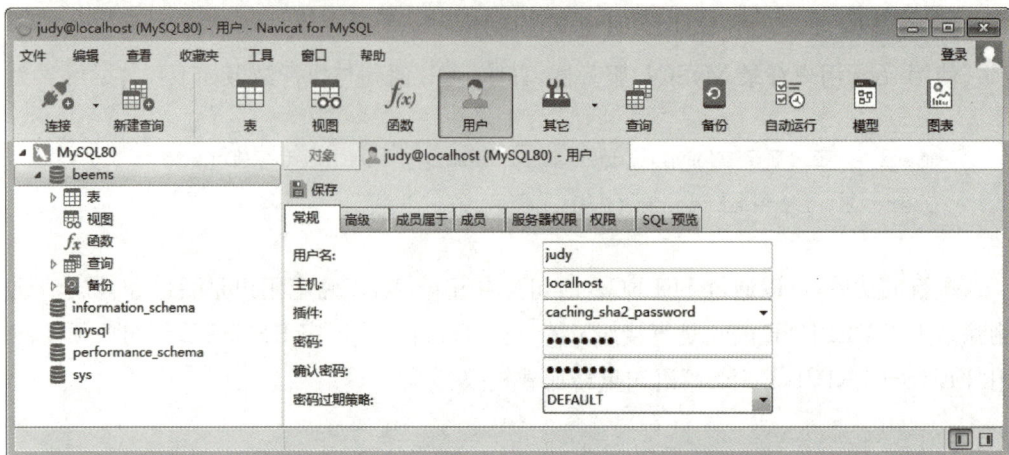

图 4-1-6 "judy@localhost（MySQL80）-用户"选项卡

步骤 2： 单击"服务器权限"选项卡，显示服务器权限，勾选"Select""Update" "Insert"和"Delete"复选框，如图 4-1-7 所示。

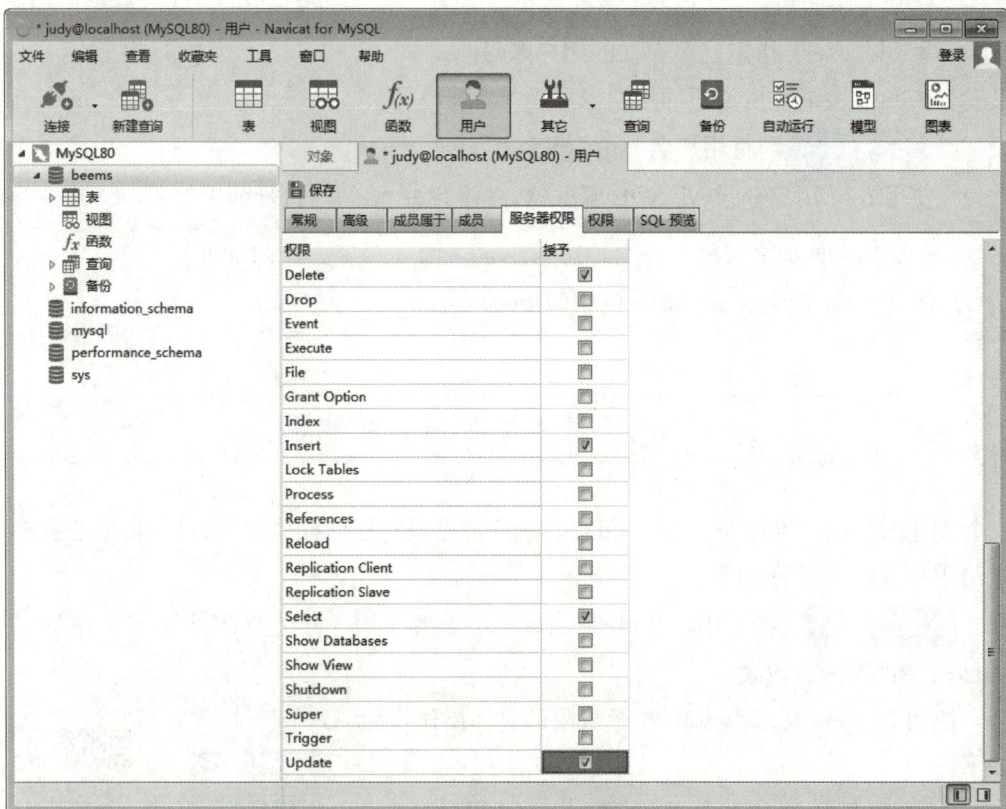

图 4-1-7 勾选服务器权限

步骤 3： 单击对象工具栏中的"保存"按钮，保存权限设置，这样就成功地授予了用户权限。

例 4-1-11 授予用户"judy@localhost"在数据库 beems 上拥有"Create""Drop"和"Alter"权限。

使用 Navicat for MySQL 授予权限的具体操作步骤如下：

步骤 1：打开 Navicat for MySQL，以 root 用户建立连接。单击工具栏中的"用户"按钮，在对象窗格中，双击用户"judy@localhost"，打开"judy@localhost（MySQL80）-用户"选项卡，单击"权限"选项卡，如图 4-1-8 所示。

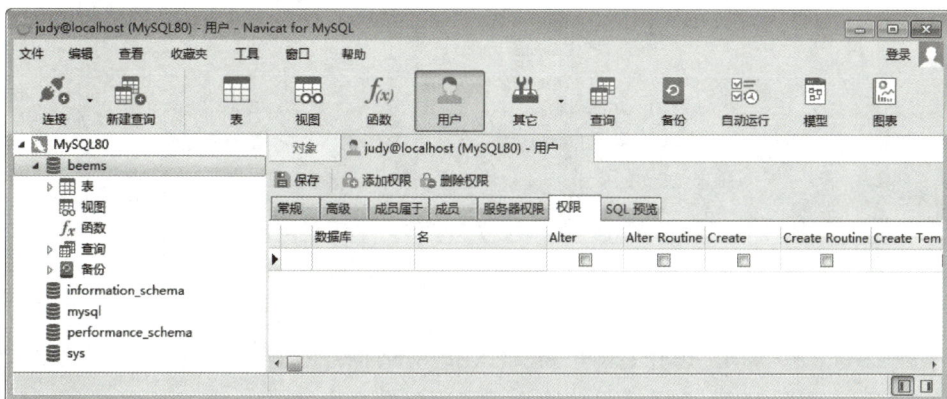

图 4-1-8 "权限"选项卡

步骤 2：单击对象工具栏中的"添加权限"按钮，打开"添加权限"对话框，如图 4-1-9 所示。

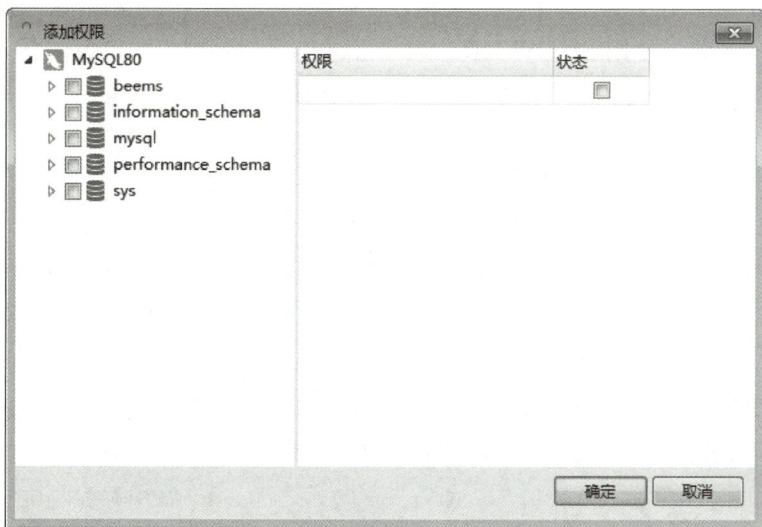

图 4-1-9 "添加权限"对话框

模块 4 管理数据库

步骤 3：在左侧窗格中勾选"beems"复选框,右侧窗格显示数据库权限列表,勾选"Create""Drop"和"Alter"复选框,如图 4-1-10 所示。

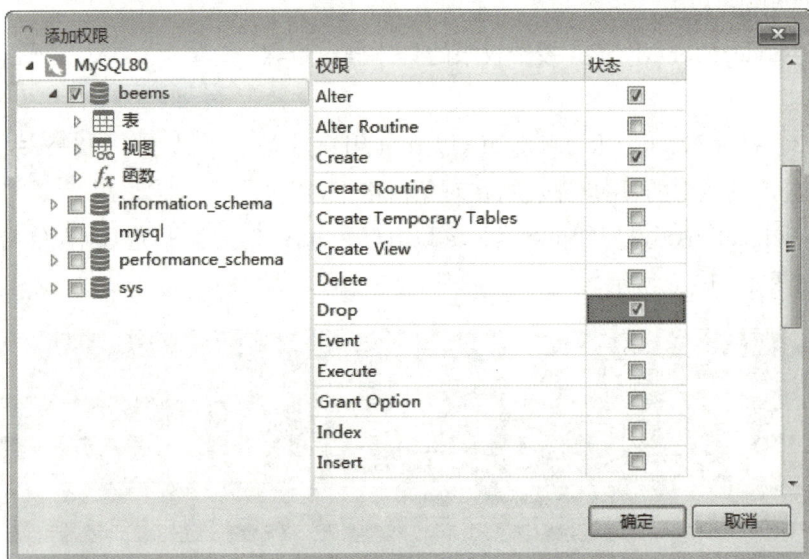

图 4-1-10 勾选权限

步骤 4：单击"确定"按钮,关闭"添加权限"对话框,然后单击对象工具栏中的"保存"按钮,保存权限设置,这样就成功地授予了用户数据库权限。

4.1.4 使用 SQL 语句管理权限

1. 查看权限

例 4-1-12 使用 SHOW GRANTS 语句查看 root 用户的权限信息。

使用 root 用户登录 MySQL 服务器,具体 SQL 语句与执行结果如下：

```
mysql> SHOW GRANTS \G
*************************** 1. row ***************************
Grants for root@localhost: GRANT SELECT, INSERT, UPDATE, DELETE,
CREATE, DROP, RELOAD, SHUTDOWN, PROCESS, FILE, REFERENCES, INDEX, ALTER,
SHOW DATABASES, SUPER, CREATE TEMPORARY TABLES, LOCK TABLES, EXECUTE,
REPLICATION SLAVE, REPLICATION CLIENT, CREATE VIEW, SHOW VIEW, CREATE
ROUTINE, ALTER ROUTINE, CREATE USER, EVENT, TRIGGER, CREATE TABLESPACE,
CREATE ROLE, DROP ROLE ON *.* TO 'root'@'localhost' WITH GRANT OPTION
*************************** 2. row ***************************
```

```
        Grants for root@localhost：GRANT APPLICATION_PASSWORD_ADMIN,AUDIT_
ABORT_ EXEMPT, AUDIT _ ADMIN, AUTHENTICATION _ POLICY _ ADMIN, BACKUP _ ADMIN,
BINLOG_ADMIN, BINLOG _ ENCRYPTION _ ADMIN, CLONE _ ADMIN, CONNECTION _ ADMIN,
ENCRYPTION_KEY_ADMIN, FLUSH_OPTIMIZER_COSTS, FLUSH_STATUS, FLUSH_TABLES,
FLUSH_USER_RESOURCES, GROUP_REPLICATION_ADMIN, GROUP_REPLICATION_STREAM,
INNODB_REDO_LOG_ARCHIVE,INNODB_REDO_LOG_ENABLE,PASSWORDLESS_USER_ADMIN,
PERSIST_RO_VARIABLES_ADMIN,REPLICATION_APPLIER,REPLICATION_SLAVE_ADMIN,
RESOURCE_GROUP_ADMIN,RESOURCE_GROUP_USER,ROLE_ADMIN,SENSITIVE_VARIABLES_
OBSERVER,SERVICE_CONNECTION_ADMIN, SESSION_VARIABLES_ADMIN, SET_USER_ID,
SHOW_ROUTINE,SYSTEM_USER,SYSTEM_VARIABLES_ADMIN,TABLE_ENCRYPTION_ADMIN,
XA_RECOVER_ADMIN ON *.* TO'root'@'localhost' WITH GRANT OPTION
    **************************** 3. row ****************************
    Grants for root@localhost：GRANT PROXY ON "@" TO 'root'@'localhost'
WITH GRANT OPTION
    3 rows in set (0.00 sec)
```

从以上执行结果可知,root 用户拥有所有权限,并且可以为其他用户授予权限。

例 4-1-13   使用 SHOW GRANTS 语句查看用户"xqy"的权限信息。

使用 root 用户登录 MySQL 服务器,具体 SQL 语句与执行结果如下:

```
mysql> SHOW GRANTS FOR 'xqy'@'localhost';
+----------------------------------------+
| Grants for xqy@localhost               |
+----------------------------------------+
| GRANT USAGE ON *.* TO 'xqy'@'localhost'|
+----------------------------------------+
1 row in set (0.05 sec)
```

从以上执行结果可知,用户"xqy"仅有一个权限"USAGE ON *.*"。

> **提示:**
> USAGE 权限只能用于登录 MySQL 数据库,不能执行任何操作,且 USAGE
> 权限不能被收回。

2. 授予权限

例 4-1-14   使用 GRANT 语句设置用户"xqy"对所有数据库有"INSERT"

"SELECT"权限。

使用 root 用户登录 MySQL 服务器,具体 SQL 语句与执行结果如下:

```
mysql> GRANT INSERT, SELECT ON *.* TO 'xqy'@'localhost' WITH GRANT
OPTION;
Query OK, 0 rows affected (0.01 sec)
```

再次查看用户"xqy"的权限信息如下所示:

```
mysql> SHOW GRANTS FOR 'xqy'@'localhost';
+-------------------------------------------------------------------+
| Grants for xqy@localhost                                          |
+-------------------------------------------------------------------+
| GRANT SELECT, INSERT ON *.* TO 'xqy'@'localhost' WITH GRANT OPTION|
+-------------------------------------------------------------------+
1 row in set (0.04 sec)
```

3. 收回权限

例 4-1-15 使用 REVOKE 语句收回用户"xqy"的 INSERT 权限。

使用 root 用户登录 MySQL 服务器,具体 SQL 语句与执行结果如下:

```
mysql> REVOKE INSERT ON *.* FROM 'xqy'@'localhost';
Query OK, 0 rows affected (0.01 sec)
```

再次查看用户"xqy"的权限信息如下所示:

```
mysql> SHOW GRANTS FOR 'xqy'@'localhost';
+-------------------------------------------------------------------+
| Grants for xqy@localhost                                          |
+-------------------------------------------------------------------+
| GRANT SELECT ON *.* TO 'xqy'@'localhost' WITH GRANT OPTION        |
+-------------------------------------------------------------------+
1 row in set (0.03 sec)
```

从以上执行结果可知,用户"xqy"只有 SELECT 权限了,INSERT 权限被成功地收回了。

经验分享

为了保证数据的安全，数据库管理员要对权限进行管理，合理的权限管理能够保证数据库系统的安全，不合理的权限设置可能会给数据库带来意想不到的危害。因此，管理数据库时，应注意只授予用户能满足需要的最小权限，创建用户时限制用户的登录主机，定期清理不需要的用户或者收回非必要的权限。

巩固习题

1. 选择题

（1）MySQL 的权限信息存储在数据库（　　）中。

A. mysql

B. information_schema

C. sys

D. performance_schema

（2）新建用户的信息保存在（　　）表中。

A. tables_priv　　　　B. user　　　　　C. columns_priv　　D. db

（3）MySQL 中用于保存用户名和密码的表是（　　）。

A. tables_priv　　　　B. user　　　　　C. columns_priv　　D. db

（4）保护数据库，防止未经授权或不合法的使用造成的数据泄露、非法更改或破坏。这是指数据库的（　　）。

A. 安全性　　　　B. 完整性　　　　C. 并发控制　　　　D. 恢复

2. 填空题

（1）在 MySQL 中，可以使用_____语句删除用户。

（2）在 MySQL 中，所有用户信息都保存在_____数据表中。

（3）MySQL 的用户账号是由_____、@符号和_____3 个部分组成的。

（4）在删除账户时，如果省略主机地址，则默认为_____。

（5）为用户授权时添加_____表示当前账户可以为其他账户授权。

技能训练

在简明门诊管理系统数据库 his 中完成以下操作：

实训 1： 以 root 用户登录 MySQL 服务器，创建一个新用户，用户名为"hislogin"，主机名为"localhost"，密码为"hispw123"。

任务工单：
任务 4.1
实训任务工单

模块 4　管理数据库

实训 3: 授予用户"hislogin"对数据库 his 的病人信息表 patient 拥有插入、删除、查询数据权限。

实训 4: 以用户"hislogin"登录 MySQL 服务器,添加病人信息。

实训 5: 以 root 用户登录 MySQL 服务器,收回用户"hislogin"的所有权限。

实训 6: 删除用户"hislogin"。

任务 4.2　数据库备份与还原

任务描述

计算机系统的软硬件故障、人为破坏和用户误操作等都有可能造成数据丢失或被破坏。数据库备份就是为数据库创建一个副本,以便在数据库出现故障或者遭到破坏时恢复数据,从而将损失降到最低。本任务主要讲解如何备份和还原数据库。

任务目标

- 了解数据库备份类型。
- 理解数据库备份与还原的作用。
- 了解数据库备份与还原的常用方法。
- 能用图形化工具和 SQL 语句备份和还原数据库。

知识准备

知识点 1　数 据 库 备 份

数据库备份是指导出数据或者以复制表文件的方式来制作数据库的副本。

1. 备份类型

(1) 根据备份范围,可分为完全备份、增量备份、差异备份。

① 完全备份是指备份整个数据库。

② 增量备份是指备份自上一次完全备份或增量备份以来变化了的数据。

③ 差异备份是指备份自上一次完全备份以来变化的数据。

(2) 根据数据库状态,可分为热备份、温备份、冷备份。

① 热备份是指备份数据库时,数据库的读写操作不受影响。

② 温备份是指备份数据库时,数据库能进行读操作,但是不能进行写操作。

③ 冷备份是指备份数据库时,须要关闭 MySQL 服务,不能进行读写操作。

(3) 根据备份方式,可分为物理备份、逻辑备份。

① 物理备份是直接复制数据库文件。

② 逻辑备份是将数据库中的数据备份为一个文本文件。

2. mysqldump 命令

在 MySQL 的 bin 目录中,提供了 mysqldump 命令,用于将数据库备份成一个文本文件,数据表的结构和数据等信息都存储在生成的文本文件中。mysqldump 命令可以备份单个或多个数据库。

(1) 备份单个数据库

基本语法格式如下:

```
mysqldump - u username - p dbname [ tbname1 [ tbname2 ... ] ] >
filename.sql
```

语法说明如下:

● username:指定用户名。

● dbname:指定须要备份的数据库名称。

● tbname1 和 tbname2:指定数据库中的表名,多个表名之间用空格隔开。如果不指定表名则表示备份整个数据库。

● filename. sql:指定备份文件的名称,文件名前可以加上路径。通常备份文件的后缀名为".sql",也可以备份成其他格式。

(2) 备份多个数据库

基本语法格式如下:

```
mysqldump - u username - p -- databases dbname1 [ dbname2 ... ] >
filename.sql
```

语法说明如下:

● -- databases:选项后面至少应指定一个数据库,多个数据库名之间用空格隔开。

(3) 备份所有数据库

基本语法格式如下:

```
mysqldump – u username – p – – all – databases ＞ filename.sql
```

语法说明如下：

● – – all – databases：表示备份所有的数据库。

提示：

mysqldump 命令是在命令提示符窗口中执行。备份单个数据库时，备份文件中不包含创建数据库和选择数据库的语句。而备份多个数据库时，备份文件中包含创建和选择数据库的语句。

知识点 2　数 据 库 还 原

数据库还原也称为数据库恢复，是指当数据库出现故障或遭到破坏时，将备份的数据库加载到系统，从而使数据库从错误状态恢复到备份时的正确状态。数据库还原是以备份为基础的，还原数据库的方法应与备份数据库的方法相对应。

1. mysql 命令

使用 mysql 命令还原数据的基本语法格式如下：

```
mysql – u username – p [dbname] ＜ filename.sql
```

语法说明如下：

● dbname：指定要还原的数据库名称。如果备份文件 filename.sql 中包含创建数据库的语句，可以不指定数据库名称。

提示：

mysql 命令也是在命令提示符窗口中执行的。

2. source 命令

source 是 MySQL 客户端提供的命令，其基本语法格式如下：

```
source filename.sql
```

语法说明如下：

source 命令的语法格式比较简单，只须要指定备份文件的名称及路径就可以还原数据。

4.2.1 使用图形化工具备份数据库

例 4-2-1　备份数据库 beems。

使用 Navicat for MySQL 备份数据库的具体操作步
骤如下：

步骤 1：打开 Navicat for MySQL，以 root 用户建立
连接。在导航窗格中，双击要备份的数据库"beems"，单
击工具栏中的"备份"按钮，再单击对象工具栏中的"新建备份"按钮，打开"新建备份"对
话框，如图 4-2-1 所示。默认打开"常规"选项卡，显示连接的服务器名和选中数据库
的名称，可以为备份文件添加注释。

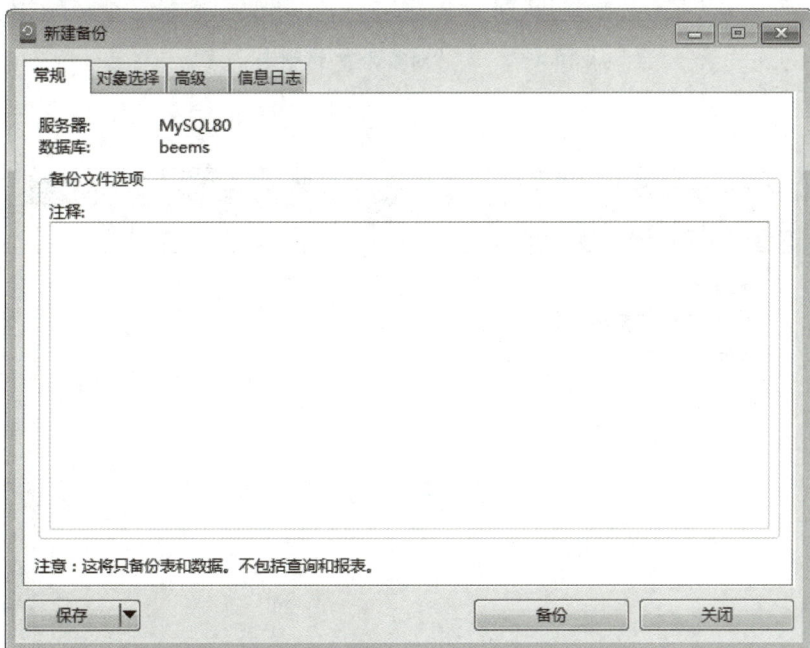

图 4-2-1　"新建备份"对话框

步骤 2：单击"对象选择"选项卡，选择要备份的数据库对象，这里单击"全选"按钮，
选择所有数据库对象，如图 4-2-2 所示。

步骤 3：单击"高级"选项卡，可以设置备份文件名称，默认以备份建立的时间命名，
如图 4-2-3 所示。这里使用默认设置。

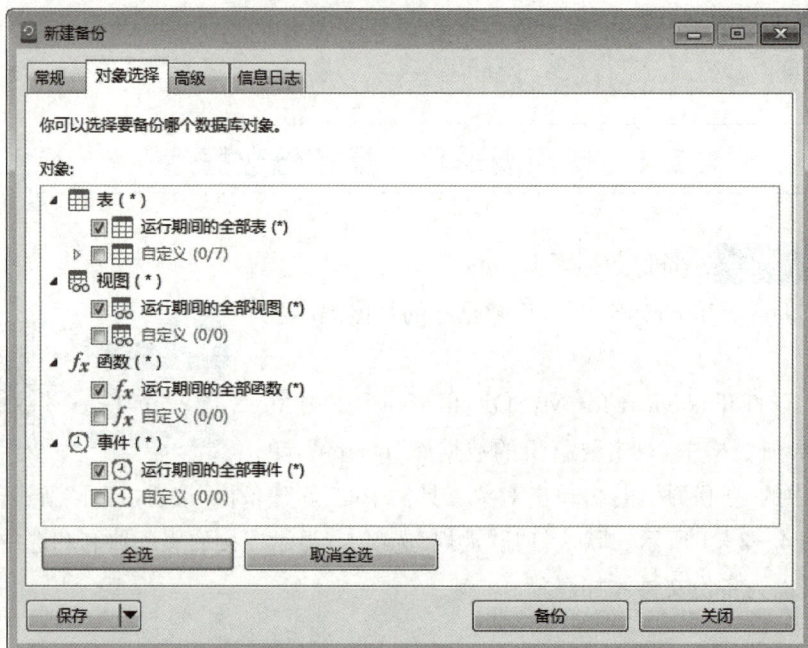

图 4 – 2 – 2 "对象选择"选项卡

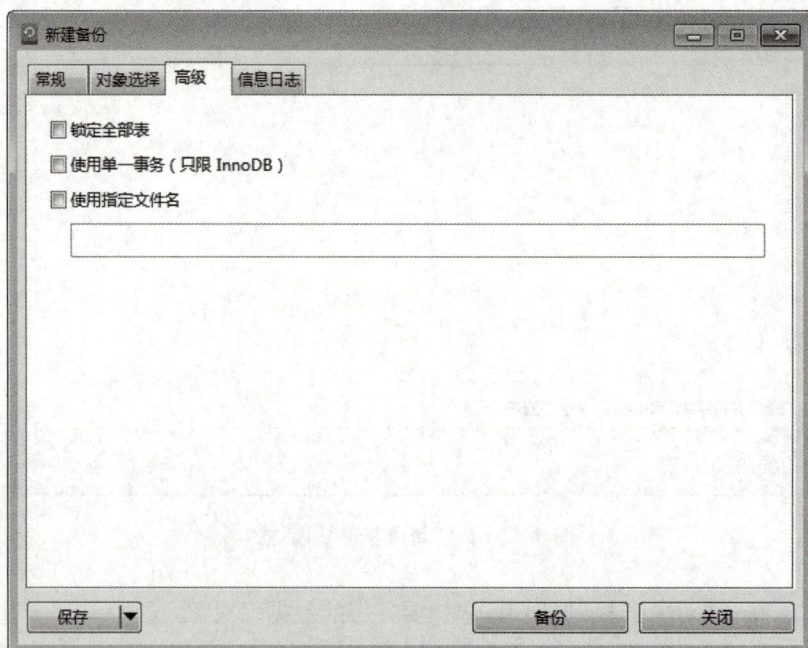

图 4 – 2 – 3 "高级"选项卡

步骤 4：设置完成后，单击"备份"按钮，开始备份，如图 4-2-4 所示。

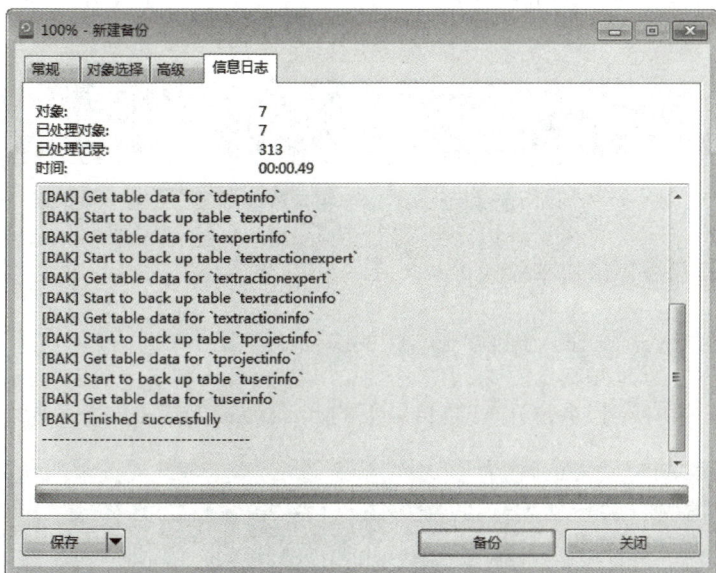

图 4-2-4　开始备份

步骤 5：成功备份后，单击"关闭"按钮，关闭"新建备份"对话框，在对象窗格中显示新建的备份，如图 4-2-5 所示。

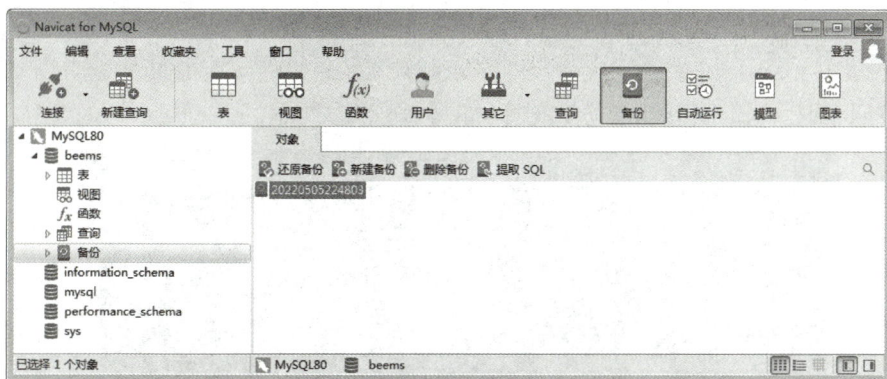

图 4-2-5　查看新建的备份

右键单击备份文件，在弹出的快捷菜单中选择"对象信息"命令，即可在信息窗格中查看备份文件的存储位置、文件大小和创建日期。

4.2.2 使用 SQL 语句备份数据库

例 4-2-2 使用 mysqldump 命令备份数据库 beems 到 F 盘，备份文件名为 beems.sql。

使用 mysqldump 命令备份数据库的具体操作步骤如下：

步骤 1：以管理员身份打开命令提示符窗口，如图 4-2-6 所示。

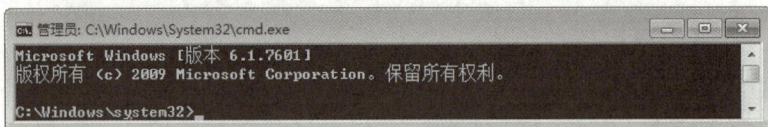

图 4-2-6 命令提示符窗口

步骤 2：在命令提示符下输入：

```
cd C:\Program Files\MySQL\MySQL Server 8.0\bin
```

将当前目录切换到 MySQL 安装目录下的 bin 目录，如图 4-2-7 所示。

图 4-2-7 切换目录

步骤 3：在命令提示符下输入：

```
mysqldump -u root -p beems>F:\beems.sql
```

按回车键，再输入密码，备份数据库，如图 4-2-8 所示。

图 4-2-8 备份数据库

步骤 4：备份完成后，在 F 盘中可以查看备份文件 beems.sql，如图 4－2－9 所示。

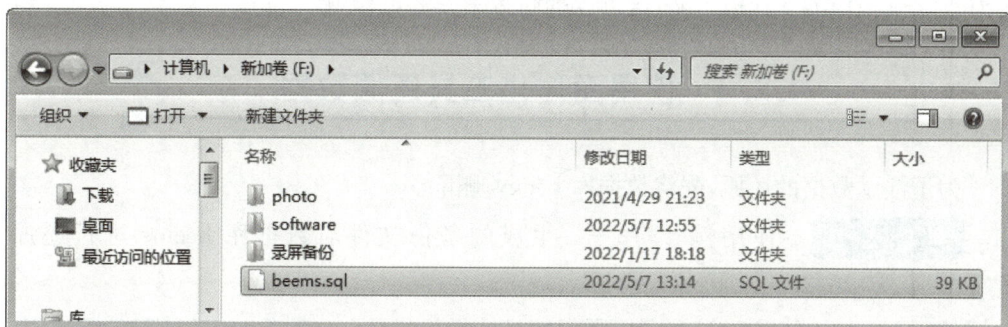

图 4－2－9　查看备份文件

步骤 5：备份文件 beems.sql 中的部分内容如图 4－2－10 所示。

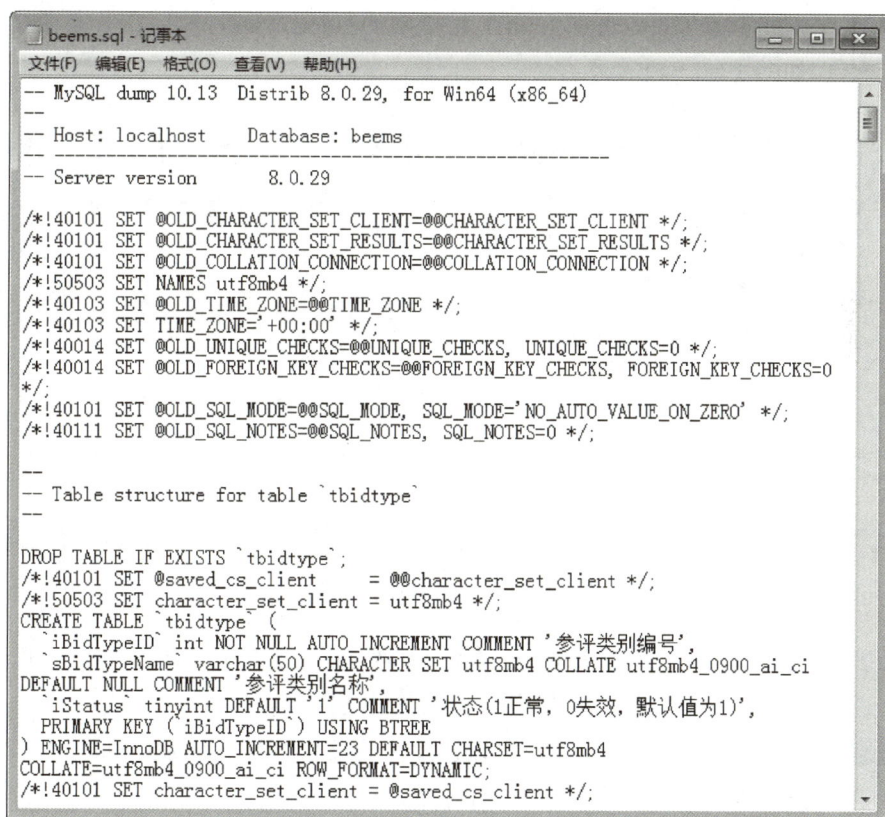

图 4－2－10　备份文件 beems.sql 中的部分内容

备份文件开头包含 mysqldump 命令的版本号、备份数据的主机名、数据库名和 MySQL 服务器的版本号。

备份文件中以"--"开头的是 SQL 语句的注释,以"/ ＊!"开头、以"＊/"结尾的语句是可执行的 MySQL 注释,这些语句可以被特定版本的 MySQL 执行,但在其他数据库管理系统中作为注释被忽略,这可以提高数据库的可移植性。

4.2.3 使用图形化工具还原数据

为了演示数据的还原,先将数据库 beems 删除。

例 4-2-3 使用例 4-2-1 生成的备份文件对数据库 beems 进行还原操作。

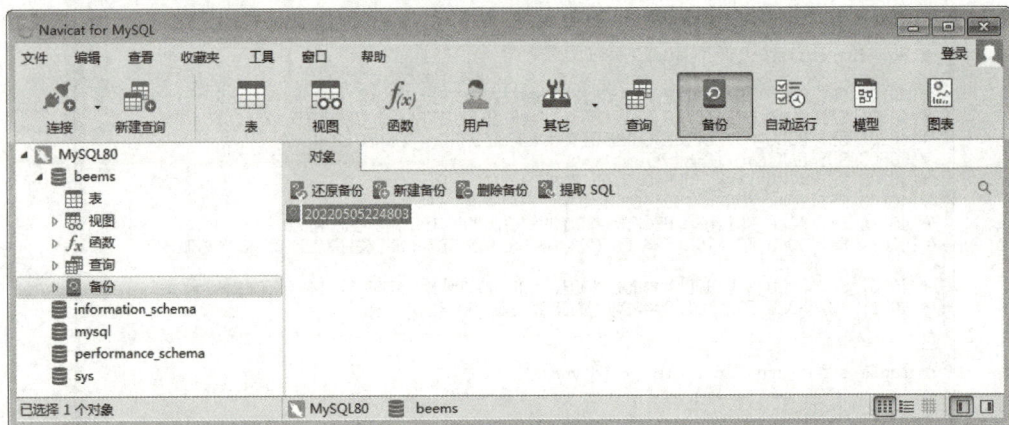

使用 Navicat for MySQL 还原数据的具体操作步骤如下:

步骤 1: 打开 Navicat for MySQL,以 root 用户建立连接,新建数据库"beems"。此时数据库 beems 是一个空库。

步骤 2: 双击数据库"beems",单击工具栏中的"备份"按钮,然后在对象窗格中选中备份文件,如图 4-2-11 所示。

图 4-2-11 选中备份文件

步骤 3: 单击对象工具栏中的"还原备份"按钮,打开"还原备份"对话框,如图 4-2-12 所示。默认打开"常规"选项卡,显示备份文件信息。

步骤 4: 单击"对象选择"选项卡,可以选择须要还原的数据库对象,如图 4-2-13 所示。这里单击"全选"按钮,选择所有数据库对象。

步骤 5: 单击"高级"选项卡,显示高级设置选项,如图 4-2-14 所示。这里采用默认设置。

步骤 6: 设置完成后,单击"还原"按钮,弹出"确定"对话框。单击"确定"按钮,开始还原数据,还原成功后,显示还原信息,如图 4-2-15 所示。

图 4－2－12 "还原备份"对话框

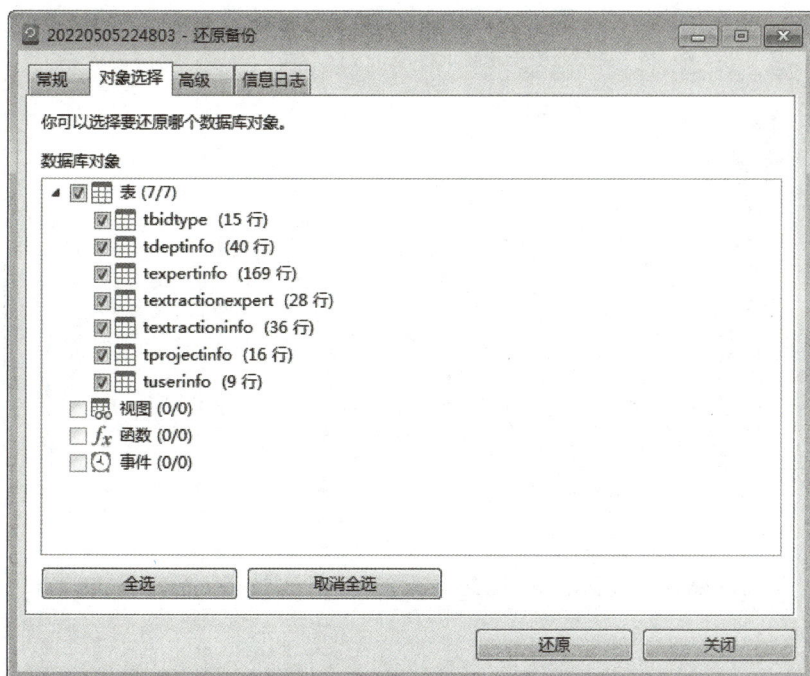

图 4－2－13 "对象选择"选项卡

图 4-2-14 "高级"选项卡

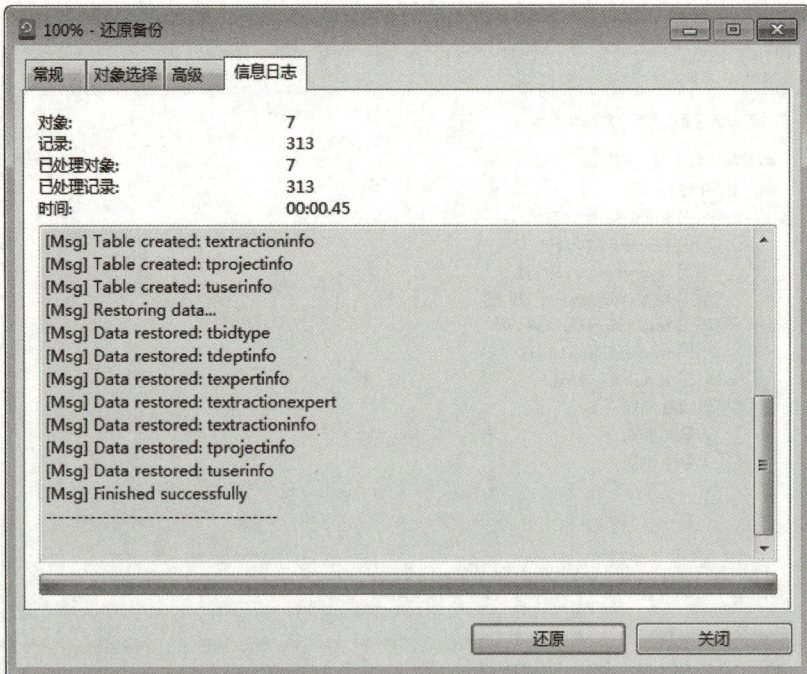

图 4-2-15 显示还原信息

步骤 7: 成功还原后,单击"关闭"按钮,关闭"还原备份"对话框。在导航窗格中,依次展开"beems"→"表"节点,可以看到数据表和数据已经还原到新数据库"beems"中了,如图 4-2-16 所示。

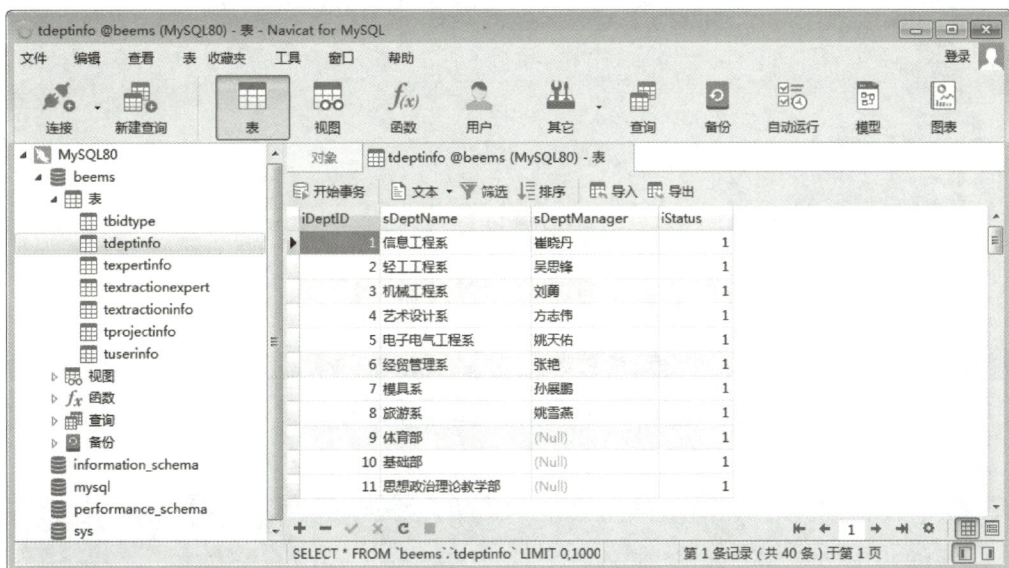

图 4-2-16 查看还原结果

例 4-2-4 使用例 4-2-1 生成的备份文件对数据库 beemsdb 进行还原操作。

使用 Navicat for MySQL 还原数据的具体操作步骤如下:

步骤 1: 打开 Navicat for MySQL,以 root 用户建立连接,新建数据库"beemsdb"。此时数据库 beemsdb 是一个空库。

微课讲解:
对数据库 beemsdb
进行还原操作

步骤 2: 在导航窗格中,双击数据库"beemsdb",然后右键单击"备份",在弹出的快捷菜单中选择"还原备份从"命令,如图 4-2-17 所示。

> 提示:
> 例 4-2-1 中备份的是数据库 beems,现在要对数据库 beemsdb 进行还原操作。单击工具栏中的"备份"按钮,对象窗格中不显示例 4-2-1 生成的备份文件,须要手动选择备份文件。

步骤 3: 在弹出的"打开"对话框中选中备份文件,如图 4-2-18 所示。

步骤 4: 单击"打开"按钮,打开"还原备份"对话框,选择要还原的数据库对象,然后

模块 4 管理数据库

243

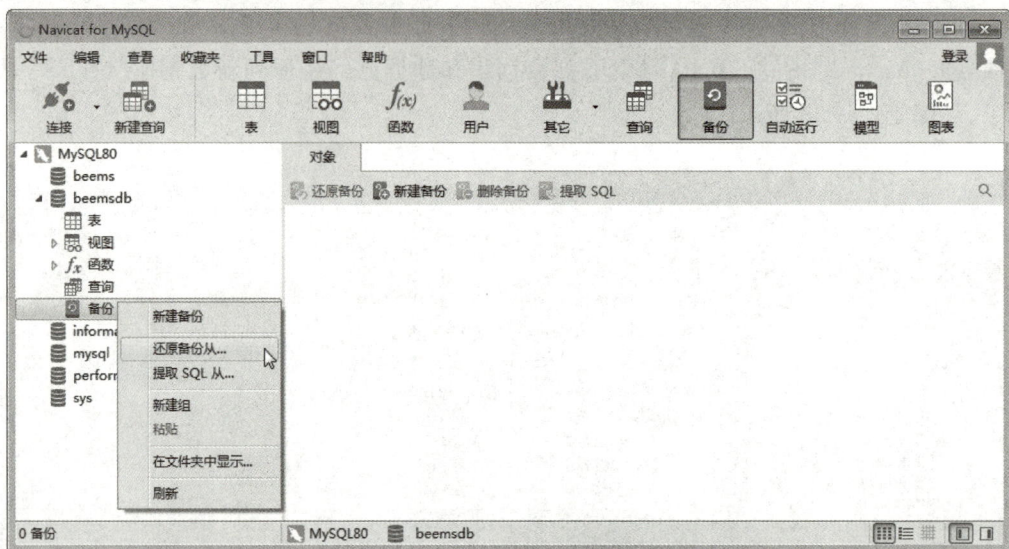

图 4‑2‑17　选择"还原备份从"命令

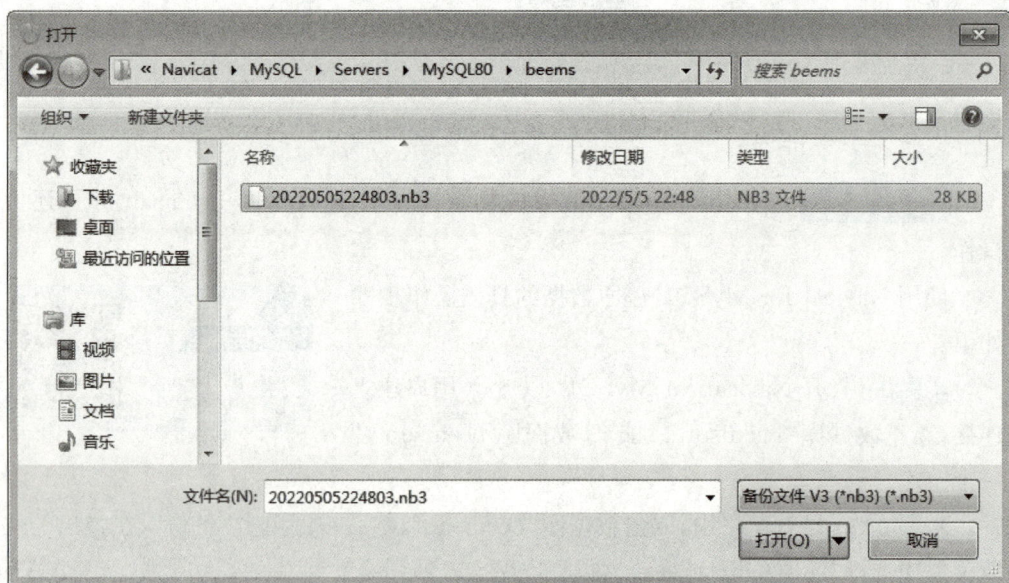

图 4‑2‑18　选中备份文件

单击"还原"按钮，开始还原数据。成功还原后，单击"关闭"按钮，关闭"还原备份"对话框，就成功地对数据库 beemsdb 完成还原操作了。

4.2.4　使用 SQL 语句还原数据

为了演示数据的还原，先将数据库 beems 删除。

例 4 - 2 - 5 通过 mysql 命令使用例 4 - 2 - 2 生成的备份文件还原数据库 beems。

步骤 1： 先创建数据库 beems。

步骤 2： 以管理员身份打开命令提示符窗口，在命令提示符下输入：

```
cd C:\Program Files\MySQL\MySQL Server 8.0\bin
```

将当前目录切换到 MySQL 安装目录下的 bin 目录。

步骤 3： 在命令提示符下输入：

```
mysql - u root - p beems<F:\beems.sql
```

输入密码后，把备份的数据还原到新建的数据库中，如图 4 - 2 - 19 所示。

图 4 - 2 - 19 还原数据

这时，MySQL 就已经还原了 beems. sql 文件中的所有数据表及数据到数据库 beems 中。

例 4 - 2 - 6 通过 source 命令使用例 4 - 2 - 2 生成的备份文件还原数据库 beems。

步骤 1： 打开"MySQL 8.0 Command Line Client"，输入密码。输入如下命令：

```
DROP DATABASE beems;
CREATE DATABASE beems;
```

先删除数据库 beems，再重新创建数据库 beems。如图 4 - 2 - 20 所示。

步骤 2： 输入如下命令：

```
USE beems;
SHOW TABLES;
```

查看数据表，可以看到新建的数据库 beems 是一个空库，如图 4 - 2 - 21 所示。

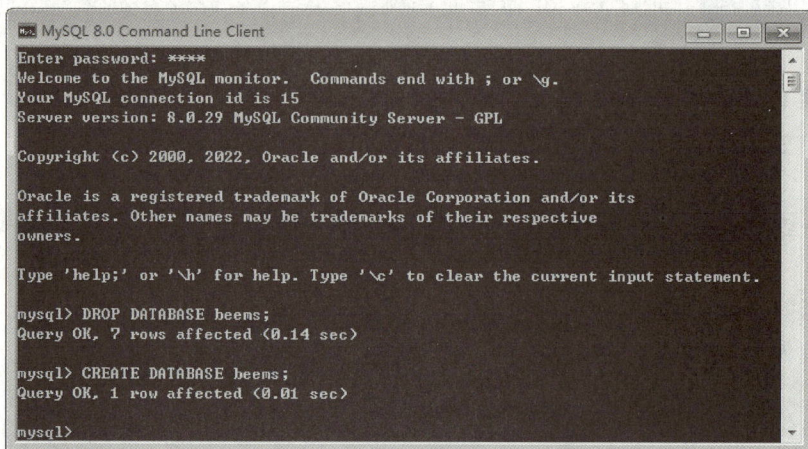

图 4-2-20　重新创建数据库 beems

图 4-2-21　查看数据表

步骤 3: 输入如下命令:

```
source F:/beems.sql;
```

还原数据库,如图 4-2-22 所示。

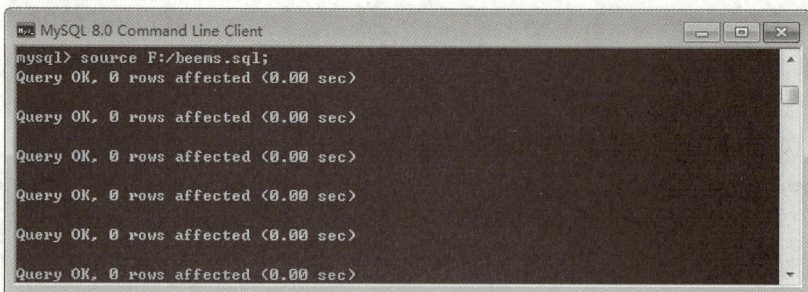

图 4-2-22　还原数据库

步骤 4: 再输入如下命令:

```
SHOW TABLES;
```

查看数据表，这时可以发现数据库中的数据被成功地还原了，如图 4-2-23 所示。

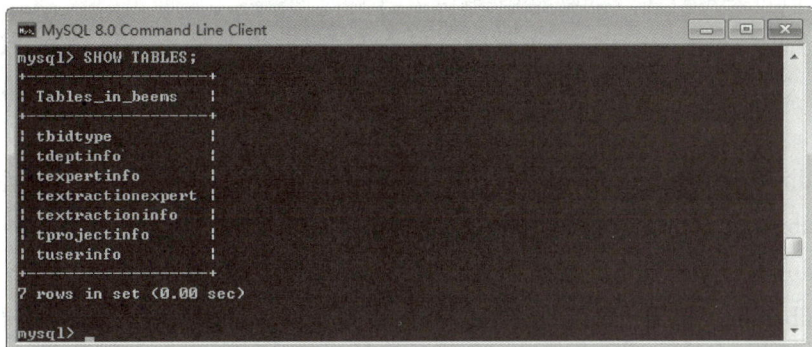

图 4-2-23　成功还原数据库

经验分享

为了保障数据的安全，须要定期对数据进行备份。备份的方式有很多种，效果也不一样。一旦数据库中的数据出现了错误，就须要使用备份好的数据进行还原、恢复，从而将损失降到最低。

制定合理的备份与恢复策略须要考虑以下几点：

（1）可以容忍丢失多长时间的数据。

（2）恢复数据需要多长时间。

（3）须要恢复哪些数据。

（4）恢复时是否须要持续提供服务。

巩固习题

1. 选择题

（1）DBMS 的数据恢复技术用于把数据库从错误状态恢复到某一（　　）。

A. 未知状态　　　　B. 正确状态　　　　C. 已知状态　　　　D. 要求状态

（2）增量备份是指（　　）。

A. 备份整个数据库

B. 备份自上一次完全备份或增量备份以来变化了的数据

C. 备份自上一次完全备份以来变化了的数据

D. 备份自上一次增量备份以来变化了的数据

（3）使用 mysqldump 命令备份多个数据库，要用选项（　　）。

A. --many databases　　　　　　　　B. --many database

C. --databases　　　　　　　　　D. --database

（4）语句"source D:/bak/sales.sql;"用于（　　　）。

A. 备份数据库　　　B. 还原数据库　　　C. 修改数据库　　　D. 添加数据库

（5）关于指令"mysql -u root -p dbname ＜ bak.sql"，下列说法中正确的是（　　　）。

A. dbname 为要还原的数据库名，bak.sql 为包含数据库创建语句的备份脚本

B. dbname 为要备份的数据库名，bak.sql 为不包含数据库创建语句的备份脚本

C. dbname 为要备份的数据库名，bak.sql 为包含数据库创建语句的备份脚本

D. dbname 为要还原的数据库名，bak.sql 为不包含数据库创建语句的备份脚本

（6）关于指令"mysqldump -u root -p dbname ＞ bak.sql"，下列说法中正确的是（　　　）。

A. dbname 为要还原的数据库名，bak.sql 为包含数据库创建语句的备份脚本

B. dbname 为要备份的数据库名，bak.sql 为不包含数据库创建语句的备份脚本

C. dbname 为要备份的数据库名，bak.sql 为包含数据库创建语句的备份脚本

D. dbname 为要还原的数据库名，bak.sql 为不包含数据库创建语句的备份脚本

（7）备份的结果为可执行的 SQL 语句，这种备份是（　　　）。

A. 热备份　　　　　B. 物理备份　　　　　C. 逻辑备份　　　　　D. 冷备份

（8）数据库完全停止以后进行备份，这种备份是（　　　）。

A. 热备份　　　　　B. 物理备份　　　　　C. 逻辑备份　　　　　D. 冷备份

2. 简答题

（1）完全备份和差异备份的特点是什么？

（2）什么是数据库的备份和恢复？

技能训练

在简明门诊管理系统数据库 his 中完成以下操作：

实训 1： 使用图形化工具备份数据库 his。

实训 2： 使用 mysqldump 命令备份数据库 his。

实训 3： 使用图形化工具还原数据库 his。

实训 4： 使用 mysql 命令还原数据库 his。

实训 5： 使用 source 命令还原数据库 his。

任务工单：

任务 4.2
实训任务工单

附录 数据库常用专业术语

序号	术　语	说　明
1	data	数据
2	database，DB	数据库
3	database management system，DBMS	数据库管理系统
4	relational database management system，RDBMS	关系型数据库管理系统
5	database system，DBS	数据库系统
6	database administrator，DBA	数据库管理员
7	data model	数据模型
8	entity	实体
9	attribute	属性
10	domain	域
11	key	码或键
12	relationship	联系
13	entity-relationship model	实体-联系模型，E-R模型
14	relation	关系
15	relational model	关系模型
16	tuple	元组
17	structured query language，SQL	结构化查询语言
18	data definition language，DDL	数据定义语言
19	data manipulation language，DML	数据操纵语言
20	data control language，DCL	数据控制语言
21	table	表
22	row	行

序号	术 语	说 明
23	column	列
24	record	记录
25	field	字段
26	data type	数据类型
27	default	默认值
28	auto_increment	自动增长
29	constraint	约束
30	integrity constraints	完整性约束
31	entity integrity	实体完整性
32	referential integrity	参照完整性
33	user-defined integrity	用户定义完整性
34	primary key	主键约束
35	foreign key	外键约束
36	unique [key]	唯一约束
37	alias	别名
38	inner join	内连接
39	outer join	外连接
40	left [outer] join	左外连接
41	right [outer] join	右外连接
42	index	索引
43	view	视图
44	stored procedure	存储过程
45	function	函数
46	trigger	触发器
47	privileges	权限

数据库应用技术（MySQL）

参 考 文 献

［1］王珊,萨师煊. 数据库系统概论［M］. 5 版. 北京：高等教育出版社,2018.

［2］黄靖. 数据库系统原理［M］. 北京：机械工业出版社,2018.

［3］钱冬云. MySQL 数据库应用项目教程［M］. 北京：清华大学出版社,2019.